Electrical Engineering for Fire Protection

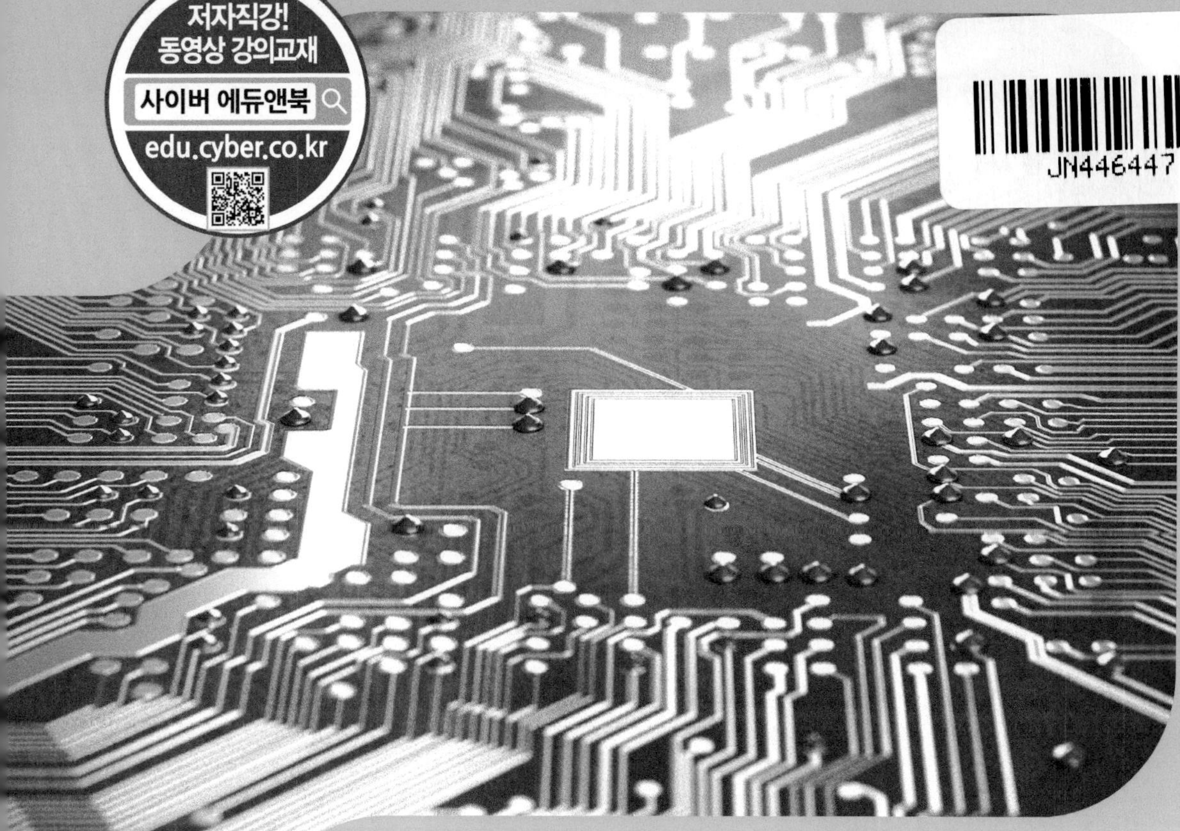

소방전기일반공학

김현우 저

화수목

머리말

최근 경제가 발전하고 도시가 거대해짐에 따라 건축물의 구조 및 형태가 매우 복잡 다양화되고 있으며, 이에 따라 건축물을 운영하는 방법도 매우 복잡하고 첨단화되고 있다.

인간의 편리성이 요구되면 될수록 과학기술의 접목은 더욱 필수적인 요소가 되고 있으며, 이러한 건축물과 건축물 내의 거주자의 안전 및 보호를 위하여 안전관리자의 역할은 날이 갈수록 더욱 중요성이 향상되고 있다.

첨단 건축물에 대한 과학적인 시스템 운영기술 및 소방 방재 안전 기술 등에 관한 학문 분야의 연구가 더욱 지속적으로 이루어지고 있으며 무엇보다도 화재로부터 사전에 예방하고 경보하며 인명을 구할 수 있는 소방안전분야의 학문은 더욱 발전하고 연구가 진행되고 있다.

소방분야의 학문은 전기공학, 기계공학, 건축공학, 화학공학 그리고 행정 및 법규 등 여러 가지 학문이 복합적으로 융합되는 학문이다. 이 중 전기공학 분야는 학생 및 수험생들이 매우 어려워하는 학문분야에 속한다.

소방에서 다루는 소방전기 분야의 학문은 소방전기일반과 소방전기시설에 대한 내용이 있으며 이중 소방전기일반과목은 소방학문 분야에서 매우 중요한 비중을 차지하고 있다. 소방전기에 관한 내용은 비교적 난이도가 높지 않으면서 소방전기일반을 공부하는 학생이 반드시 알아야 할 내용들로 이루어져 있으며 기본적인 개념을 이해할 수 있도록 구성되어 있다.

가장 기초적인 내용으로서 전기의 발생 및 기본 개념을 이해할 수 있는 전기기초이론을 공부하며 기본 이론을 익힐 수 있으며, 직류이론 및 교류회로이론 그리고 교류전력회로, 회로망 이론을 배운다. 또한 전기기기, 디지털회로, 전기제어 및 응용 그리고 전기설비 이론 및 전기계측과 반도체 이론의 기초 등을 학습하게 된다.

본 교재는 소방관련 전공을 하는 학생 및 실무자가 반드시 숙지하여야 할 내용을 중심으로 구성하였으며 본 내용을 완전히 학습할 경우 소방전기분야의 실무는 물론 소방설비기사 및 산업기사 등의 자격증 시험에 대비할 수 있도록 하였다.

본 교재를 통하여 소방전기일반에 관한 여러 가지 내용이 소방분야를 공부하는 학생 및 자격증 준비를 하는 수험생 여러분들에게 도움이 될 수 있기를 바라며, 아직 부족한 부분이 많으나 앞으로 여러 고견을 귀담아 듣고 더욱 좋은 교재로 발전할 수 있도록 노력할 생각이다.

끝으로 이 교재를 출판할 수 있도록 도움주신 화수목 출판사 임직원 및 여러분들에게 감사의 마음을 전합니다.

목 차

CHAPTER 01

전기이론의 기초

CHAPTER
01 전기이론의 기초

1.1 전기의 발생

전기의 발생 원리를 이해하기 위해서는 물질의 기본 구성원인 원자에 대하여 알아야 할 것이다. 일반적으로 물질의 작은 구성은 분자 단위이며, 이 분자보다 작은 구성단위는 원자이다. 원자는 전자와 원자핵으로 이루어져 있으며 원자핵은 다시 양자와 중성자로 구성된다.

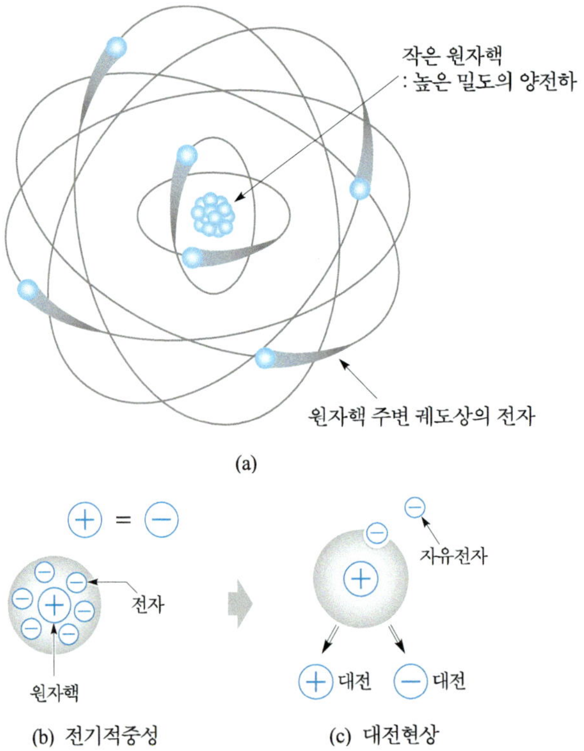

그림 1-1 물질의 전기화(Electrification)

전자(−)는 원자핵의 주변을 일정궤도를 유지하며 회전하고 있으며, 양자(+)와 중성자로 이루어져 있는 원자핵은 이들의 이탈을 억제하며 일정한 균형을 유지하고 있다. 이렇게 전자와 원자핵이 일정한 균형을 유지하고 있으므로 원자들은 전기적 중성 상태를 유지하고 있게 되는 것이다. 그러나 최외각에 존재하는 전자들이 원자핵의 구속을 벗어나 자유전자로 이탈하게 되면 전자(−)를 잃은 물질은 양자(+)화되어 양(+)의 전기량을 갖게 되고, 반대로 떠다니는 자유전자(−)를 얻는 물질은 음(−)의 전기량을 갖게 된다. 전자를 얻은 물질은 양(+)의 전기량을 갖고, 전자를 잃은 물질은 음(−)의 전기량을 갖게 되는데, **물질이 이러한 전기량을 갖게 될 때** 이를 **전하**라 부르고, 이러한 현상을 **대전(electrification)현상**이라 한다.

원자핵은 양전하의 성격을 띠며 전자가 가지고 있는 음전하의 양과 서로 같으며, 전자와 음전하 사이에는 쿨롱(Coulomb)의 힘이 작용하게 된다. 쿨롱의 힘은 같은 종류의 전하 사이에는 반발력, 다른 종류의 전하 사이에는 흡인력이 작용하는 힘을 말한다.

다시 말해서 전하의 종류는 Positive의 양(+)전하와 Negative의 음(−)전하로 나누어진다. 전하와 전하사이에는 힘이 작용하는데, 다른 극끼리는 당기는 힘, 즉 흡인력이 작용하고 같은 극끼리는 서로 밀치는 반발력이 작용한다는 것이다.

전하의 단위는 쿨롱(coulomb:[C])이며, **1[C]은** 6.25×10^{18}**개**의 전자들이 갖는 총 전기량이다. 따라서 **1개의 전자는** 1.602×10^{-19} [C]의 전하량을 갖는다.

따라서 전자들이 일정한 압력을 받아 이동하기 시작하면 전기가 발생하여 전류가 흐른다는 의미이고 단위시간에 이동한 전하의 양을 전류의 양으로 정의하게 되는 것이다.

1.2 전계 (Electric Field)

전계란 전기입자가 작용하는 힘의 공간을 말하는데 단위 전하가 미치는 힘의 공간 영역을 의미한다. 전계에 대한 정의를 내리기 위해서는 두 전하 사이에 작용하는 힘의 관계를 알아야 하며 이 관계를 통하여 전계를 정의할 수 있다.

두 전하사이에 작용하는 힘의 관계를 정립한 법칙은 쿨롱의 법칙이라 한다.

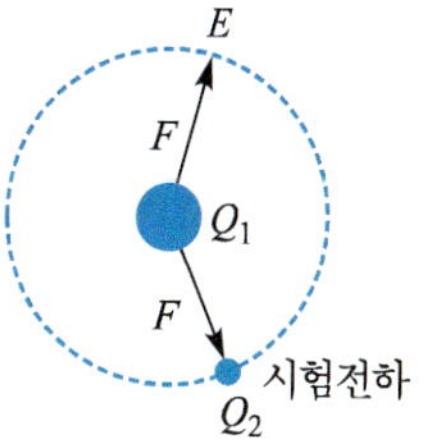

그림 1-2

쿨롱의 법칙은 "두 전하 사이에 작용하는 힘의 세기가 거리의 제곱에 반비례하고 두 전하의 전하량 곱에 비례 한다"는 것이다.

$$F = k\frac{Q_1 \cdot Q_2}{r^2}\ [\mathrm{N}] \qquad (1\text{–}1)$$

식 (1-1)은 쿨롱의 법칙을 정의하는 수식이 되며, 이 식에서 Q_1, Q_2는 두 전하의 전하량 [C]이고, r[m]은 두 전하 사이의 거리이며, K는 비례상수로서 $K = \frac{1}{4\pi\varepsilon_0}$이다.

여기서, ε_0는 진공상태에서의 유전율($\varepsilon_0 = 8.855 \times 10^{-12}$)을 나타낸다.

쿨롱의 법칙에 관한 수식은 두 전하사이에 작용하는 힘의 관계를 의미하고 있으며, 이 법칙에서 하나의 전하가 미치는 힘의 세기에 대하여는 두 전하 중 하나의 전하가 거의 '0'에 가까운 작은 미소 전하 즉, 상대 전하에 거의 힘의 영향을 미치지 않을 정도의 작은 전하로 인식할 때 정의할 수 있게 되며 이를 전계라 하는 것이다. 따라서 **하나의 전하가 미치는 힘의 세기는 전계(electric field)**라는 의미가 되는 것이다.

그러므로 전계는 식 (1-2)와 같이 표현할 수 있다.

$$E = \lim_{\Delta Q \to 0} \frac{F}{\Delta Q} \qquad (1\text{–}2)$$

$$\fallingdotseq \frac{F}{Q} = k\frac{Q}{r^2} \qquad \left[\because F = k \cdot \frac{Q_1 \cdot Q_2}{r^2}\right]$$

$$= \frac{Q}{4\pi\varepsilon_0 r^2} = 9 \times 10^9 \frac{Q}{r^2} \ [\mathrm{V/m}]$$

$$\left(k = \frac{1}{4\pi\varepsilon_0}\right)$$

$$\therefore E = \frac{F}{Q} \ \text{or} \ F = QE$$

▶ 예제 1-1

10[C], 20[C]을 1[m] 간격으로 놓을 때, 두 전하사이에 발생하는 힘은 몇 [N]인가? (비례상수 $K = 9 \times 10^9$)

해답 두 전하 사이에 작용하는 힘은 쿨롱의 법칙에 의하여 다음과 같다.

$$F = K\frac{Q_1 Q_2}{r^2} = 9 \times 10^9 \frac{10 \times 20}{(1)^2} = 1.8 \times 10^{12} \ [\mathrm{N}]$$

▶ 예제 1-2

진공상태에서 1×10^{-7}[C]의 전하가 있을 때, 15[cm]거리에서의 전계세기 E는 몇 [V/m]인가? (진공상태에서의 유전율 $\varepsilon_0 = 8.855\times10^{-12}$)

해답 $E = K\frac{Q}{r^2} = 9 \times 10^9 \frac{1 \times 10^{-7}}{(15 \times 10^{-2})^2} = 4 \times 10^4 [\mathrm{V/m}]$

$$\left(k = \frac{1}{4\pi\varepsilon_0}\right)$$

(1) 전압 (Voltage)

전압이란 전하를 밀어내는 힘을 말한다. 이 힘은 양전하와 음전하 사이에 작용하는 힘에 대항하여 **전하들이 일정거리를 이동할 때 소모되는 에너지**, 즉 그와 관련된 일로서 정의된다. 전압의 단위는 볼트([V]:Volt)이며, 'V' 의 기호를 쓴다.

한 점에서 다른 점까지 1[C]의 전하를 이동시키는데 1[J]의 일이 필요할 때, 그 두 점간의 전위차를 1[V]라 하며 전압의 정의가 된다. 이 정의는 두 점간의 전위차를 의미하며 이 관계를 수식으로 다음 식 (1-3)과 같이 표현할 수 있다.

$$V = \frac{W[\mathrm{J}]}{Q[\mathrm{C}]}[\mathrm{J/C}] \ (=[\mathrm{V}]) \qquad W = Q \cdot V\,[\mathrm{J}] \tag{1-3}$$

전압은 두 점간의 전위차를 의미 하는데, 이는 높은 곳에 있는 수조가 낮은 곳에 있는 수조보다 더 높은 압력의 물을 배출하는 원리와 같은 것이다. 따라서 두 점간의 전위차를 전압이라고 하는 것이다. 또한 전압을 다른 말로 기전력이라 부르는 경우도 있다. 기전력(elective motive force : emf)은 전기를 일으키는 힘을 말한다. 예를 들어 건전지에 전구를 연결하면 전하가 (+)극성에서 (-)극성으로 이동하여 전류가 흐르고 공급되는 전하들이 작용하여 전구에 불을 켤 수 있는 힘의 원천이 되는 것이다. 이때 이 힘의 원천을 기전력이라 한다. 또한 전구에 최종적으로 가해지는 전기적 압력을 전압이라 한다.

▶ 예제 1-3

평등 전계 중에 4[C]의 전하를 이동하는데 100[J]의 일이 필요하다면 이때의 전압은 몇[V]인가?

해답 $V[\mathrm{V}] = \frac{W[\mathrm{J}]}{Q[\mathrm{C}]} = \frac{100}{4} = 25\,[\mathrm{V}]$

▶ 예제 1-4

14[V]의 기전력으로 50[C]의 전기량이 이동할 때 한 일은 몇 [J]인가?

해답 $V[\mathrm{V}] = \frac{W[\mathrm{J}]}{Q[\mathrm{C}]} \ \Rightarrow \ W = VQ \ \Rightarrow \ 14 \times 50 = 700\,[\mathrm{J}]$

① **전위와 전계의 관계**

전위란 전하에 대한 전기적인 위치로 정의 내릴 수 있으며, 이는 전압과 같은 의미로서 **"단위 전하를 이동시키는데 필요한 일"**로서도 정의할 수 있다. 그러므로 전위의 정의를 수식으로 표현하면 전압에서와 같이 다음 식 (1-4)와 같이 표현할 수 있다.

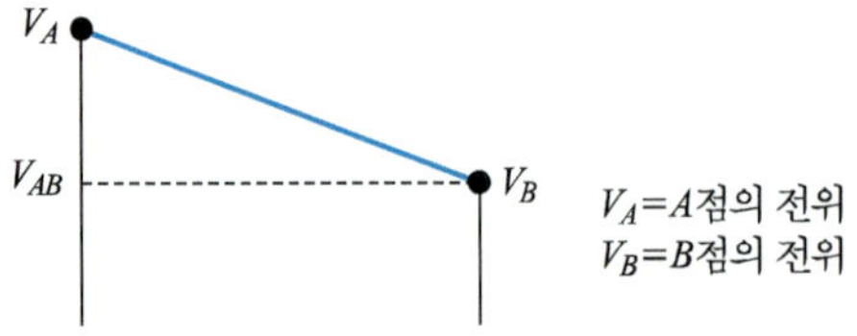

그림 1-3 전위

식 (1-3)은 전위를 전하가 이동하는데 필요한 일로서 정의내린 수식으로 본다면, 식 (1-4)는 단위 전하를 전계가 작용하는 방향과 반대 방향으로 dl[m] 만큼 이동시키는데 필요한 "일"로서 전위를 정의한 것이다.

$$\therefore dV = -E \cdot dl \qquad (1\text{–}4)$$

그러므로 이러한 의미에서의 전위에 대한 수식은 전하를 전계가 작용하는 반대 방향으로 일정거리 만큼 이동한 것으로 표현할 수 있으며 수식 (1-5)와 같이 표현할 수 있다.

$$V = \int -E\,dl \qquad (1\text{–}5)$$

이 식에서 임의의 전기적 위치 A점에서의 전위를 표현하면 다음 식 (1-6)과 같다.

$$V = \int_{\infty}^{A} -E\,dl \qquad (1\text{–}6)$$

그러므로 식 (1-6)을 점 A에서 ∞의 거리에 대하여 정리하면 다음과 같다.

$$V_A = -\int_{\infty}^{r} \frac{1}{4\pi r}\frac{Q}{r^2}dr = -\frac{Q}{4\pi\varepsilon}\int_{\infty}^{r} r^2 dr = -\frac{Q}{4\pi\varepsilon}\left[\frac{1}{r}\right]_{\infty}^{r} = \frac{Q}{4\pi\varepsilon r} \qquad (1\text{–}7)$$

∴ 임의의 한 점에서의 전위는 식 (1-7)과 같이 표현될 수 있다.

$$V = \frac{Q}{4\pi\varepsilon \cdot r}\ [\mathrm{V}] \qquad \therefore V = E \cdot r \qquad (1\text{–}8)$$

② **전위차**

전위차란 임의의 두 점이 갖는 전위의 차이를 의미한다. 즉, A점과 B점 간의 전위차를 의미하는 것으로서 식 (1-9)와 같이 표현할 수 있다.

$$V_{AB} = V_B - V_A \qquad (1\text{–}9)$$

▶ 예제 1-5

공기 중에서 5×10⁻⁷[C]인 전하로부터 10[cm] 떨어진 지점에서의 전위의 크기를 구하시오.

해답 $V_P = \frac{Q}{4\pi\varepsilon \cdot r} = 9\times 10^9 \times \frac{Q}{r} = 9\times 10^9 \times \frac{5\times 10^{-7}}{10\times 10^{-2}} = 4.5\times 10^4 [V]$

(2) 전류(Current)

모든 종류의 도체와 반도체에는 자유전자(−)가 존재한다. 이 자유전자는 일정 원자에서 다른 원자로 자유롭게 떠다니며 임의의 원자를 전기적 중성상태에서 일정 전기량을 갖도록 한다. 이렇게 자유전자를 갖거나 잃게 된 전기량을 양전하 또는 음전하라 하며, 이 **전하가 단위시간에 이동하는 양을 전류**라 하며, 단위 전기량이 1초에 이동하는 것을 전류라 한다.

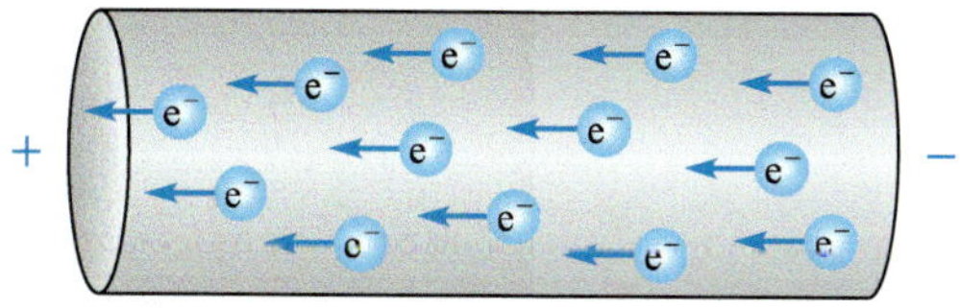

그림 1-4 전류

전류의 기호는 'I'를 사용하며, 단위는 암페어(Ampere:[A])를 사용한다. 전류의 정의를 수식으로 표현하면 다음 식 (1-10)과 같다.

$$I = \frac{Q}{t}\ [C/s]\ (=[A])$$
$$Q = I\times t\ [C] \qquad (1-10)$$

위 식에서와 같이 전류의 단위는 [C/s]이며, 이 단위가 전류의 기본 단위인 Ampere [A]인 것이다.

전류는 원자에서 분리된 전자(−)들, 즉 음전하가 단위시간에 이동하는 것을 말하지만, 전류의 방향은 이들의 방향과 상대적으로 반대방향으로 움직이는 양전하(+)가 움직이는 방향으로 정의하고 있다. 이러한 전류의 방향은 학문적으로 전류의 움직임이 음전하가 이동하는 것으로 밝혀지기 전에 이미 양전하의 방향을 전류의 방향으로 정의하여 사용하고 있었고 그 방향이 현재까지 이어지고 있는 것으로 알려지고 있으며, 따라서 도체에 흐르는 전류의 방향은 양(+)에서 음(−)의 방향으로 흐른다고 정의하고 있는 것이다.

▶ 예제 1-6

어떤 도체에 2초 동안 30C의 전하가 이동하면 전류는 몇 [A]인가?

해답 $Q[C] = I[A] \cdot t[S],\ I = \frac{Q}{t} = \frac{30}{2} = 15[A]$

(3) 유전체

유전체란 절연물질이 가지고 있는 정전용량을 크게 하기 위하여 사용되는 물질을 말하는 것으로 일반적으로 콘덴서의 두 극판 사이에 정전용량을 크게 하기 위하여 절연물질을 삽입하여 사용하며, 이 삽입된 절연체를 **유전체**라 하는 것이다.

절연체 = 유전체 ⇒ 정전용량 증가

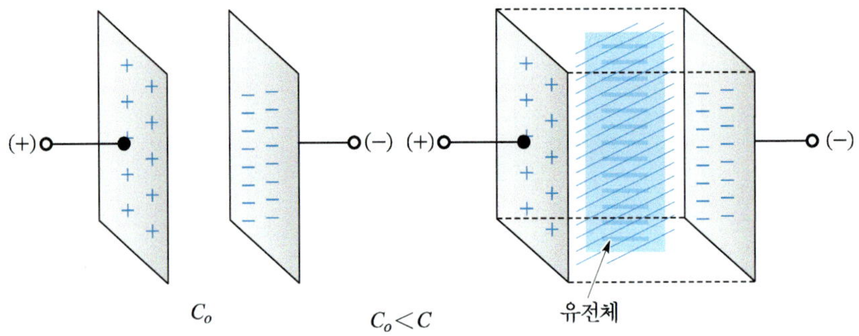

그림 1-5 유전체

① **유전율**

유전율은 진공상태의 유전율 ε_0와 물질이 가지고 있는 비유전율 ε_s의 곱으로서 나타낼 수 있다. 비유전율은 물질마다 그 값이 다르게 작용하며, 두 극판사이에서 진공상태의 정전용량과 유전체를 채웠을 때의 정전용량의 비로서 표현할 수 있다. 또한 진공상태와의 곱으로 정의한 것이 유전율인 것이다. 즉, 유전율과 비유전율은 식 (1-11)과 같이 표현된다.

$$\varepsilon = \varepsilon_0 \cdot \varepsilon_s \ [\mathrm{F/w}] \tag{1-11}$$

$$\varepsilon_s = \frac{C}{C_0}$$

ε_0 : 진공상태 유전율 8.855×10^{-12}

(4) 전속(electric flux)

가우스의 법칙은 "임의의 폐곡면에서 나오는 전기력선의 총 수가 폐곡면 내부 전하의 크기와 같다." 라고 하는 것이다.

전하 1 [C]에서는 무수히 많은 전기력선이 방출된다. 이 전기력선 수는 전하가 속해있는 물질의 유전율 ε에 따라 그 발생되는 수가 달라질 수 있다. 이때 무수히 많은 전기력선 수를 이용하여 이론적으로 계산하고 이용하기가 곤란하므로 이를 정리하여 " 1[C]의 전하에서 1개의 전기력선이 나온다." 고 가정하고, 이것을 전기력선이라 부르지 않고 '전속' 이라 하며 기호는 'ϕ' 라 표현한 것이 전기력선에 대한 "가우스의 법칙" 인 것이다.

∴ 전속 ϕ = 전하 Q [C]

① **전속밀도**

전속밀도는 단위면적당 발생되는 전속 수를 의미한다. 즉, 일정한 면적에서 발생하는 전속의 수를 의미하는 것으로서 여러 가지 수식에서 전속밀도에 대한 의미가 많이 사용되고 있으며, 식 (1-12)와 같이 표현된다.

$$D = \frac{\phi}{S} = \frac{Q}{S}\ [\mathrm{C/m^2}] \tag{1-12}$$

S : 면적$[m^2]$

∴ 단위구의 전속밀도 $D = \dfrac{Q}{4\pi r^2}[\mathrm{C/m^2}]$

$$\therefore D = \varepsilon E \qquad E = \frac{1}{4\pi\varepsilon}\frac{Q}{r^2}$$

▶ 예제 1-7

비유전율이 20인 유전체에 10^5[N/C]의 전계를 가할 때 이 유전체의 전속밀도는 얼마인가?

해답 $\varepsilon_s = 20,\ \varepsilon = \varepsilon_0 \cdot \varepsilon_s = 8.855\times10^{-12}\times20 = 1.771\times10^{-10}[\mathrm{F/w}]$

$D = \varepsilon\cdot E = 1.771\times10^{-10}\times10^5 = 1.771\times10^{-5}[\mathrm{C/m^2}]$

1.3 자계(magnetic field)

(1) 자계의 세기

자계란 전계와 마찬가지로서 **1[wb]의 자극이 미치는 힘의 공간**을 의미하는 것이며, 자극의 힘이 미치는 공간 내에서의 자계의 세기는 다음과 같이 구할 수 있다.

전계에서와 마찬가지로 자극 간에도 일정한 힘이 존재하게 되는데 이러한 힘의 관계를 쿨롱의 법칙이라 한다.

자계에서의 **쿨롱의 법칙**은 전계에서와 마찬가지로 서로 같은 극 사이에서는 반발력 그리고 다른 극사이에서는 흡인력이 존재하며 그 크기는 **"거리의 제곱에 반비례하고 두 자극의 크기의 곱에는 비례한다"** 는 것이다.

두 자극 간의 힘의 세기는 쿨롱의 법칙에 의해 다음 식 (1-13)과 같이 된다.

$$F = \frac{1}{4\pi\mu_0} \cdot \frac{m_1 \cdot m_2}{r^2} \text{ [N]} \tag{1-13}$$

(m_1, m_2: 자극, μ_0: 진공 중의 투자율)

여기서, 자극 한 개가 미치는 힘의 세기 또는 그 공간이 자계의 세기이므로 식 (1-14)와 같이 표현할 수 있다.

$$H = \lim_{\Delta m \to 0} \frac{\Delta F}{\Delta m} \text{ [N/Wb]} \tag{1-14}$$

따라서 자계의 세기는 다음 식 (1-15)와 같이 된다.

$$H = \frac{1}{4\pi\mu_0} \frac{m}{r^2} = 6.34 \times 10^4 \frac{m}{r^2} \tag{1-15}$$

$$\therefore H = \frac{F}{m}$$

여기서, F를 기자력이라 하고 식 (1-16)과 같이 나타낸다.

$$F = mH = \frac{1}{4\pi\mu_0} \cdot \frac{m_1 \cdot m_2}{r^2} \text{ [N]} \tag{1-16}$$

또한 그림과 같이 균일한 자계의 세기 H[AT/m] 내에 자극의 세기가 m[Wb], 길이 l[m]인 막대자석을 그 중심 주위에 회전할 수 있도록 놓을 때 자석과 자계의 방향과 이룬 각을 θ라고 하면, 자석이 받는 회전력[N · m]은 다음과 같이 정의된다.

$T = m\,l\,H\,\sin\theta\,[N\,m]$

여기서, T : 토오크

m[wb]: 자극

l[m] : 막대의 길이

H[AT/m] : 자계의 세기

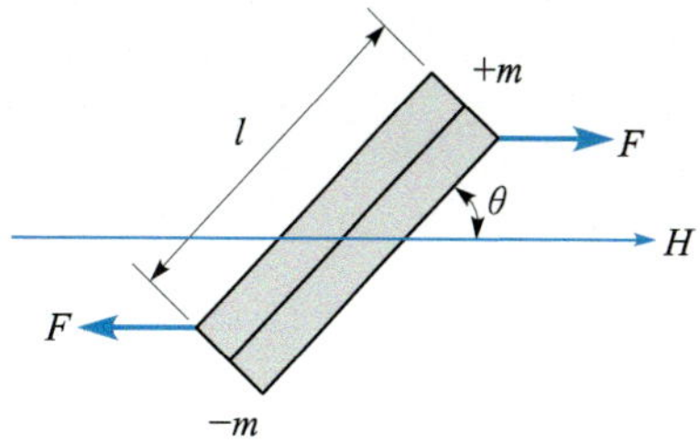

그림 1-6

(2) 자속(magnetic flux)

자속이란 1[wb]의 자극에서 1개의 자력선이 나온다고 가정하고, 이 1개의 자력선을 "자속"이라 한다. 자속은 전계에서의 자속과 마찬가지로 ϕ로 표시하고 자극 m과 같다.

즉, $\phi = m$[wb]이고, $\phi = \dfrac{N \cdot L}{R_m}$ 이 된다.

여기서, R_m은 자기저항을 의미하고, 다음 식 (1-17)과 같이 표현한다.

$$\text{자기저항 } R_m = \frac{l}{\mu_0 s} \tag{1-17}$$

$\mu_0 = 4\pi \times 10^{-7}$(진공 중 투자율)

투자율 $\mu = \mu_0 \cdot \mu_s$ (μ_s: 비 투자율)

(3) 자속 밀도

자속 밀도는 전속밀도와 같이 단위면적에서 나오는 자속의 수를 의미한다. 따라서 식 (1-18)과 같이 표현할 수 있다.

$$\text{자속 밀도 } B = \frac{m}{S} = \mu H \;[\text{wb/m}^2] \text{ 또는 [T](Tesla)} \tag{1-18}$$

(μ: 투자율, H: 자계의 세기)

▶ 예제 1-8

어떤 공간의 0.1[m^2] 면적에서 800[μwb]의 자속이 발생할 때, 자속밀도를 구하시오.

해답 자속밀도 $B = \dfrac{\phi}{S}$이므로, $B = \dfrac{800 \times 10^{-6}}{0.1} = 8{,}000[\mu\text{T}] = 8 \times 10^{-3}[\text{T}]$

(4) Biot-Savart의 법칙

비오-사바르의 법칙은 그림과 같이 전류가 흐르는 **긴 도체의 임의의 부분(길이)에서 일정한 거리의 지점에서 자계의 세기**를 구하는 방법을 제시한 것이다. 비오사바르의 법칙은 일정 거리에서 도체의 일정 간격으로부터 발생되는 자계의 세기를 구하는 것으로서 떨어진 거리의 제곱에 반비례하고 도체에 흐르는 전류와 도체의 간격의 곱에 비례하여 자계의 세기가 결정된다는 것이다.

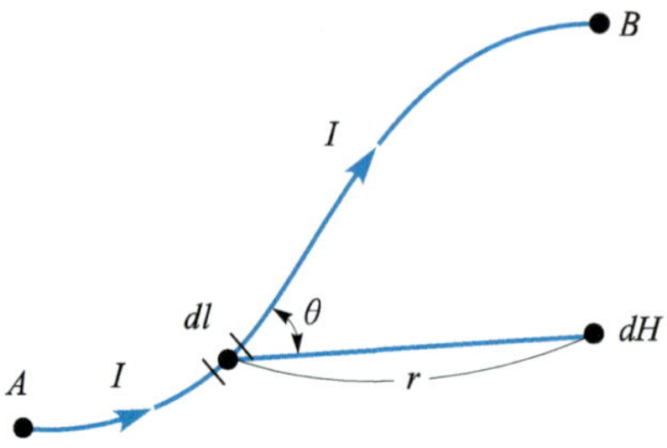

그림 1-7 비오-사바르의 법칙

따라서 비오사바르의 법칙에 의해 일정한 거리의 지점에서 도체의 일정 간격에서 발생하는 자계의 세기를 식 (1-19), (1-20)과 같이 구할 수 있다.

$$dH = \frac{1}{4\pi}\frac{I\cdot dl}{r^2}\cdot\sin\theta\ [\mathrm{AT/m}]$$
$$= \frac{1}{4\pi}\frac{q\cdot dv}{r^2}\cdot\sin\theta \tag{1-19}$$

$$\left(\because dv = \frac{dl}{dt},\ I = \frac{dq}{dt}\right) \tag{1-20}$$

▶ 예제 1-9

4π[C]의 전하가 4[m/s]속도로 운동할 때, 각도 θ, 거리 2[m] 지점의 자계세기를 구하시오.

해답 비오-사바르의 법칙에 의해 자계의 세기는

$$dH = \frac{1}{4\pi}\frac{q\cdot dv}{r^2}\sin\theta = \frac{1}{4\pi}\frac{4\pi\cdot 4}{2^2}\times\sin\theta = \sin\theta\,[\mathrm{A/m}]$$

(5) 전류의 자기 작용

전기에너지 부분에서 전계와 자계는 항상 동시에 존재하며 서로 상호 작용하게 된다.

따라서 도체에 전류를 흘리면 도체 주변에는 항상 자기장이 발생한다. 이 자기장은 전류의 방향과 크기에 비례하여 작용하며 이러한 현상을 이용하여 여러 가지 전기 기기들이 만들어지고 개발되기도 한다. 전류와 자기장 간의 관계에 대하여 아래와 같은 대표적인 두 가지 법칙이 있다.

① **암페어의 오른나사의 법칙**

직선도체에 전류를 흘리면 도체 주변에는 전류 방향과 함께 오른 나사가 회전하는 방향으로 회전 자계가 발생한다. 이것을 암페어의 오른나사의 법칙이라 한다.

② **암페어의 주회적분 법칙**

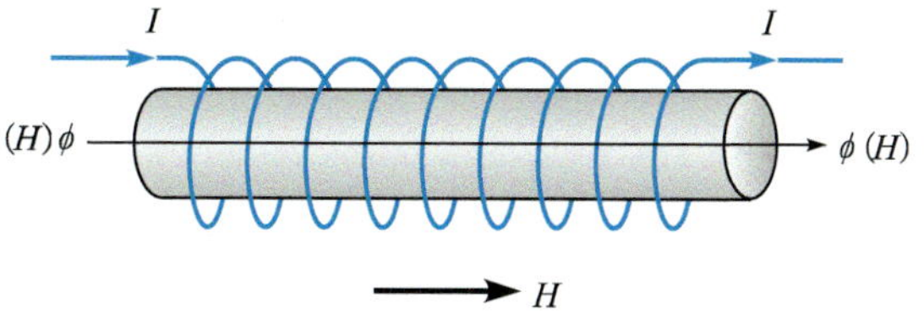

그림 1-8 솔레노이드 현상

도체를 다음 그림과 같이 코일 모양으로 원형 틀에 감아 놓은 다음, 이 코일에 전류를 흘리면 자속은 직선방향으로 진행하게 된다. 이때 발생되는 자계의 세기 총합은 코일의 회전수와 전류 크기의 곱의 합으로 결정된다. 이것을 수식으로 표현하면 다음 식 (1-21)과 같이 표현할 수 있으며, 이것을 암페어의 주회적분법칙이라 한다. 또한 이렇게 코일을 감아서 전류를 흘려 자기장을 발생시키는 것을 솔레노이드라 하고, 이러한 현상을 솔레노이드 현상이라 한다.

암페어의 주회적분 법칙 $\int H\ dt = \sum N \cdot I$ (1-21)

(6) 전류에 의한 자계

전류에 의한 자계 발생은 도체의 형상에 따라 다르게 나타난다. 도체의 모양에 따른 자계의 세기는 다음 수식과 같이 표현될 수 있다.

① **무한직선도체** $H = \dfrac{I}{2\pi r}$ [AT/m]

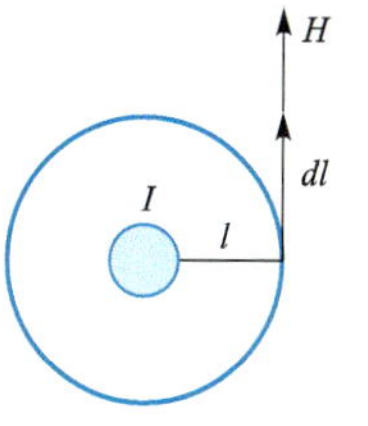

그림 1-9

② **무한원통형** $H_e = \dfrac{I}{2\pi r}$ [AT/m] $H_i = 0$

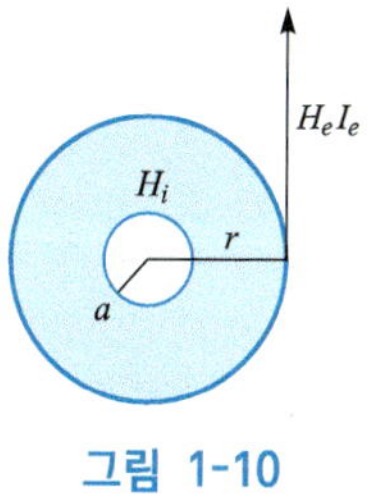

그림 1-10

③ **무한솔레노이드(내부)**

$$H_i = N \cdot I \ [\mathrm{AT/m}] \qquad H_e = 0$$

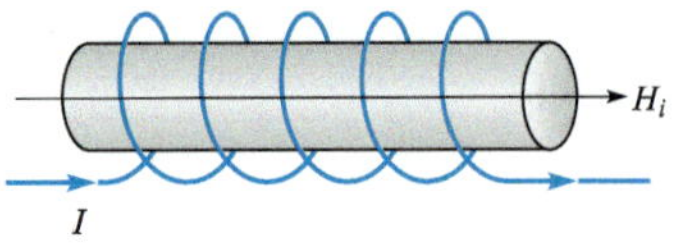

그림 1-11

④ **환상솔레노이드(내부)**

$$H_i = \frac{N \cdot I}{2\pi r} [\mathrm{AT/m}] \qquad H_e = 0$$

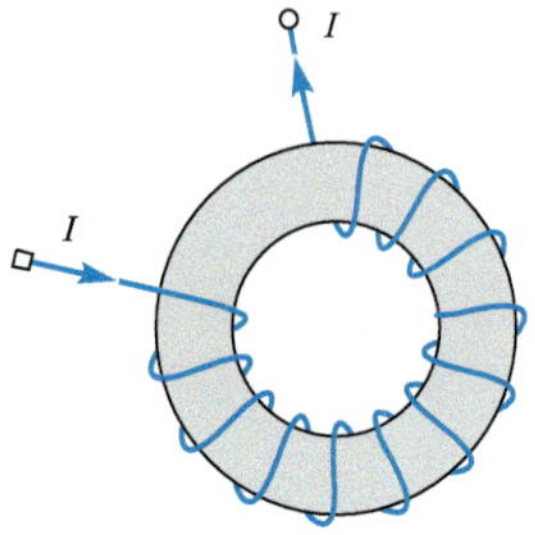

그림 1-12

⑤ **원형코일의 자계 세기** $H = \dfrac{N \cdot I}{2r} [\mathrm{AT/m}]$

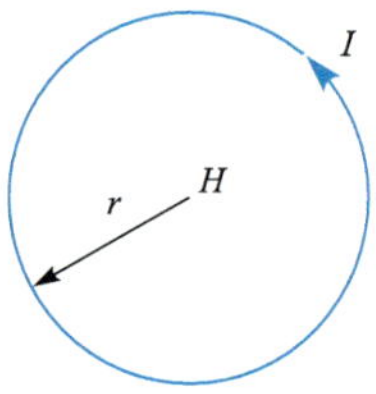

그림 1-13

전기회로와 자기회로 간에는 항상 동시 상호작용하게 된다.

전류가 흐르는 경로를 전기회로라 한다면 자속이 이동하는 경로는 자기회로라 할 수 있다. 표 1-1은 전기회로와 자기회로에서의 각각에 대한 용어의 유사성을 비교하여 나타낸 것이다.

표 1-1

전기회로	자기회로
기전력 e[V]	기자력 F[AT]
전속 ϕ	자속 ϕ
전기저항 R[Ω]	자기저항 R_m[AT/wb]
전계 E[μ/m]	자계 H[AT/m]
전속밀도 B[A/m^2]	자속밀도 B[wb/m^2]
도전율(유전율) ε[℧/m]	투과율 μ[H/m]

1.4 전자력

(1) 도체가 받는 전자력

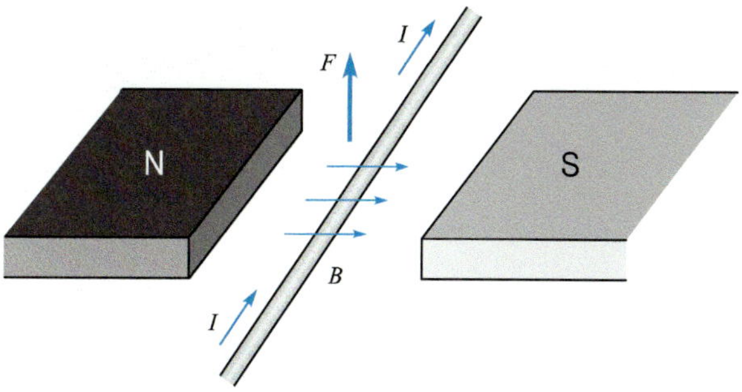

그림 1-14 도체가 받는 힘의 방향

전자력이란 자계 내에 있는 도체에 전류가 흐를 경우 도체가 받는 순간적인 힘을 의미한다. 도체에 작용하는 힘인 전자력은 아래 그림과 같은 방향으로 식 (1-22)와 같이 자속밀도, 전류, 그리고 도체와 자기장이 만나는 길이의 곱으로 표현된다.

$$F = B \cdot l \cdot I \cdot \sin\theta \text{ [N]} \tag{1-22}$$

여기서, B : 자속밀도, l : 도체와 마주보는 자석의 길이, I : 도체에 흐르는 전류

(2) 플레밍의 왼손 법칙

자기장 내에서 전류가 흐르는 도체가 받는 힘과 관련한 또 하나의 대표적인 법칙으로서 프레밍의 왼손 법칙이 있다. 플레밍의 왼손 법칙은 다음 그림과 같이 자기장의 방향과 자속의 방향, 그리고 전류의 방향과 함께 힘의 방향을 나타낸 법칙이다. 그림에서와 같이 자기장 방향은 자속밀도 B의 방향이고, 전류 I의 방향에 따라 힘 F의 방향이 결정된다. 프레밍의 왼손법칙은 전동기의 원리로서 작용하여 전류와 자속 및 힘의 관계를 방향으로 나타내는 법칙으로 알려져 있으며 반대의 의미로 플레밍의 오른손법칙은 발전기의 원리를 나타내는데 적용하는 법칙으로 표현된다.

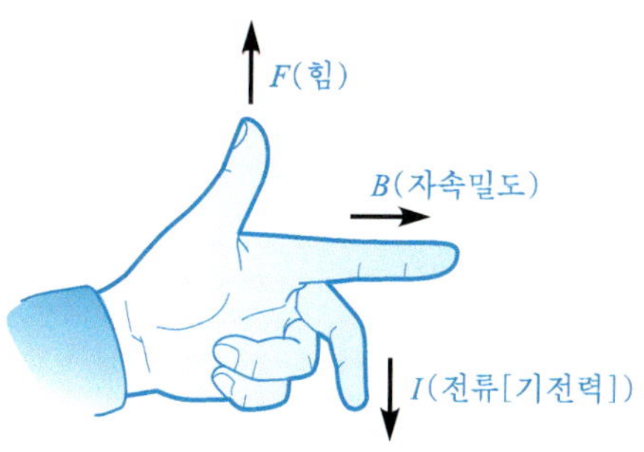

그림 1-15 플레밍의 왼손 법칙

(3) 평행 도체의 전자력

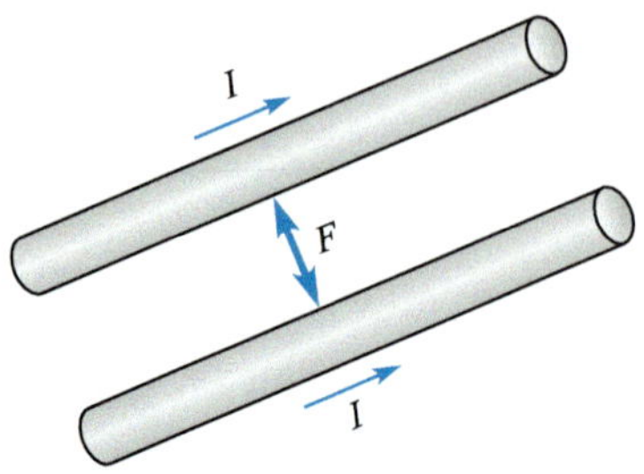

그림 1-16 평행 도체의 전자력

그림과 같이 평행한 두 도체는 전류의 방향에 따라 흡입력 또는 반발력이 상호 간에 작용한다. **두 전류의 방향이 같을 때는 흡입력, 방향이 반대일 때는 반발력**이 작용한다.

직선도체에 의한 자계의 세기 및 자속 밀도는 식 (1-23)과 같이 표현된다.

$$H = \frac{I}{2\pi r}$$

$$B = \mu_0 \cdot H \ \frac{\mu_0 \cdot I}{2\pi r} \text{ [wb/m}^2\text{]} \qquad (1\text{–}23)$$

(μ : 자계세기, B : 자속밀도)

또한 힘 F는 다음 식 (1-24)와 같이 표현될 수 있다.

$$F = B \cdot l \cdot I$$

$$F = \frac{\mu_0 \cdot I_1 \cdot I_2 \cdot l}{2\pi r} = \frac{2I_1 \cdot I_2 \cdot l}{r} \times 10^{-7} \text{ [N]} \qquad (1\text{–}24)$$

▶ 예제 1-10

진공 중의 두 평행도체가 10[cm] 간격으로 설치되었을 때, 이 도체에 10[A]의 전류가 흐르면 두 평행한 도체 간에 작용하는 단위 길이에 대한 힘은 몇 [N]인가?

해답 $F = \frac{2I_1 \cdot I_2 \cdot l}{r} \times 10^{-7} = \frac{2 \times 10 \times 10 \times 1}{0.1} \times 10^{-7} = 2 \times 10^{-4}$ [N]

1.5 플레밍의 오른손 법칙

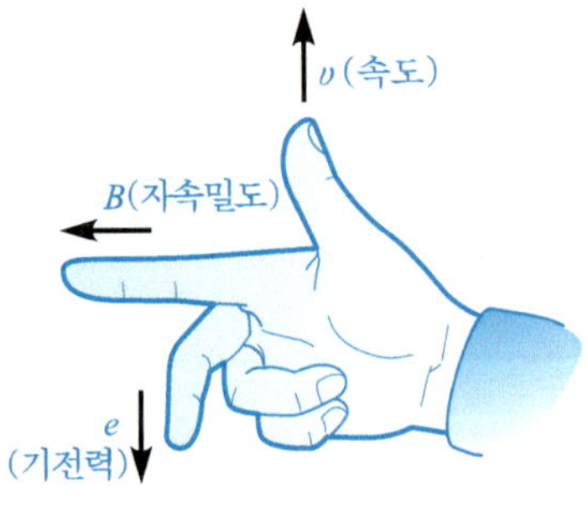

그림 1-17 플레밍의 오른손 법칙

자기장 내에 있는 코일이 일정 속도로 움직일 경우 코일에는 전기적인 힘이 발생하게 된다. 이때 발생되는 전기적인 힘을 기전력(emf : elective motive force)이라 한다. 이 기전력의 크기는 다음 식 (1-25)와 같이 표현된다. 이때 기전력이 발생되는 방향과 자기장의 방향 및 코일의 이동속도 등의 방향과 관련된 법칙을 플레밍의 오른손 법칙이라 하며 그림과 같이 표현할 수 있다.

$$e = B \cdot l \cdot v \cdot \sin\theta \, [\mathrm{N}] \tag{1-25}$$

1.6 전자유도(Electromagnetic induction)

전기 에너지에서 전계와 자계의 관계는 항상 동시에 작용한다. 전류가 흐르는 곳에는 항상 자기장이 함께 작용하고 자기장이 있는 곳에도 전기 에너지가 발생할 수 있다는 것이다. 임의의 코일에 자기장의 변화가 작용하면 이때 코일에는 전기적인 힘인 기전력이 발생되면 이로 인하여 코일 내부에 전류가 흐르게 되는 것이다.

즉, 임의의 코일 내 · 외부로 통과하는 자속의 양이 변화하면 이 코일에는 역기전력이 유도된다. 이러한 현상을 전자유도 현상이라 하며, 발생되는 기전력의 크기는 아래 식 (1-26)와 같이 표현할 수 있다.

$$e = -N\frac{d\phi}{dt} = -L\frac{di}{dt}\,[\mathrm{V}] \tag{1-26}$$

$$\therefore \quad N\phi = Li, \qquad L = \frac{N\phi}{i}\ [\mathrm{H}]$$

위식에서 볼 때 N번 감은 코일에서 발생 자속은 코일의 인덕턴스 값과 코일에 흐르는 전류 값의 곱과 같으며, 이때 인덕턴스 L의 값은 전류와 자속 그리고 코일의 회전수로 정해질 수 있는 것이다.

▶ 예제 1-11

코일의 권수 N이 100이고, 자속이 0.1초 동안 −10[wb]만큼 변화할 경우, 이 코일에서 발생된 기전력의 크기를 구하시오.

해답 $e = -N\frac{d\phi}{dt} = -10 \times \frac{-10}{0.1} = 1000[\mathrm{V}]$

1.7 Ohm의 법칙

오옴의 법칙은 전압, 전류, 저항과의 관계를 정립한 이론으로서 전류에 대하여 실험하고 이론으로 정립한 것이다. 이 법칙은 "도체에 흐르는 전류는 도체가 가지고 있는 저항에는 반비례하고 도체에 가해지는 전압에는 비례한다" 는 법칙으로, 다음 식과 같이 표현할 수 있으며 전기관련 이론에서는 매우 중요한 법칙 중 하나로 되어있다.

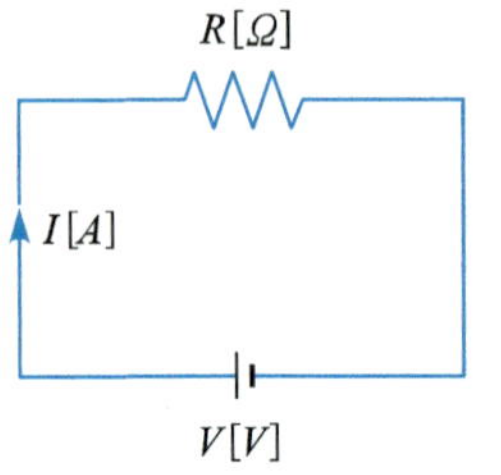

그림 1-18

$$I = \frac{V\,[\mathrm{V}]}{R\,[\Omega]}\ [\mathrm{A}]$$

$$I = G \cdot V\,[\mathrm{A}]$$

오옴의 법칙은 컨덕턴스 G와의 관계에서는 저항 R과의 반비례 관계이므로 위의 식과 같이 표현될 수 있다.

▶ 예제 1-12

100[Ω]의 저항에 2[A]의 전류가 흐를 때 저항 양단에 걸리는 전압은 얼마인가?

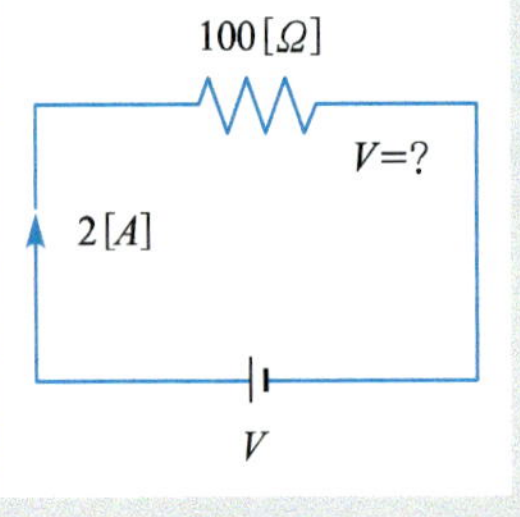

그림 1-19

해답 $V = IR = 2 \times 100 = 200[\mathrm{V}]$

▶ 예제 1-13

일정 전압의 직류전원에 저항을 접속하고 전류를 흘릴 때, 이 전류값을 20[%] 증가시키기 위해서는 저항 값을 몇 배로 하여야 하는가?

해답 $R = \frac{V}{I}$의 수식을 이용하면 전압은 일정전압이므로 1로 보고, 전류는 20[%] 증가이므로 120[%], 즉 1.2를 대입하면 $R = \frac{V}{1.2I} = 0.83$(배)

1.8 저항 회로의 해석

(1) 직렬 회로

다음 그림은 저항을 직렬로 연결한 회로이다. 이 회로의 직렬 합성 저항은 식 (1-27)과 같이 구할 수 있으며 회로에 흐르는 전류는 식 (1-28)과 같이 구할 수 있다.

$$R_T = R_1 + R_2 + R_3 + \cdots + R_x \tag{1-27}$$

$$I = \frac{V}{R_T}$$

$$V_x = IR_x$$

$$\therefore V_x = \frac{R_x}{R_T} V \tag{1-28}$$

그림 1-20 저항의 직렬 연결

▶ 예제 1-14

다음 그림을 보고 각 저항에 걸리는 전압을 구하시오.

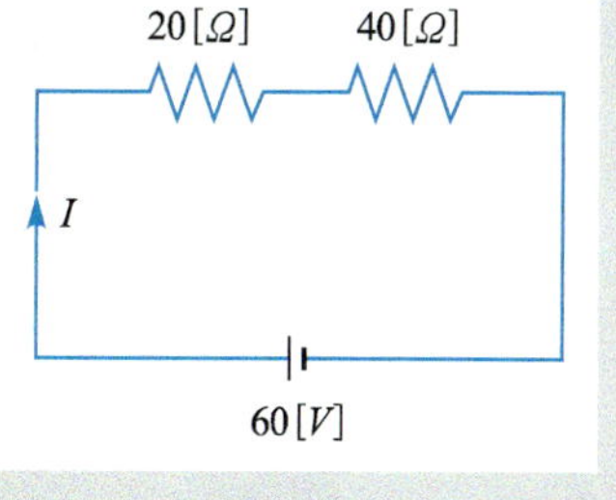

그림 1-21

해답 $V_x = \frac{R_x}{R_T} V$

20[Ω]에 걸리는 전압은 $V_{20} = \frac{20}{40+20} \times 60 = 20[\text{V}]$

20[Ω]에 걸리는 전압은 $V_{40} = \frac{40}{40+20} \times 60 = 40[\text{V}]$

▶ **예제 1-15**

$R_1=40[\Omega]$, $R_2=50[\Omega]$, $R_3=60[\Omega]$인 저항을 직렬로 연결하고, 3[V]의 전원에 연결하였을 때, 합성저항 $R_0[\Omega]$, 회로전류 I[A], 각 부의 전압 V_1[V], V_2[V], V_3[V]를 각각 구하여라.

해답 **풀이1)** $V_x=\dfrac{R_x}{R_T}V$

$R_T=40+50+60=150[\Omega]$

$V_{40}=\dfrac{40}{150}\cdot 3=0.8[V]$

$V_{50}=\dfrac{50}{150}\cdot 3=1[V]$

$V_{60}=\dfrac{60}{150}\cdot 3=1.2[V]$

풀이2) $R_0=R_1+R_2+R_3=40+50+60=150[\Omega]$, $I=\dfrac{V}{R}=\dfrac{3}{150}=0.02$ [A]이다.

직렬이므로 전류가 일정하고 전압은 분배가 되므로

$V_1=I_1\times R_1=I\times R_1=0.02\times 40=0.8$ [V]

$V_2=I_2\times R_2=I\times R_2=0.02\times 50=1$ [V]

$V_3=I_3\times R_3=I\times R_3=0.02\times 60=1.2$ [V]

(2) 병렬 회로

다음 그림은 저항을 병렬로 연결한 그림이다. 이 저항 회로에 전압을 인가할 경우 각 부분에 흐르는 전류와 병렬 합성 저항은 다음 식 (1-29), 식 (1-30)과 같이 구할 수 있다.

$$R_T=\frac{1}{\frac{1}{R_1}+\frac{1}{R_2}+\frac{1}{R_3}+\cdots+\frac{1}{R_x}} \tag{1-29}$$

$$I=\frac{V}{R_T}$$

$$V_1=I_1R_1$$

$$\therefore V_x=I_xR_x=V$$

그러므로 $$I_x=\frac{R_T}{R_x}I \tag{1-30}$$

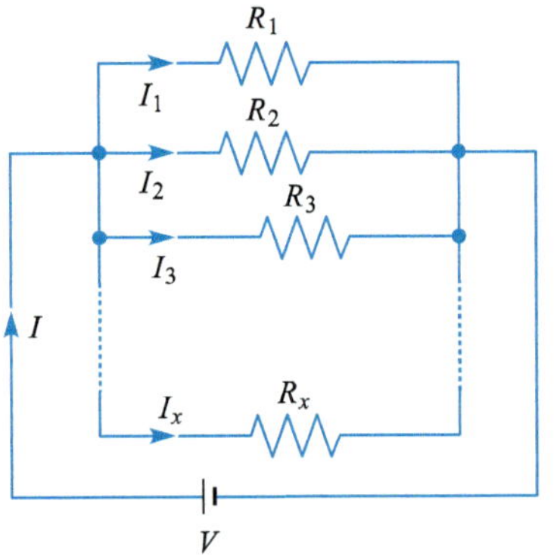

그림 1-22 저항의 병렬 연결

▶ 예제 1-16

1500[Ω]의 저항에 병렬로 접속하여 합성저항을 1000Ω이 되도록 하기 위한 접속저항은 몇 Ω인가?

해답 $R_T = \dfrac{1}{\dfrac{1}{R_1} + \dfrac{1}{R_2}} = \dfrac{R_1 \times R_2}{R_1 + R_2}$ [Ω]

$$1000 = \frac{1500 \times R_2}{1500 + R_2}$$

$$R_2 = 3000$$

▶ 예제 1-17

다음 직 · 병렬회로로 보고 회로의 각 부분에 흐르는 전류를 구하시오.

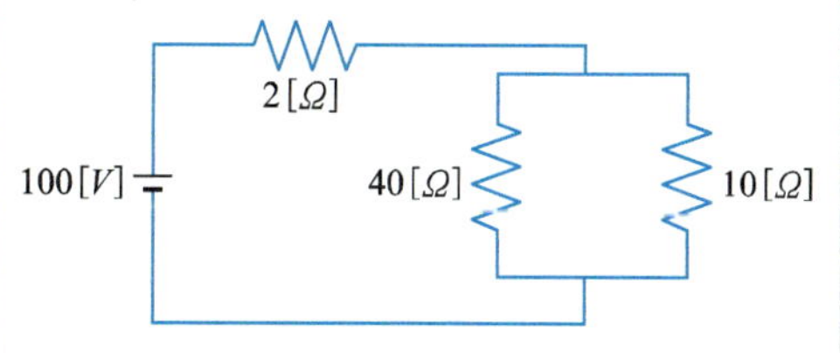

그림 1-23

해답 회로의 전체저항 $R_T = 2 + \dfrac{40 \times 10}{40 + 10} = 10[\Omega]$

회로에 흐르는 진체진류 $I = \dfrac{V}{R_T} = \dfrac{100}{10} - 10$ [A]

$I_x = \dfrac{R_T}{R_x} I$ 이므로,

$$I_{10} = \frac{\dfrac{1}{\dfrac{1}{40} + \dfrac{1}{10}}}{10} = \frac{40}{40 + 10} \times 10[\mathrm{A}] = 8\ [\mathrm{A}]$$

$$I_{40} = \frac{\dfrac{1}{\dfrac{1}{40} + \dfrac{1}{10}}}{40} = \frac{10}{40 + 10} \times 10[\mathrm{A}] = 2[\mathrm{A}]$$

1.9 키르히호프(Kirchhoff)의 법칙

전류와 전압의 총량에 대하여 독일의 물리학자 키르히호프(Kirchhoff, Gustav Robert)는 각각에 대한 두 가지의 법칙을 발견하였다. 전류에 관한 법칙은 옴의 법칙을 확대한 해석으로서 회로내의 전류의 총합에 대하여 정의한 것이고, 전압에 대해서는 회로내의 전압 상승분과 전압 강하분에 대한 총량을 정의하였다.

(1) 제1법칙 : 전류법칙(Kirchhoff's Current Law: KCL)

키르히호프의 전류법칙은 제1법칙이며 전류의 합에 관한 법칙으로서 다음 그림과 같이 "회로 내의 임의의 한 점에 유입되는 전류는 유출하는 전류의 합과 같다." 라는 것이 키르히호프의 전류법칙이다. 즉, 식 (1-31)과 같이 표현된다.

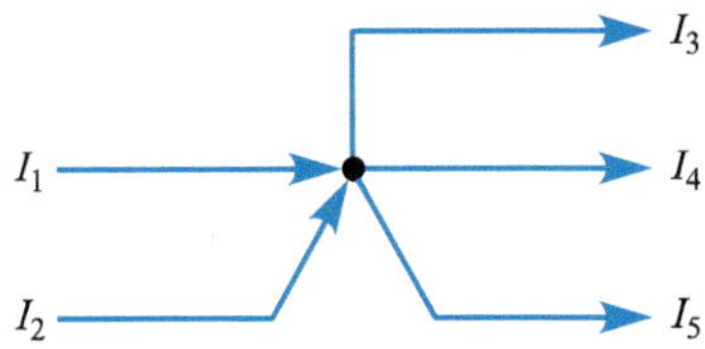

그림 1-24 키르히호프의 전류법칙

$$i_1 + i_2 - i_3 - i_4 - i_5 = 0 \tag{1-31}$$

(2) 제2법칙 : 전압법칙(Kirchhoff's Voltage Law: KVL)

키르히호프의 전압법칙은 제 2법칙이라고 하며 다음 그림의 회로와 같이 "임의의 회로 내에서 전압 상승의 합은 전압 강하의 합과 같다." 라는 것이 키르히호프의 전압법칙이다. 즉, 식 (1-32)와 같이 된다.

$$E_1 - E_2 + E_3 = V_1 + V_2 + V_3 + V_4 \tag{1-32}$$
(전압상승의 합)　(전압강하의 합)

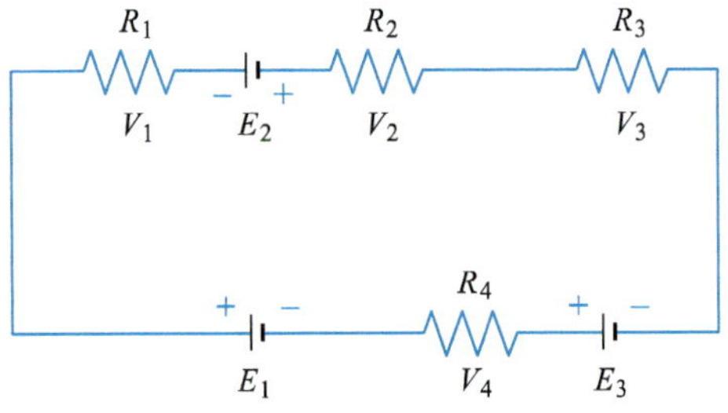

그림 1-25 키르히호프의 전압법칙

▶ 예제 1-18

그림에서 전류는 몇 [A]인가?

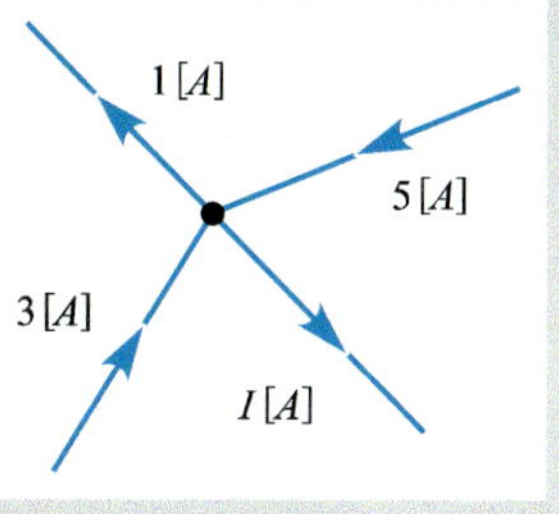

그림 1-26

해답 키르히호프 제1법칙(전류법칙)이므로 유입된 전류의 합은 유출된 전류의 합과 같다.
그러므로 $3+5=1+I \Rightarrow I=7[\mathrm{A}]$

1.10 전력(Power)과 전력량

(1) 전력(Power)

저항을 통하여 전류가 흐르면 열 등의 형태로 에너지가 방출된다. 에너지란 일을 할 수 있는 기본적인 능력이다. 여기서, 전력은 에너지가 사용되는 비율로 정의된다. 다시 말해서 전력(Power)이란 단위시간 동안 사용된 에너지(W)의 비율인 것이다. 즉, 전력은 단위시간 동안 한 일의 양으로서 다음 식 (1–33)와 같이 표현할 수 있다.

$$P\,[W] = \frac{W\,[J]}{t\,[s]}\,[J/s] \quad (=[W]) \tag{1–33}$$

이 수식에서 $V=\dfrac{W}{Q}$이고, $I=\dfrac{Q}{t}$ 이므로, $W=V \cdot I \cdot t$가 된다.

∴ 전력 P는 다음 식 (1–34)와 같이 표현할 수도 있다.

$$P=\frac{V \cdot I \cdot t}{t}=V \cdot I\,[\mathrm{W}] \tag{1–34}$$

옴의 법칙에서 $I=\dfrac{V}{R}$ 또는 $V=I \cdot R$이므로, 위 식은 다음 식 (1–35)와 같이 표현될 수 있다.

$$P=I^2R=\frac{V^2}{R} \tag{1–35}$$

▶ 예제 1-19

200[J]의 에너지가 20초 동안 사용되었다. 전력은 몇 와트(watt)인가?

해답 $P=\frac{W}{t}=\frac{200}{20}=10[\mathrm{W}]$

▶ 예제 1-20

50V를 가하여 30C의 전기량을 3초 동안 이동시켰다. 이때의 전력은 몇 W인가?

해답 $P=\frac{VQ}{t}=\frac{50\times30}{3}=500[\mathrm{W}]$

▶ 예제 1-21

부하저항 $R[\Omega]$에 2.5[A]의 전류가 흐를 때 소비전력이 500[W]이었다.
부하저항 R은 몇 $[\Omega]$인가?

해답 $P=I^2R$, $R=\frac{P}{I^2}=\frac{500}{2.5^2}=80$

(2) 전력량

전력량은 전력에 시간을 곱하여 나타낸 것을 의미한다. 즉, 전력을 일정시간 동안 사용한 전력의 양을 의미하는 것이다. 따라서 전력량은 아래 식 (1-36)과 같이 에너지로서 표현된다.

$$W=P\cdot t=V\cdot I\cdot t\ [\mathrm{Ws}] \tag{1-36}$$

▶ 예제 1-22

100[V]의 전위차로 5[A]의 전류가 2분 동안 흘렀다면 이때 전기가 행한 일은 몇 [J]인가?

해답 $W=P\cdot t=V\cdot I\cdot t=100\times5\times2\times60=60{,}000[\mathrm{J}]$

1.11 전기적 요소 (electric elements)

전기적 요소는 기본적인 전기이론에서의 구성요소를 뜻하는 것으로서 능동소자와 수동소자로 구분할 수 있다. 능동소자는 전원에 해당하는 것으로서 정전압원과 정전류원으로 구분할 수 있으며, 수동소자는 저항과 인덕턴스, 캐패시턴스 등으로 나눌 수 있다.

일반적으로 전기소자라 하면 수동소자를 의미할 수도 있다.

(1) 능동소자 (Active elements)

능동소자는 정전압원과 정전류원으로 구분되며. 정전압원은 회로내에서 일정 전압을 유지하며 전류를 부하에 따라 가변하여 공급하는 기능을 갖게 되는 전원을 의미하며, 정전류원은 일정 전류값을 유지하며 부하에 따라 전압이 가변되는 전원을 의미한다. 교류 220[V] 및 380[V] 등 옥내 배선 및 일반적인 회로 배선은 주로 정전압원을 의미하며, 용접기 및 전자회로 등에 일정 전류를 유지하는 것은 정전류원이 이용되며 다음 그림과 같은 기호로 표현된다.

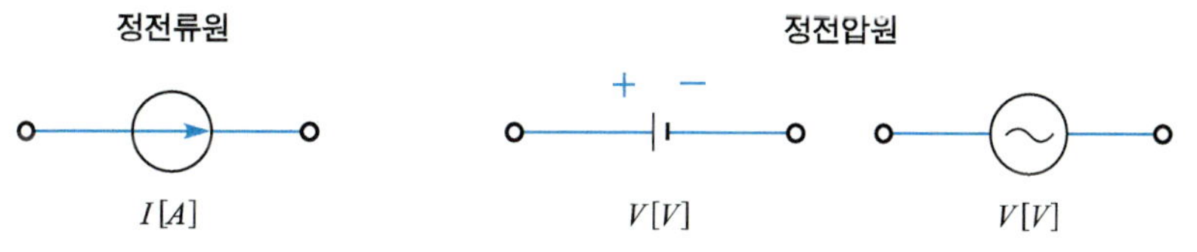

그림 1-27

(2) 수동소자

수동소자는 저항, 인덕턴스, 캐패시턴스 등의 전기 소자 등을 말하는데 다음 그림과 같은 기호로 표현된다.

그림 1-28

(3) 저항 (Resistance)

물질 내에 전류가 흐르면 전기입자(전하-전자와 정공)들은 물질이 가지고 있는 원자들과 충돌하게 되고 충돌이 심해지면 전기입자들의 운동량은 제한을 받게 된다. 물질에 따라 다르게 전하의 이동을 제한하는 정도를 저항(Resistance: R)이라 한다. 저항의 기호는 'R' 이라 나타내고 단위는 옴[Ω]으로 쓰며, 저항을 가지고 있는 물질에 전류를 통하게 되면 물질 내부에서 전자와 원자들의 충돌이 발생하므로 열 등의 에너지가 발생하게 된다. 어떤 물질에 1[V]의 전압을 가했을 때 1[A]의 전류가 흘렀다면, 이 물질은 1[Ω]의 저항값을 갖고 있는 것이다.

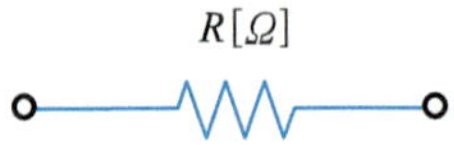

그림 1-29

저항의 반대 개념으로 컨덕턴스 G가 있다. 컨덕턴스 G는 전류가 어떤 물질을 얼마나 잘 통과할 수 있는가 하는 정도를 나타낸 것이다. 즉, 저항과 반대의 의미이므로 다음과 같이 표현될 수 있다. 단위는 [℧]이며 모호(mho) 또는 [S] 지멘스(Siemens)를 쓴다.

$$G = \frac{1}{R}[℧]$$

① 고유저항

물질의 단면적과 길이와 관련한 저항의 크기를 나타내는 식은 다음 식 (1-37)과 같다.

$$R = \rho\frac{l}{s} \tag{1-37}$$

$$\rho = \frac{s \cdot R}{l}\ [\Omega \cdot \text{m}]$$: 고유 저항

($s[\text{m}^2]$, $R[\Omega]$, $l[\text{m}]$)

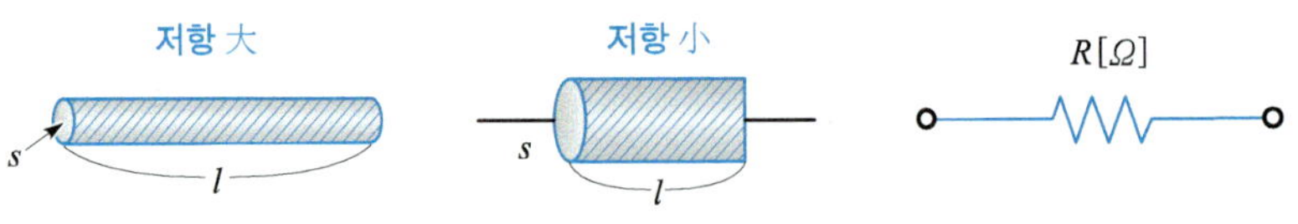

그림 1-30

② 온도계수 (temperature coefficient)

대부분 물질은 온도가 변화하면 그 물질의 고유저항이 변화한다. 이 변화하는 정도를 온도계수 α라 하며, 물질마다 모두 다른 고유의 계수를 가지고 있다. 온도계수 α는 0[℃]를 기준으로 1[℃]씩 온도 상승하는데 대한 저항의 증가비율로 온도 구간에 따라

약간의 차이가 있으며 물질에 따라 다르게 나타난다. 온도계수의 단위는 [℃$^{-1}$]이며, 이와 관련된 수식은 다음과 같이 나타낼 수 있다.

$$\alpha = \frac{1}{234.5 + t_1}\ [℃^{-1}]$$

온도 변화에 따른 저항의 크기는 다음 식 (1-38)과 같이 구할 수 있다.

$$R_t = R_0(1+\alpha_0 \cdot t)$$
$$t = (t_2 - t_1) \qquad (1-38)$$

여기서, t_1 : 상승전의 온도[℃] t_2 : 상승후의 온도[℃]
R_1 : t_1에서 도체의 저항[Ω] R_2 : t_2에서 도체의 저항[Ω]
α : t_1에서 온도계수

▶ 예제 1-23

굵기가 한결 같은 도체의 단면적이 S[m^2], 길이가 ℓ[m]이고, 도체의 고유저항이 ρ[Ω · m]일 때, 저항 R[Ω]은 무엇과 반비례하는가?

해답 선로저항 $R = \rho\frac{l}{S} = \rho\frac{l}{\pi r^2}$[Ω]이므로 단면적 S[m^2]와 반비례한다.

▶ 예제 1-24

현재의 온도가 20[℃]일 때 동선의 저항이 0.32[Ω/km]이다. 동선 주변의 온도가 40[℃]로 되었다면 이 동선의 저항값은 얼마이겠는가?(단, 20[℃]에서 온도계수 α=0.00381)

해답 $R_t = R_0(1+\alpha_0 \cdot t)$, $t = (t_2 - t_1)$이므로
$R_{40} = 0.32 \cdot (1 + 0.00381 \times (40-20)) \fallingdotseq 0.344$[Ω/km]

(4) 인덕턴스 (Inductance)

① 자기 인덕턴스 (self-inductance)

인덕턴스는 자기 인덕턴스라고도 하며 그림과 같이 인덕턴스의 심볼과 기호를 나타낸다.

인덕턴스를 가진 기기를 인덕터(inductor) 또는 리액터(reactor)라 부른다.

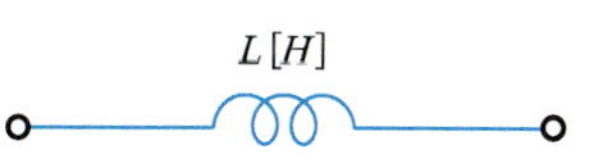

그림 1-31 인덕턴스

인덕터는 자기 유도에 의해 주변의 자기장 변화에 의해 기전력을 발생시키는데 그 크기는 다음 식 (1-39)와 같다.

$$e_L = -L\frac{di}{dt} = -N\frac{d\Phi}{dt} \tag{1-39}$$

(N : 권수, Φ : 자속)

이 수식에서 자속의 시간적 변화에 대하여 기전력을 발생시키는 것을 패러데이의 법칙이라 한다. 또한 다음 식 (1-41)의 관계에서 인덕턴스가 정의 내려질 수 있다.

$$Li = N\Phi \tag{1-40}$$

$$L = \frac{N \cdot \Phi}{i} = N \cdot \frac{\Phi}{i} \text{ [H]}$$

즉, 인덕턴스는 코일에 흐르는 전류 변화에 대해 어느 정도의 자속이 발생되는가의 정도를 나타내는 것으로 정의 내릴 수도 있다.

또한 인덕턴스는 이상적으로는 에너지를 소비하지 않고 에너지의 저장과 방출을 반복하게 되는데 저장되는 에너지는 다음 식 (1-41)과 같이 구할 수 있다.

$$W = \frac{1}{2}Li^2 \text{ [J]} \tag{1-41}$$

▶ 예제 1-25

30[mH]의 코일에 전류가 10 [초] 간 5 [A]가 변화하였다면 유도되는 기전력은 몇 [mV]가 되겠는가?

해답 $e_L = -L\frac{di}{dt} = -30 \times \frac{5}{10} = -15 \text{ [mV]}$

② **상호 인덕턴스(Mutual inductance)**

ⓐ 합성 인덕턴스

두 코일이 자기적으로 결합할 때 생성되는 가상의 인덕턴스를 상호 인덕턴스라 하고, "M[H]" 로 표현한다.

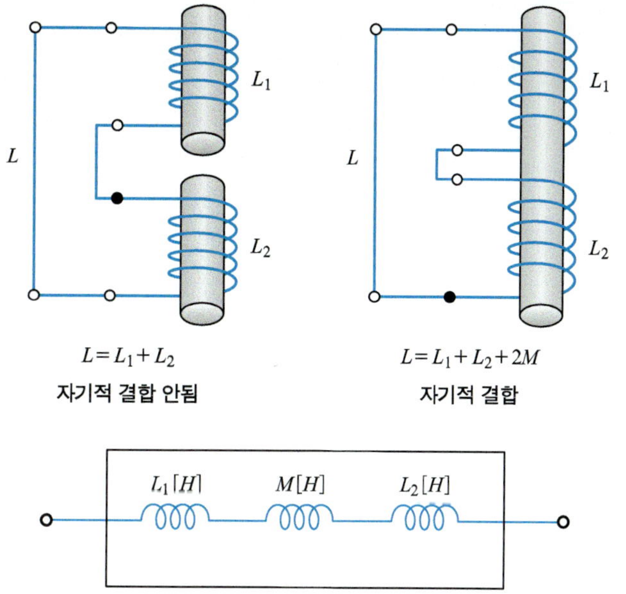

그림 1-32 자기적으로 결합된 코일

그림 1-32와 같이 두 코일이 자기적으로 결합되었을 때의 합성 인덕턴스는 아래 식 (1-42)와 같이 표현할 수 있다.

$$L_T = L_1 + L_2 \pm 2M \tag{1-42}$$

이 식에서 M은 상호 인덕턴스로서 단위는 일반 인덕턴스와 마찬가지로 헨리 [H]의 단위를 쓴다. 여기서, 두 코일의 감겨진 방향이 같을 때는 (+), 방향이 반대이면 (−)의 극성을 갖는다.

ⓑ 결합계수

코일이 자기적으로 결합되어 있는 정도를 나타낸 것을 결합계수라 하고, "k"로 표시한다. 결합계수 k는 다음 식 (1-43)와 이 표현된다.

$$k = \frac{M}{\sqrt{L_1 \cdot L_2}} \tag{1-43}$$

이 식에서 두 코일의 인덕턴스 값이 같고, 자기적으로 완전히 결합되었을 경우, $k=1$이 되고, 자기적인 결합이 전혀 없는 독립개체일 경우 $k=0$의 값을 가지게 된다.

따라서, $k=0$: 자기적 결합 없음

$k=1$: 자기적 완전결합

▶ 예제 1–26

다음 그림은 시간에 따른 전류 변화를 나타낸 그래프이다. 이 그래프에서 주어진 시간에 인덕턴스에 유기되는 전압을 구하시오. (단, L=10[H])

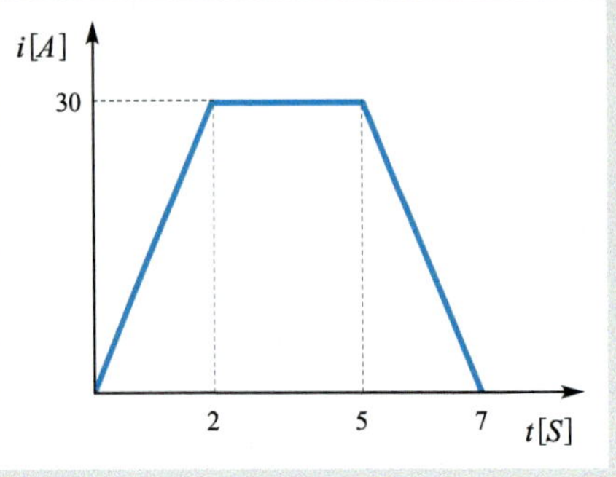

그림 1-33

해답 $V_L = -L\dfrac{di}{dt}$[V]이므로,

각 시간대별 전압은 다음과 같이 구할 수 있다.

$0 \le t \le 2 \quad dt = 2[\mathrm{s}], \quad di = 30[\mathrm{A}] \quad V_L = -10\dfrac{30}{2} = -150[\mathrm{V}]$

$2 \le t \le 5 \quad dt = 3[\mathrm{s}], \quad di = 0[\mathrm{A}] \quad V_L = -10\dfrac{0}{3} = 0[\mathrm{V}]$

$5 \le t \le 7 \quad dt = 2[\mathrm{s}], \quad di = -30[\mathrm{A}] \quad V_L = -10\dfrac{-30}{2} = 150[\mathrm{V}]$

▶ 예제 1–27

자기적으로 결합된 인덕턴스 회로에서 인덕턴스 L_1은 10[H]이고, L_2는 10[H], 결합계수 $K=0.6$, 전류 I는 2[A]라 할 때 이 회로의 인덕턴스에 축적되는 에너지는 몇 [J]인가?

그림 1-34

해답 $W_L = \dfrac{1}{2}Li^2$이므로, 합성 인덕턴스 L을 구해야 한다. 인덕턴스가 자기적으로 결합되어 있으므로 결합계수 $k = \dfrac{M}{\sqrt{L_1 L_2}}$에서 상호 인덕턴스를 구할 수 있다.

∴ 상호 인덕턴스 $M = k\sqrt{L_1 \cdot L_2} = 0.6\sqrt{10 \times 10} = 6[\mathrm{H}]$

코일의 방향이 반대이므로,
합성 인덕턴스 $L = L_1 + L_2 - 2M = 10 + 10 - 12 = 8[\text{H}]$

$\therefore$ 인덕턴스에 축적되는 에너지 $W = \frac{1}{2}LI^2 = \frac{1}{2} \times 8 \times 2^2 = 16[\text{J}]$

③ 캐패시턴스(capacitance)

캐패시턴스의 용량을 갖는 기기를 캐패시터 또는 콘덴서라 하며 다음 그림과 같은 심볼과 기호를 사용한다. 인덕터와 마찬가지로 콘덴서는 이상적으로는 에너지의 소비는 없고 에너지의 저장과 방출을 반복한다. 캐패시터에 축적되는 전하량은 다음 식 (1-44)와 같다.

그림 1-35

$$Q = C \cdot V\,[\text{C}] \tag{1-44}$$

위 식에서 C의 단위는 [F], Farad로 읽는다. 이때 저장되는 에너지의 양은 식 (1-45)과 같다.

$$W_c = \frac{1}{2}CV^2 \tag{1-45}$$

또한 캐패시턴스 회로에 흐르는 전류와 전압은 다음 식 (1-46)과 같다.

$$i = \frac{dq}{dt} = \frac{d(CV)}{dt} = C \cdot \frac{dv}{dt}\left(= \frac{Q}{t}\right)$$

$$v = \frac{1}{c}\int idt \tag{1-46}$$

▶ 예제 1-28

3[μF]의 콘덴서를 2[kV]로 충전하면, 저장되는 에너지는 몇 [J]인가?

해답 $W_c = \frac{1}{2}CV^2[\text{J}] = \frac{1}{2} \times 3 \times 10^{-6} \times (2 \times 10^3)^2 = 6[\text{J}]$

CHAPTER 01 전기이론의 기초 연습문제

1 10A의 전류가 5분간 도체에 흘렀을 때 도체 단면을 지나는 전기량은 몇 [C]인가?

가. 3　　나. 50　　다. 3000　　라. 5000

해설

$Q[\text{C}] = I[\text{A}]t[\text{s}] = 10 \times 5 \times 60 = 3000\,[\text{C}]$

※ $I\,[\text{A}]$:전류, $t[\text{s}]$: 시간

정답 다

2 단면적이 10[cm²]인 도체가 있다. 이 단면을 3[초] 동안 30[C]의 전하가 이동하면 전류는 몇 (A)인가?

가. 2　　나. 10　　다. 20　　라. 90

해설

$Q[\text{C}] = I[\text{A}]t[\text{s}] \;\Rightarrow\; I = \frac{Q}{t} = \frac{30}{3} = 10\,[\text{A}]$

정답 나

3 1[A·h]는 몇 [C]인가?

가. 1　　나. 60　　다. 860　　라. 3600

해설

$Q[\text{C}] = I[\text{A}]t[\text{s}]$, $1[\text{Ah}] = 3600[\text{As}]$

정답 라

4 그림과 같은 회로에서 전체에 흐르는 전류를 I [A]라 하고 저항 R_1과 R_2에 흐르는 전류를 I_1, I_2로 표시할 때 $\frac{I_2}{I_1}$는 얼마가 되겠는가? (단, $R_1 = 2\Omega$, $R_2 = 3\Omega$이다)

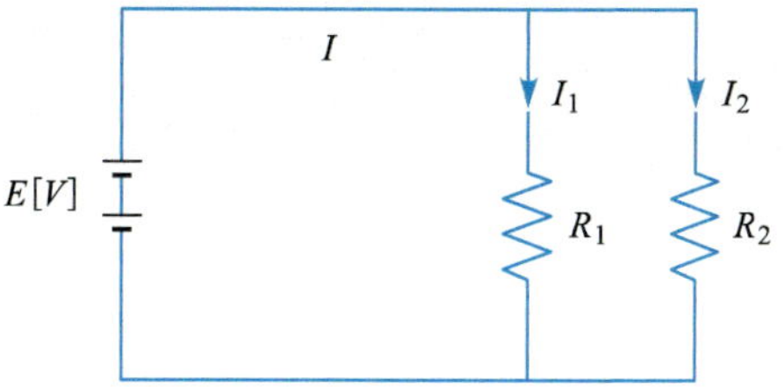

가. $\frac{1}{2}$ 나. $\frac{3}{2}$ 다. $\frac{2}{3}$ 라. $\frac{3}{4}$

해설

$$I = \frac{V}{R}[\text{A}] \quad \Rightarrow \quad \frac{I_2}{I_1} = \frac{R_1}{R_2} = \frac{2}{3}$$

※ 전류는 저항에 반비례하므로 저항이 작은 쪽으로 전류가 많이 흐른다. 정답 다

5 일정 전압의 직류전원에 저항을 접속하고, 전류를 흘릴 때 이 전류값을 50[%] 증가시키기 위해서는 저항값은 몇 배로 하여야 하는가?

가. 0.67배 나. 6.7배 다. 0.83배 라. 8.3배

해설

$$R = \frac{V}{I} \quad \Rightarrow \quad R = \frac{V}{1.5I} = 0.67[\text{배}]$$

※ 전류를 50% 증가시키면 150%가 된다. 그러므로 1.5 정답 가

6 다음과 같은 회로에 흐르는 전류 I는 몇 [A]인가?

가. 1 나. 2
다. 3 라. 4

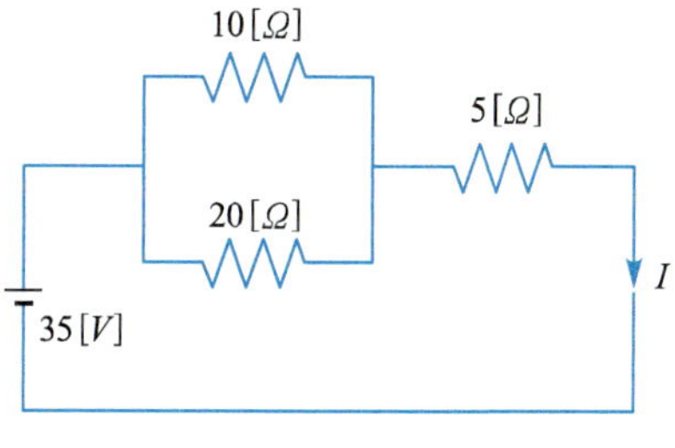

해설

$$I = \frac{V}{R}[\text{A}] = \frac{35}{\frac{(10 \times 20)}{(10+20)} + 5} = 3\,[\text{A}]$$

정답 다

7 직류2선식 배전선의 절연저항을 측정하였더니 각 선의 대지 절연저항이 각각 0.35[MΩ], 0.15[MΩ]이었다. 이 경우 배전선의 합성 절연저항은 몇 [MΩ]인가?

가. 0.105 나. 0.215 다. 0.255 라. 0.535

해설

$$R_T = \frac{R_1 \times R_2}{R_1 + R_2} = \frac{0.35 \times 0.15}{0.35 + 0.15} = 0.105[M\Omega]$$

정답 가

8 지멘스(siemens)는 무엇의 단위인가?

가. 비저항 나. 도전율 다. 컨덕턴스 라. 자속

해설

$$G = \frac{1}{R}[S] \quad (=[ohm^{-1}], =[\mho])$$

정답 다

9 전압 V, 전류 I, 저항 R, 컨덕턴스 G라 할 때 옳은 것은?

가. $I = RV$ 나. $I = GR$ 다. $I = GV^{-1}$ 라. $I = GV$

해설

$$I = \frac{V}{R} = \frac{1}{R}V = GV[A]$$

정답 다

10 값이 같은 3개의 저항을 그림과 같이 접속하고, 12[V]를 가할 때, 3[A]가 흐르면, R의 값은 몇 [Ω]인가?

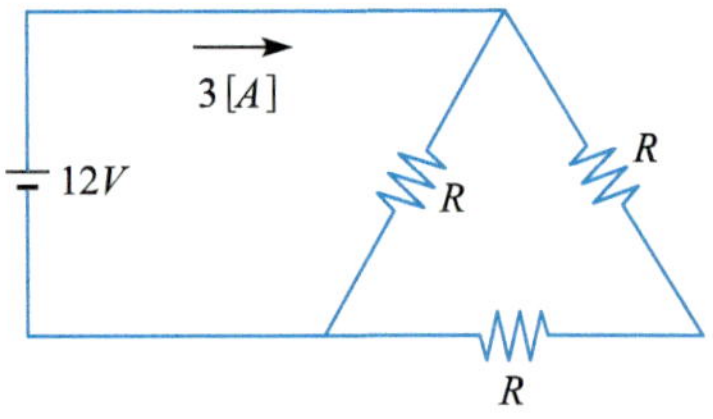

가. 4 나. 6
다. 8 라. 12

해설

$$R_T = \frac{V}{I} = \frac{12}{3} = 4[\Omega],$$

$$R_T = \frac{1}{\frac{1}{R}+\frac{1}{2R}} = \frac{R\times 2R}{R+2R} = \frac{2R^2}{3R} = \frac{2}{3}R$$

$$R_T = 4 \qquad \therefore 4 = \frac{2}{3}R$$

$$R = 6[\Omega]$$

정답 나

11 그림과 같은 회로에서 2[Ω]의 저항에 흐르는 전류는 몇 [A]인가? (단, 그림에서 저항의 단위는 [Ω]이다.)

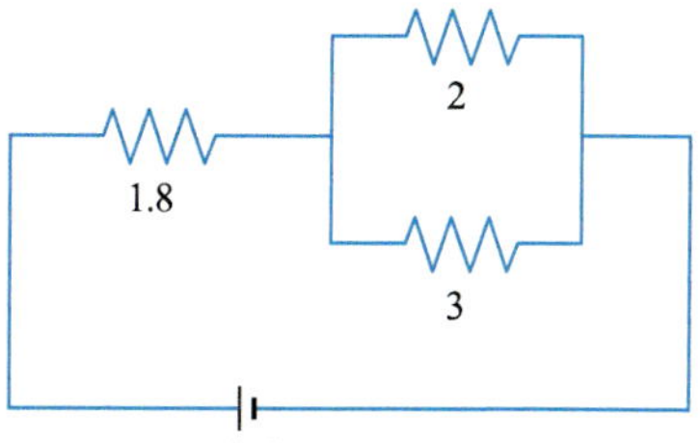

가. 0.8　　나. 1
다. 1.2　　라. 2

해설

$$I = \frac{V}{R_T} = \frac{6}{1.8+\frac{(2\times 3)}{(2+3)}} = 2$$

$$I_x = \frac{R_T}{R_x} I = \frac{\frac{1}{\frac{1}{2}+\frac{1}{3}}}{2}\cdot 2 = \frac{3}{2+3}\cdot 2 = 1.2[A]$$

정답 다

12 3[Ω]의 저항 10[개]를 직렬로 연결하면 병렬로 연결했을 때의 몇 [배]가 되는가?

가. 3　　나. 10　　다. 30　　라. 100

해설

직렬: 10×3=30[Ω], 병렬: 3/10=0.3[Ω]이므로 30/0.3=100[배]

※ 직렬: 개수×하나의 저항값(단, 동일저항일 때)

병렬: $\frac{\text{하나의 저항값}}{\text{개수}}$(단, 동일저항일 때)

정답 라

13 그림과 같은 휘트스톤브리지의 평행조건은?

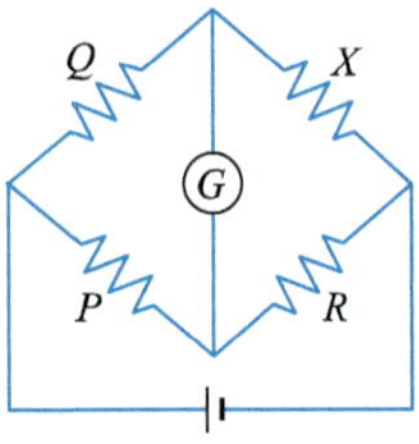

가. $X=\frac{Q}{R}P$　　나. $X=\frac{P}{Q}R$

다. $X=\frac{R}{PQ}$　　라. $X=\frac{Q}{P}R$

해설

휘트스톤브리지의 평행조건은 대각선 저항의 곱이 서로 같을 때이므로 $QR=XP$ 의 조건을 만족하면 된다.

정답 라

14 다음 회로의 합성저항은 몇 [Ω]인가?

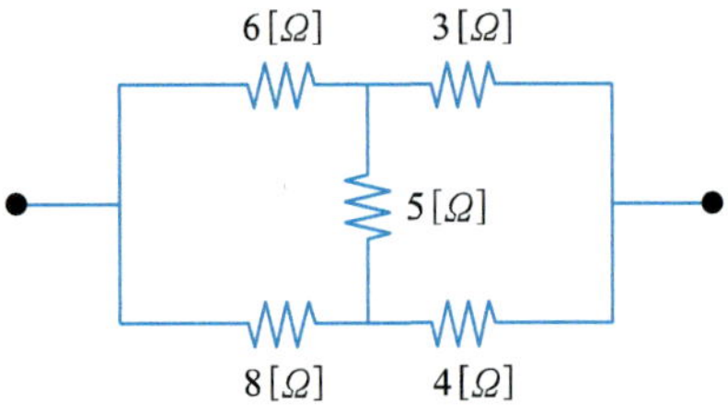

가. 0.19　　나. 1.28

다. 2.57　　라. 5.14

해설

회로의 휘트스톤브리지 회로가 평행조건이므로 5[Ω] 방향으로는 전류가 흐르지 않으므로 단선으로 가정한다. 그러므로 6[Ω]과 3[Ω] 그리고 8[Ω]과 4[Ω]이 각각 직렬로 연결되는 회로가 된다. 그러므로 두 직렬 연결된 저항이 병렬로 연결되어 있으므로 다음과 같이 계산된다.

$$R_T = \frac{1}{\frac{1}{9}+\frac{1}{12}} + \frac{9\times12}{9+12} = 5.14\ [\Omega]$$

정답 라

15 그림과 같은 회로망에서 전류를 산출하는 식은?

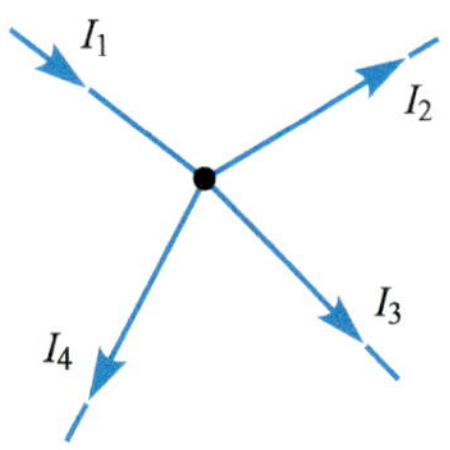

가. $I_1+I_2-I_3-I_4=0$

나. $I_1-I_2-I_3-I_4=0$

다. $I_1+I_2+I_3-I_4=0$

라. $I_1+I_2+I_3+I_4=0$

해설

키르히호프 제1법칙(전류법칙): 유입된 전류의 합은 유출된 전류의 합과 같다.

$I_1=I_2+I_3+I_4 \Rightarrow I_1-I_2-I_3-I_4=0$

정답 나

16 80[Ω]의 저항에 220[V]의 교류전압을 가했을 때의 전력은 몇 [W]인가?

가. 605 나. 640 다. 805 라. 1,040

해설

$$P=\frac{V^2}{R}=\frac{220^2}{80}=605[\mathrm{W}]$$

정답 가

17 부하저항 R[Ω]에 5[A]의 전류가 흐를 때 소비전력이 500[W]이었다. 부하저항 R은 몇 [Ω]인가?

가. 5
나. 10
다. 20
라. 100

해설

$$P=I^2R \Rightarrow R=\frac{P}{I^2}=\frac{500}{5^2}=20[\Omega]$$

정답 다

18 일정한 저항치에 가해지고 있는 전압을 3[배]로 하면 소비전력은 몇 [배]가 되겠는가?

가. $\frac{1}{3}$배
나. 3배
다. 6배
라. 9배

해설

$$P=\frac{V^2}{R} \Rightarrow P \propto V^2=3^2=9 \quad [\text{배}]$$

정답 라

19 100[V]용 500[W]의 전열기에 90[V]의 전압을 인가하면 전열기의 소비전력은 몇 [W]가 되겠는가?

가. 90　　나. 100　　다. 205　　라. 405

해설

$$P=\frac{V^2}{R}\Rightarrow P\propto V^2\Rightarrow P_1:V_1^2=P_2:V_2^2\Rightarrow 500:100^2=P_2:90^2\Rightarrow P_2=405[\mathrm{W}]$$

정답 라

20 220[V]의 전원으로 30[W] 형광등 8개, 120[W] 백열전등 4개, 1.2[kW] 전기난로 1대 및 0.8[kW]의 전기다리미 2대를 동시에 사용했을 때 전전류는 몇 [A]인가? (단, 모든 기구의 역률은 1로 한다)

가. 12　　나. 14　　다. 16　　라. 18

해설

$$P=VI\Rightarrow I=\frac{P}{V}=\frac{[(30\times 8)+(120\times 4)+(1.2\times 10^3\times 1)+(0.8\times 10^3\times 2)]}{220}=16[\mathrm{A}]$$

정답 다

21 3[분] 간에 876000[J]의 일을 할 때 전력은 몇 [kW]인가?

가. 4.9[kW]　　나. 7.3[kW]　　다. 730[kW]　　라. 292[kW]

해설

$$W=Pt\Rightarrow P=\frac{W}{t}=\frac{876000}{3\times 60}=4866\ [\mathrm{W}]=4.9[\mathrm{kW}]$$

정답 가

22 1[W·sec]는 몇 [J]인가?

가. 0.42　　나. 1　　다. 9.8　　라. 860

해설

$W[\mathrm{J}]=P[\mathrm{W}]t[\mathrm{s}]$

$\therefore\ 1[\mathrm{Ws}]=1[\mathrm{J}]$

정답 나

23 3[V]의 전위차로 1[A]의 전류가 2[분] 동안 흐를 때, 한 일은 몇 [J]인가?

가. 3　　나. 6　　다. 30　　라. 360

해설

$$W = VIt = 3 \times 1 \times 2 \times 60 = 360[J]$$

정답 라

24 0.5[kVA]의 수신기용 변압기가 있다. 변압기의 철손이 7.5[W], 전부하 동손이 16[W]이다. 화재가 발생하여 처음 2시간은 전부하 운전이 되고, 다음 2시간은 $\frac{1}{2}$의 부하가 걸렸다고 한다. 이 변압기의 4시간에 걸친 전손실 전력량은 몇 [Wh]인가?

가. 70　　나. 76　　다. 82　　라. 94

해설

$$W = Pt = [(7.5+16) \times 2 \times 1] + \left[(7.5+16) \times 2 \times \frac{1}{2}\right] = 70[Wh]$$

정답 가

25 220[V], 60[W] 전등 2[개]를 매일 5[시간]씩 점등하고, 600[W] 전열기 1[개]를 매일 1[시간]씩 사용할 경우 1[개월](30[일])의 소비전력량[KWh]인가?

가. 18　　나. 36　　다. 180　　라. 360

해설

$$W = Pt = [(60 \times 2 \times 5) + (600 \times 1 \times 1)] \times 30 = 36000[Wh] \times 10^{-3} = 36[KWh]$$

정답 나

26 저항 2[Ω]의 도체에 2.5[A]의 전류를 흘릴 경우 1[초] 간에 발생하는 열량은 몇 [cal]인가?

가. 1　　나. 3　　다. 5　　라. 7

해설

$$H = 0.24 \times I^2Rt = 0.24 \times 2.5^2 \times 2 \times 1 = 3[cal]$$

※ H[J][cal]: 열량, 1[J]=0.24[cal]

정답 나

27 전류의 열작용과 관계가 깊은 것은?

가. 옴의 법칙　　나. 주울법칙　　다. 플레밍의 법칙　　라. 키르히호프의 법칙

해설

$H=I^2Rt[J]$ ⇒ 주울의 법칙 : 일정시간동안에 열이 발생하는데 그 열은 전류의 제곱에 저항에 곱한 값에 비례한다.

정답 나

28 동선의 길이를 3[배]로 고르게 늘리니 전선의 단면적이 1/3로 되었다. 이때 저항은 처음의 몇 [배]가 되는가?

가. 3　　나. 6　　다. 9　　라. 12

해설

$$R=\rho\frac{l}{A}\Rightarrow R=\rho\frac{3l}{\frac{1}{3}A}=9[\text{배}]$$

정답 다

29 길이가 100[m]이고, 지름이 1[mm]인 구리선의 상온 25[℃]에서의 저항은? (단, 상온 25[℃]에서 동선의 고유저항 $\rho=1.72[\mu\Omega\cdot\text{Cm}]$이다)

가. 4.38[Ω]　　나. 2.19[Ω]　　다. 1.72[Ω]　　라. 1.09[Ω]

해설

$$R=\rho\cdot\frac{l}{\pi r^2}=1.72\times10^{-8}\times\frac{100}{\pi\times\left(\frac{1}{2}\times10^{-3}\right)^2}=2.189=2.19[\Omega]$$

※ $\rho=1.72[\mu\Omega\cdot\text{cm}]=1.72\times10^{-8}[\Omega\text{m}]$이다.

정답 나

30 공기 중에 10[μC], 20[μC]을 1[m] 간격으로 놓을 때, 일어나는 정전력은 몇 [N]인가?

가. 1.23　　나. 1.8　　다. 2.4　　라. 3.0

해설

쿨롱의 법칙 $F=K\frac{Q_1Q_2}{r^2}=9\times10^9\ \frac{10\times10^{-6}\times20\times10^{-6}}{(1)^2}=1.8\ [\text{N}]$

※ F[N]: 힘, K: 비례상수 값 (9×10^9), r[m]: 거리

정답 나

31 동종 동량의 점전하가 진공 중에 1[m]의 간격으로 있을 때, 9×10^9 [N]의 힘이 작용했다면, 이때 점전하의 전기량은 몇 [C]인가?

가. 9×10^9　　나. 9×10^5　　다. 9×10^3　　라. 1

해설

쿨롱의 법칙 $F=K\frac{Q_1Q_2}{r^2}$[N]

$9\times10^9=9\times10^9\frac{Q_1Q_2}{(1)^2}$[N]

$Q^2=1^2$　　$\therefore\ Q=1$[C]

정답 라

32 위험물을 취급할 때 정전기가 발생할 우려가 있는 설비의 정전기를 유효하게 제거할 수 있는 방법으로 볼 수 없는 것은?

가. 접지에 의한 방법
나. 공기를 이온화하는 방법
다. 공기 중의 상대 습도를 70% 이상으로 하는 방법
라. 정전 콘덴서를 설치하는 방법

해설

정전 콘덴서(정전용량, 저장용량, 커패시턴스)는 전하(전기)를 축적하는 능력

정답 라

33 진공 중에서 1[Wb]의 자기량을 갖는 두 개의 자기가 1[m]의 거리로 떨어졌을 때, 두 개의 자기 간에 힘은 이론적으로 얼마인가?

가. $4\pi\times10^{-7}$[N]　　나. $\frac{10^7}{4\pi}$[N]　　다. 6.33×10^4[N]　　라. $8\pi^2\times10^7$[N]

해설

$F=K\frac{m_1m_2}{r^2}$[N]$=6.33\times10^4\frac{1\times1}{1^2}=6.33\times10^4$[N]

※ F[N]: 힘, K: 비례상수 값(6.33×10^4)
m[wb]: 자하, r[m]: 거리

정답 다

34 두 자극 간의 거리를 2배로 하면 자극 사이에 작용하는 힘은 몇 배인가?

가. 4　　나. 2　　다. 1/4　　라. 1/2

해설

쿨롱의 법칙 $F=K\frac{m_1m_2}{r^2}$[N],　$F\propto\frac{1}{r^2}=\frac{1}{2^2}=\frac{1}{4}$[배]

정답 다

35 진공 중에서 $4\pi\times10^{-7}$[Wb]의 자기량에서 나오는 자력선의 수는 이론적으로 얼마나 되는가? (단, 진공 투자율은 $4\pi\times10^{-7}$[H/m]이다)

가. 6.33×10^7개　　나. $8\pi\times10^{-7}$개　　다. 1개　　라. $16\pi\times10^{-14}$개

해설

$$N=\frac{m}{\mu}=\frac{m}{\mu_0\mu_s}=\frac{4\pi\times10^{-7}}{4\pi\times10^{-7}\times1}=1[\text{선}]$$

정답 다

36 그림과 같은 균일한 자계의 세기 H[AT/m] 내에 자극의 세기가 m[Wb], 길이 l[m]인 막대자석을 그 중심 주위에 회전할 수 있도록 놓는다. 이때 자석과 자계의 방향과 이룬 각을 θ라고 하면, 자석이 받는 회전력[N·m]은?

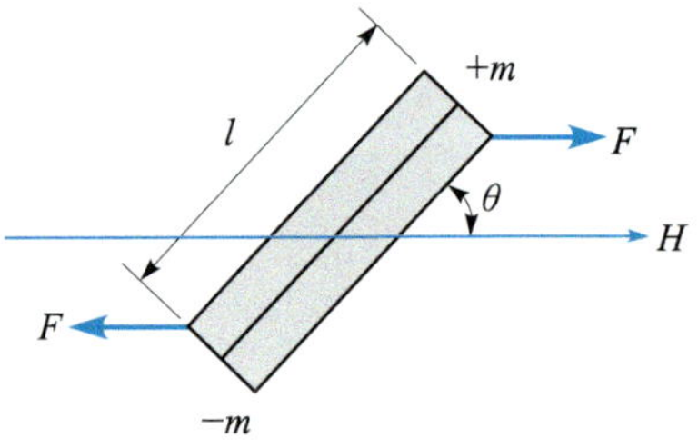

가. $T=2\,m\,l\,H\tan\theta$

나. $T=2\,m\,l\,H\sin\theta$

다. $T=m\,l\,H\cos\theta$

라. $T=m\,l\,H\sin\theta$

해설

회전력=토오크, $T=m\,l\,H\sin\theta$ [N · m]

m[wb]: 자극 , l[m]: 막대의 길이, H[AT/m]: 자계의 세기

정답 라

37 2,500[AT/m]의 자계 속에 자기량이 ±0.0002[Wb]이다. 길이가 5[cm]인 자장 내의 자기모멘트의 최대치는 몇 [N·m]인가?

가. 0.005 나. 0.025 다. 0.5 라. 0.25

해설

회전력=토오크, $T = mlH\sin\theta = 0.0002 \times 5 \times 10^{-2} \times 2500 \times \sin 90° = 0.025$[N · m]

※ 자기모멘트의 최대치(최대 토오크)는 sin90° 이다.

정답 나

38 평행판 콘덴서에서 큰 정전용량을 얻기 위한 방법이 아닌 것은?

가. 극판의 면적을 넓게 한다.
나. 극판간의 간격을 넓게 한다.
다. 비유전율이 큰 절연물을 사용한다.
라. 극판간의 간격을 좁게 한다.

해설

$$C = \varepsilon \frac{A}{l} [\mathrm{F}]$$

※ C[F]: 커패시턴스, ε[F/m]: 유전율

A[m^2]: 극판의 면적, l[m]: 극판 간의 거리

정답 나

39 정전용량 0.2[μF]와 0.5[μF]의 콘덴서를 병렬로 접속한 경우 그 합성용량은 몇 [μF]인가?

가. 0.14 나. 0.35 다. 0.7 라. 0.9

해설

$C_T = C_1 + C_2 = 0.2 + 0.5 = 0.7[\mu\mathrm{F}]$

정답 다

40 그림과 같은 회로에서 합성정전용량은 몇 [F]인가?

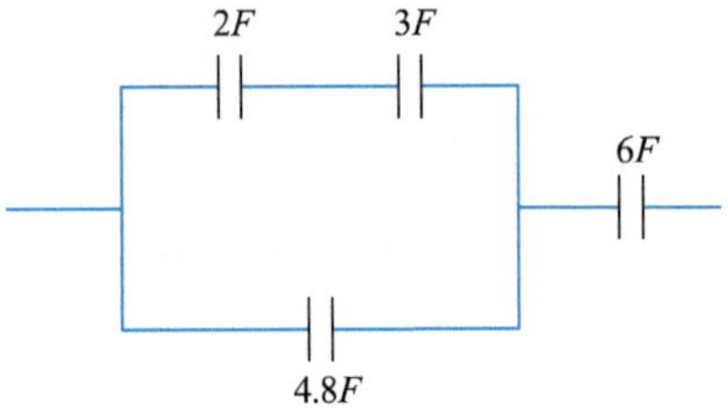

가. 2　　나. 3
다. 6　　라. 8

해설

$$C_T = \frac{2\times 3}{2+3} + 4.8 = 6[\text{F}],\quad \frac{6\times 6}{6+6} = 3[\text{F}]$$

정답 나

41 정전용량이 같은 콘덴서 2개를 병렬로 접속했을 때의 합성정전용량은 직렬로 접속했을 때의 합성정전용량의 몇 배인가?

가. 1/2　　나. 1/4　　다. 2　　라. 4

해설

직렬: $C/2$, 병렬: $2C$ 이므로 $\dfrac{2C}{\dfrac{C}{2}} = 4$[배]

※ 직렬: $\dfrac{\text{하나의 콘덴서값}}{\text{개수}}$(단, 동일 콘덴서일 때)

병렬: 개수×하나의 콘덴서값(단, 동일 콘덴서일 때)

정답 라

42 다음 콘덴서 회로의 AB간, AC 간 정전용량으로 옳은 것은?

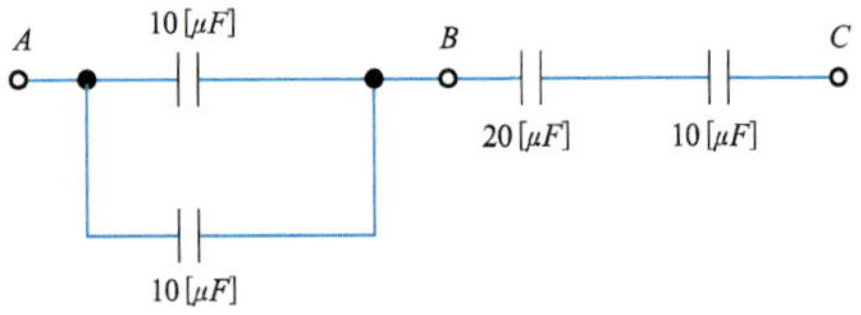

가. AB : 20[μF], AC : 5[μF]
나. AB : 10[μF], AC : 10[μF]
다. AB : 20[μF], AC : 10[μF]
라. AB : 10[μF], AC : 5[μF]

해설

$$C_{AB} = 10 + 10 = 20[\mu\text{F}]$$

$$C_{AC} = \frac{C_1C_2C_3}{(C_1\times C_2)+(C_2\times C_3)+(C_3\times C_1)} = \frac{20\times 20\times 10}{(20\times 20)+(20\times 10)+(10\times 20)} = 5[\mu\text{F}]$$

정답 가

43 내전압이 각각 같은 1[μF], 2[μF], 3[μF] 콘덴서를 직렬로 연결하고, 양단전압을 상승시키면?

가. 1[μF]의 제일 먼저 파괴된다.
나. 2[μF]의 제일 먼저 파괴된다.
다. 3[μF]의 제일 먼저 파괴된다.
라. 동시에 파괴된다.

해설

$$Q = CV[\text{C}]\ ,\qquad V = \frac{Q}{C}[\text{V}]$$

※ 전압은 콘덴서에 반비례하므로 콘덴서가 작은 쪽이 많은 전압이 걸린다.

정답 가

44 그림과 같은 회로에서 단자 ad 사이에서 전압 300[V]를 가할 때, ab 사이의 전압은 몇 [V]인가?

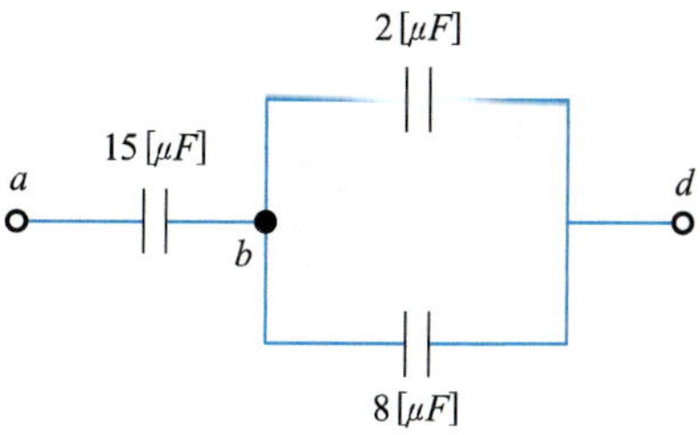

가. 120
나. 150
다. 180
라. 210

해설

$$V_1 = \frac{C_2}{C_1 + C_2} V \Rightarrow \frac{10}{15+10} \times 300 = 120[\text{V}]$$

$(\because\ C_1 = 15\mu F,\ \ C_2 = 2\mu F + 8\mu F = 10\mu F)$

정답 가

45 3[μF]의 콘덴서를 4[kV]로 충전하면, 저장되는 에너지는 몇 [J]인가?

가. 4
나. 8
다. 16
라. 24

해설

$$W = \frac{1}{2} CV^2[\text{J}] = \frac{1}{2} \times 3 \times 10^{-6} \times (4 \times 10^3)^2 = 24[\text{J}]$$

※ W[J]: 정전에너지

정답 라

46 정전용량 C[F]의 콘덴서에 W[J]의 에너지를 축적하려면 인가전압은 몇 [V]인가?

가. $\sqrt{\frac{W}{C}}$　　나. $\sqrt{\frac{W}{2C}}$　　다. $\sqrt{\frac{2W}{C}}$　　라. $\sqrt{\frac{2C}{W}}$

해설

$W=\frac{1}{2}CV^2$[J] ,　　$V=\sqrt{\frac{2W}{C}}$ [V]

정답 다

47 코일에 전류가 흐를 때 생기는 자력의 세기를 설명한 것 중 옳은 것은?

가. 자력의 세기와 전류와는 무관하다.
나. 자력의 세기와 전류는 반비례한다.
다. 자력의 세기는 전류에 비례한다.
라. 자력의 세기는 전류의 자승에 비례한다.

해설

$F=\phi \cdot R_m = N \cdot I = H \cdot I$ [AT]

※ F[AT]: 기자력, ϕ[wb]: 자속, R_m[AT/m]: 자기저항

N[회]: 코일의 권선수, H[N/wb][AT/m][A/m]: 자기장, 자장, 자계

정답 다

48 상철심에 감은 코일에 5[A]의 전류를 흘리면, 2000[AT]의 기자력이 생긴다. 코일의 권수는 얼마인가?

가. 200　　나. 300　　다. 400　　라. 500

해설

$F=N \cdot I$,　$N=\frac{F}{I}=\frac{2000}{5}=400$

정답 다

49 전류의 자기작용에서 전류에 의한 자계의 방향을 결정하는 법칙은?

가. 암페어의 오른나사법칙
나. 플레밍의 오른손 법칙
다. 플레밍의 왼손 법칙
라. 패러데이의 법칙

해설

암페어의 오른나사법칙: 전류에 의한 자계의 방향을 결정하는 법칙

정답 가

50 자장과 전류 사이에 작용하는 전자력의 방향을 결정하는 법칙은?

가. 플레밍의 오른손 법칙
나. 렌쯔의 법칙
다. 플레밍의 왼손 법칙
라. 패러데이의 전자유도 법칙

해설

플레밍의 왼손 법칙: 전자력의 방향을 결정하는 법칙.

ex) 직류전동기 응용

정답 다

51 전자유도현상에 의하여 코일에 생기는 유도기전력의 방향을 정하는 법칙은?

가. 플레밍의 오른손 법칙
나. 플레밍의 왼손 법칙
다. 렌츠의 법칙
라. 패러데이 법칙

해설

렌쯔의 법칙 : 전자유도현상에 의해 생긴 기전력은 코일을 통한 자속의 변화를 방해하는 전류를 빈발하려는 방향으로 발생한다(유도기전력의 방향성을 결정).

정답 다

52 직류전동기는 자장 중에서 도체에 전류가 흐르면, 그 도체에 힘이 작용한다는 누구의 법칙을 직접 응용한 것인가?

가. 플레밍의 왼손 법칙
나. 가우스의 법칙
다. 스토크스의 법칙
라. 패러데이의 법칙

해설

- 플레밍의 왼손 법칙 : 직류전동기
- 플레밍의 오른손 법칙 : 교류발생 원리, 발전기, 변압기

정답 가

53 250[mH]의 코일에 전류가 매초 1.2[A] 변화하면, 유도기전력은 몇 [V]인가?

가. 0.12　　나. 0.20　　다. 0.25　　라. 0.30

해설

$$e=-N\frac{d\Phi}{dt}=-L\frac{di}{dt}=-M\frac{d\Phi}{dt}=-M\frac{di}{dt}\text{[V]}$$이므로

$$e=-L\frac{di}{dt}=-250\times10^{-3}\times1.2=-0.3\text{[V]}=0.3\text{[V]}$$

※ e[V]: 유도기전력, 역기전력. L[H]: 자기인덕턴스, 코일. M[H]: 상호인덕턴스

정답 라

54 60[mH]의 코일에 전류가 10[초]간 5[A]가 변화하였다면 유도되는 기전력은 몇 [mV]가 되겠는가?

가. 30　　나. 50　　다. 300　　라. 500

해설

$$e=L\frac{di}{dt}=60\times\frac{5}{10}=30\text{[mV]}$$

정답 가

55 1회 감은 코일에서 지나가는 자속이 $\frac{1}{100}$[s] 동안에 0.3[Wb]에서 0.5[Wb]로 증가하였다면 유도되는 기전력은 몇 [V]인가?

가. 5　　나. 10　　다. 20　　라. 40

해설

$$e=N\frac{d\Phi}{dt}=1\times\frac{(0.5-0.3)}{\frac{1}{100}}=20\text{[V]}$$

정답 다

56 두 코일이 있다. 한 코일의 전류가 매초 20[A]의 비율로 변화할 때 다른 코일에는 10[V]의 기전력이 발생하였다면, 두 코일의 상호인덕턴스는 몇 [H]인가?

가. 0.25　　나. 0.5　　다. 0.75　　라. 1.25

해설

$$e = M\frac{di}{dt}\ [\mathrm{V}]$$

$$M = e\frac{dt}{di} = 10 \times \frac{1}{20} = 0.5[\mathrm{H}]$$

정답 나

57 평행왕복 도체에 전류가 흐를 때 발생하는 힘의 크기와 방향은? (단, 두 도체 사이의 거리는 r[m]라고 한다)

가. 힘의 크기 : $\frac{1}{r}$에 비례, 힘의 방향 : 반발력

나. 힘의 크기 : r에 비례, 힘의 방향 : 흡인력

다. 힘의 크기 : $\frac{1}{r^2}$에 비례, 힘의 방향 : 반발력

라. 힘의 크기 : r^2에 비례, 힘의 방향 : 흡인력

해설

- 두 평행도체 간의 전자력 $F = \frac{1}{r}$(방향성)
- 동일전류의 방향 : 흡인력, 반대전류(왕복전류의)의 방향 : 반발력

정답 가

58 인가된 전기에너지를 일시적으로 전자에너지로 변환시키는 회로소자는?

가. 저항　　나. 커패시턴스　　다. 인덕턴스　　라. 콘덕턴스

해설

- 저항 $R[\Omega]$: 전류를 방해하는 능력
- 자기인덕턴스 L[H]: 전자를 유도하는 능력
- 커패시턴스 C[F]: 전하를 축적하는 능력

정답 다

59 그림과 같이 두 인덕턴스가 병렬로 접속되었을 때, 합성인덕턴스의 값은?

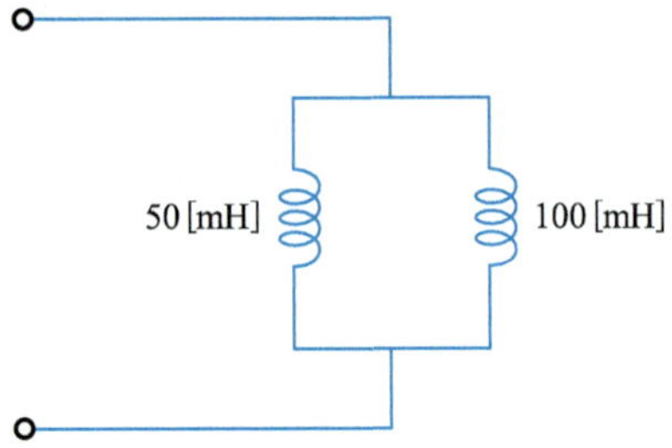

가. 33.3[mH]
나. 43.3[mH]
다. 53.3[mH]
라. 63.3[mH]

해설

$$L_T = \frac{L_1 \times L_2}{L_1 + L_2} = \frac{50 \times 100}{50 + 100} = 33.3 \ \ [\text{mH}]$$

정답 가

60 그림의 A-B 양단에서 본 합성인덕턴스는? (단, 단위는 [H]이며, 코일 간의 상호유도는 없다고 본다)

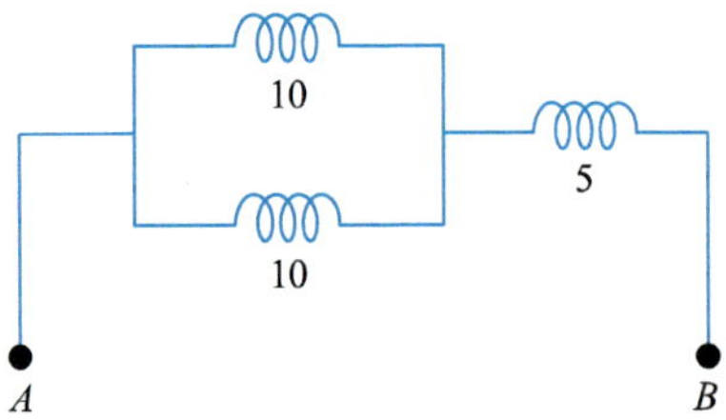

가. 25
나. 15
다. 10
라. 5

해설

$$L_T = \frac{10 \times 10}{10 + 10} + 5 \ \ \text{또는} \ \ \frac{10}{2} + 5 = 10(\text{H})$$

정답 다

61 자기인덕턴스 L_1, L_2, 상호인덕턴스 M 의 코일을 같은 방향으로 직렬로 연결한 경우 합성인덕턴스는?

가. $L_1 + L_2 - M$　　나. $L_1 + L_2 - M$　　다. $L_1 + L_2 - 2M$　　라. $L_1 + L_2 + 2M$

해설

- 동일 방향 : 가동접속 ⇒ $L_0 = L_1 + L_2 + 2M$ [H]
- 반대 방향 : 차동접속 ⇒ $L_0 = L_1 + L_2 - 2M$ [H]

정답 라

62 자체인덕턴스가 각각 250[mH], 360[mH]인 두 코일이 있다. 두 코일 사이의 상호인덕턴스가 210[mH]라면 결합계수는 얼마가 되겠는가?

가. 0.3　　나. 0.5　　다. 0.7　　라. 0.9

해설

$$K = \frac{M}{\sqrt{L_1 L_2}} = \frac{210}{\sqrt{250 \times 360}} = 0.7$$

정답 다

63 같은 철심 위에 동일한 권수로 자기인덕턴스 L[H]의 코일 2개를 접근해서 같은 방향으로 감고 이것을 직렬로 접속했을 때, 합성인덕턴스는? (단, 결합계수를 1로 했다)

가. 0[H]　　나. $3L$[H]　　다. $4L$[H]　　라. $5L$[H]

해설

$$L_T = L_1 + L_2 + 2M = L_1 + L_2 + 2L = 4L[\mathrm{H}]$$

$$K = \frac{M}{\sqrt{L_1 L_2}} = \frac{M}{\sqrt{L^2}}, \quad L = M$$

정답 다

64 자기인덕턴스 10[mH]의 코일에 직류 10[A]를 흘릴 때 축적되는 에너지[J]는?

가. 0.5　　나. 1.5　　다. 3.5　　라. 4.5

해설

$$W = \frac{1}{2} L\, i^2[\mathrm{J}] = \frac{1}{2} \times 10 \times 10^{-3} \times 10^2 = 0.5[\mathrm{J}]$$

※ 자기에너지 W[J]

정답 가

65 1[A]의 무한장 직선전류에 의한 자계의 세기가 1[AT/m]가 되는 곳은 거리가 몇 [m]가 되는 곳인가?

가. $\frac{1}{2\pi}$　　나. 2π　　다. $\frac{1}{4\pi}$　　라. 4π

해설

무한장 직선도체 자계의 세기는 다음식과 같이 정의된다.

$$H = \frac{I}{2\pi r}[\text{A/m}]$$

$$\therefore\ r = \frac{I}{2\pi H} = \frac{1}{2\pi \times 1} = \frac{1}{2\pi}\ [\text{m}]$$

정답 가

66 [Cm]당 권수가 100인 무한장 솔레노이드에 2[mA]의 전류가 흐른다면 솔레노이드 내부의 자계의 세기는 몇 [AT/m]인가?

가. 0 나. 10 다. 20 라. 50

해설

무한장 솔레노이드 내부자계의 세기

$H = NI = 100 \times 100 \times 2 \times 10^{-3} = 20[\text{AT/m}]$

※ N[회]: m당 코일의 권수

정답 다

67 평균반경이 5[cm]의 원형코일에(권수 N=800) 전류가 1.6[A] 흐릴 때, 코일 내부의 자계의 세기는 몇 [A/m]인가?

가. 6400 나. 12800 다. 19200 라. 25600

해설

원형코일 중심자계의 세기

$$H = \frac{NI}{2r}[\text{A/m}] = \frac{800 \times 1.6}{2 \times 5 \times 10^{-2}} = 12,800[\text{A/m}]$$

※ r[m]: 반지름, 반경

정답 나

68 총 권수 300회, 환의 평균길이 50[cm]의 환상 솔레노이드의 자계의 세기가 평균 600[A/m]가 될 때, 전류는 몇 [A]가 되는가?

가. 1[A] 나. 2[A] 다. 3[V] 라. 4[A]

해설

환상솔레노이드 내부자계의 세기는 다음식과 같이 정의된다.

$$H = \frac{NI}{l}[\text{A/m}] \quad \therefore\ I = \frac{Hl}{N} = \frac{600 \times 50 \times 10^{-2}}{300} = 1[\text{A}]$$

정답 가

CHAPTER 02

전류의 열작용 및 화학작용

CHAPTER

02 전류의 열작용 및 화학작용

2.1 전기저항에 의한 열

모든 물질은 전기적 저항 성분을 가지고 있다. 이러한 전기적 저항 성분은 물질의 종류와 길이, 단면적 등에 의해 저항의 크기가 달라지며, 환경의 변화에 의해서도 변화될 수 있다. 변화된 저항값에 의해 도체는 열의 발생 정도가 달라지게 되며, 다량의 열이 발생될 경우 이 열이 축적되어 화재가 발생되는 등 사고의 주요 원인으로 되기도 한다.

저항체에 전류가 흐르면 열이 발생하게 되는데 이때 발생하는 열을 줄열이라 한다.

줄열은 전류가 흐를 때 소비되는 전력과 관계가 있다. 즉, 전류가 흘러 전력이 소비된다는 것은 단위시간에 단위 전하가 이동할 때 필요한 일과 같고, 이 전력이 일정 시간동안 소비된 전기에너지의 양은 전력량으로 표시된다. 전력량에 관한 식은 다음 식 (2-1)과 같다.

$$\text{전력량 } W = P \cdot t = V \cdot I \cdot t$$
$$I^2 \cdot R \cdot t = \frac{V^2}{R} \cdot t\,[W \cdot S] = [\mathrm{J}] \qquad (2\text{-}1)$$

[J]의 단위로 표시된 전력량은 다음 식 (2-2)와 같이 [cal]의 단위로 나타낼 수 있다.

$$H(\text{열량}) = 0.24 \cdot I^2 \cdot R \cdot t = 0.24\,P \cdot t \ [\mathrm{cal}] \qquad (2\text{-}2)$$

식 (2-2)에서 도체에 전류가 흐를 때 발생되는 열량은 전류의 제곱과 저항, 그리고 시간의 곱에 비례한다. 이것이 도체에서 발생되는 열과 관련된 "줄의 법칙" 이다.

도체의 열량을 질량과 비열, 그리고 온도와 관계된 식으로 표시하면 다음 식 (2-3)과 같이 표현할 수 있다.

$$H = mct \ [\mathrm{cal}] \qquad (2\text{-}3)$$

위 식에서 m = 질량, c = 비열, T = 온도.

2.2 열전현상

열전현상은 열과 전기와의 관계를 나타내는 현상으로서 대표적으로 제벡 효과 펠티에 효과 그리고 톰슨 효과 등이 있다.

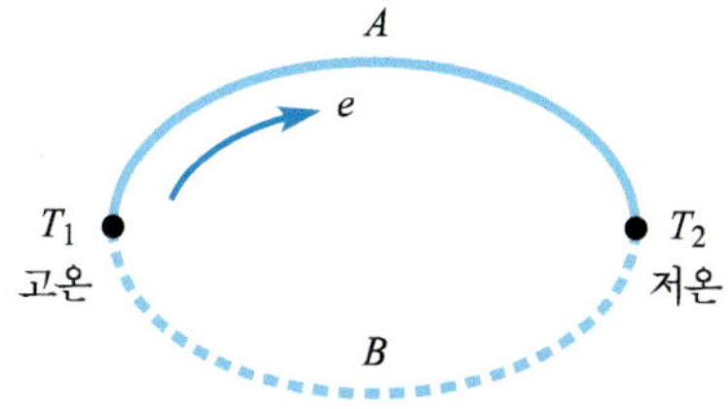

그림 2-1 제에벡 효과

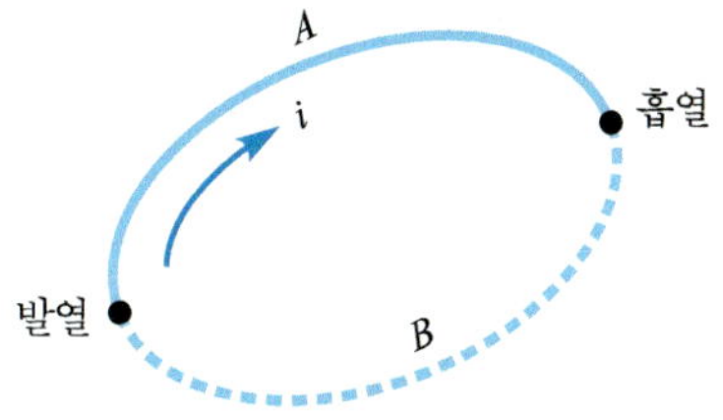

그림 2-2 펠티에 효과

(1) 제벡 효과(Seebeck Effect)

제벡 효과란 "두 종류의 금속을 환상으로 결합한 후 양 끝점의 한쪽 온도를 고온으로 하고 다른 한쪽을 저온으로 하여 온도차를 두면 고온에서 저온방향으로 기전력이 발생한다." 는 것이다. 이러한 현상을 제벡 효과라 하며, 열 감지기의 온도검출센서 등의 원리로 이용된다.

또한 이렇게 결합된 물질을 열전대(Thermo-couple)라 하고 이때 온도 변화와 기전력의 변화의 비를 열 전능 Q(Thermo-electric power)라 하며 식 (2-4)과 같이 표현한다.

$$Q = \Delta V / \Delta T \tag{2-4}$$

(2) 펠티에 효과(Peltier Effect)

펠티에 효과란 "서로 다른 금속을 환상으로 결합한 임의의 폐회로에 전류를 흘리면 양쪽 끝점에서는 전류방향에 따라 한쪽은 흡열작용을 하고 다른 한쪽은 발열작용을 하게 된다." 는 것이다. 이러한 현상을 펠티에 효과라 하며 소형 냉장고 등의 냉각장치에 활용되기도 한다.

(3) 톰슨 효과(Thomson Effect)

제벡 효과와 펠티에 효과와 다르게 톰슨 효과는 "동일한 금속을 환상으로 결합하고 양 끝점에 온도차를 둔 상태에서 이 폐회로에 전류를 흘리면 한쪽 끝점에서는 발열작용을 하고 다른 한쪽 끝점에서는 흡열 작용을 한다." 이러한 현상을 톰슨 효과라 한다.

▶ 예제 2-1

다른 종류의 금속선으로 된 폐회로에서 두 접합점의 온도차에 의하여 기전력이 발생하는 효과는?

해답 제에벡 효과

2.3 전류의 화학작용

(1) 전기 분해

그림과 같이 물속에 양극과 음극인 2개의 전극을 넣고 전류를 흘리면 음극에는 양전하가 붙고, 양극에는 음전하가 붙는다. 이러한 현상을 물의 전기분해라 한다.

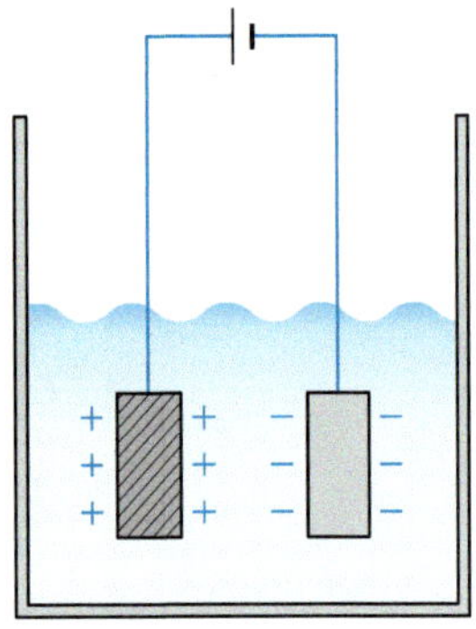

그림 2-3 물의 전기분해

음극 + 양전하 ┐
양극 + 음전하 ┘─ 물질 석출 → 전기분해라 함

물이 전기분해되면, 음극에는 H_2가 발생하고 양극에는 O_2가 발생하게 된다. 전기분해가 발생할 때 음극에 석출된 물질의 석출량은 다음과 같다.

① 석출량 $W[g]$은 전기량 $Q[C]$에 비례

② 동일 전기량에 의한 석출량 $W[g]$은 화학당량 e(원자량/원자가)에 비례한다. 즉, 식 (2-5)와 같이 표현되며, 이 관계를 "패러데이의 법칙"이라 한다.

$$W = k \cdot eI \cdot t\ [g] = k \cdot e \cdot Q = K \cdot Q\ [g] \tag{2-5}$$

여기서, e : 화학당량, $k = Ke$(K : 전기화학당량)

k : 비례상수

2.4 화학 전지

일반적으로 화학 전지는 1차 전지와 2차 전지, 그리고 물리 전지 등으로 구분된다.

(1) 1차 전지

1차 전지는 망간 전지, 공기 전지, 수은 전지 등과 같이 한번 사용하면 재사용이 불가능한 전지를 말한다. 소형 라디오, 전자계산기 및 소형 장난감용으로 많이 사용된다.

(2) 2차 전지

2차 전지는 납축전지 및 알칼리 축전지 등과 같이 충전과 방전을 반복하며 재사용이 가능한 전지를 말한다.

① **납축전지**

납축전지는 충전과 방전을 하며 연속 재사용이 가능한 전지이다. 이 축전지의 화학 반응식은 아래 식 (2-6)과 같다.

$$PbO_2+2H_2SO_4+Pb \underset{\text{충전}}{\overset{\text{방전}}{\Longleftrightarrow}} 2PbSO_4+2H_2O \qquad (2\text{-}6)$$

납축전지의 기전력 e는 2.05[V]~2.08[V]가 되며, 공칭전압은 V=2[V]이다.

② **알칼리 축전지**

2차 전지로서 알칼리 축전지는 양극에 니켈-철, 니켈-카드뮴, 수산화니켈과 흑연 등을 쓰며, 음극에는 카드뮴과 철 등을 사용한다.

알칼리 축전지의 기전력 e**는 1.32[V]~1.35[V]**이며, 공칭전압은 V**=1.2[V]**(셀 당 전압으로 표현)이 된다.

양극 : 수산화 - 니켈과 흑연
음극 : 카드뮴과 철
전해액 : 수산화칼륨 수용액(비중 1.2~1.245)

알칼리 축전지의 화학반응식은 다음 식 (2-7)과 같다.

$$Cd+Ni_2O_3 \underset{\text{충전}}{\overset{\text{방전}}{\Longleftrightarrow}} CdO+2NiO \qquad (2\text{-}7)$$

알칼리 축전지의 특징은 다음과 같다.

특징 ① 과충·방전 및 진동에 강하다.
② 자기방전이 적고 충전시간이 빠르다.

(3) 물리전지

일반적으로 물리 전지는 태양 전지, 연료 전지, 등으로 구분된다. 태양 전지는 반도체인 solar cell 소자를 이용하여 기전력을 얻어내는 방법으로 최근 가로등 및 건물의 전력 일부를 담당하는 대체 에너지로 발전하고 있다. 연료 전지는 전지에 가격이 비교적 싼 연료를 주입하여 전기에너지를 일으키는 방법으로 대용량의 전지에 주로 많이 사용된다.

(4) 전지의 용량과 접속

① 직렬연결

그림은 전지의 직렬연결 회로이다. 전지는 기전력을 일으키는 부분과 내부 저항으로 구성되어 있으므로 이 전지에 부하를 연결할 경우 부하에 흐르는 전류는 다음 식 (2-8)과 같이 구해질 수 있다.

$I=\frac{e}{R_T}$ (R_T : 전체저항)이므로

$$I=\frac{e_1+e_2}{r_1+r_2+R} \qquad (2-8)$$

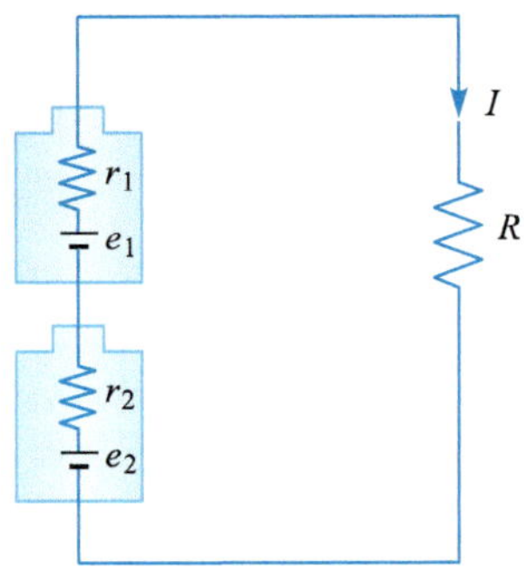

그림 2-4 전지의 직렬연결

② 병렬연결

동일 전지 2개가 병렬로 연결될 경우 전지에 흐르는 전류는 다음 식 (2-9)와 같이 구할 수 있다.

$$I=\frac{e_1}{R_T} \text{ } (R_T \text{ : 전체저항}) \qquad (2-9)$$

$$R_T=\frac{r_1}{n}+R$$

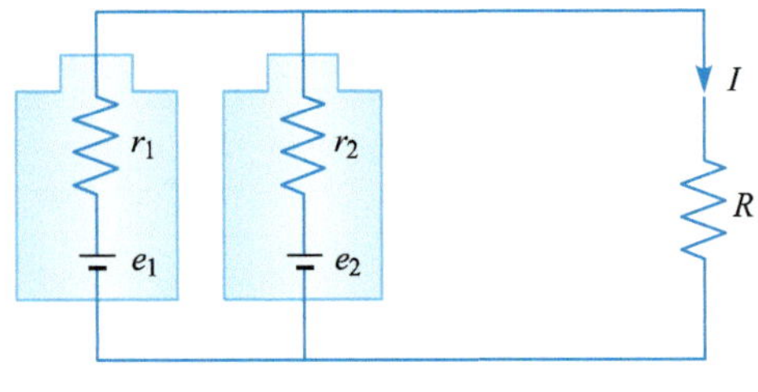

그림 2-5 전지의 병렬연결

▶ 예제 2-2

다음 그림에서 전지의 기전력은 몇 [V]인가? (단, 외부저항 R을 20[Ω]으로 교체하면 5[A]의 전류가 흐른다)

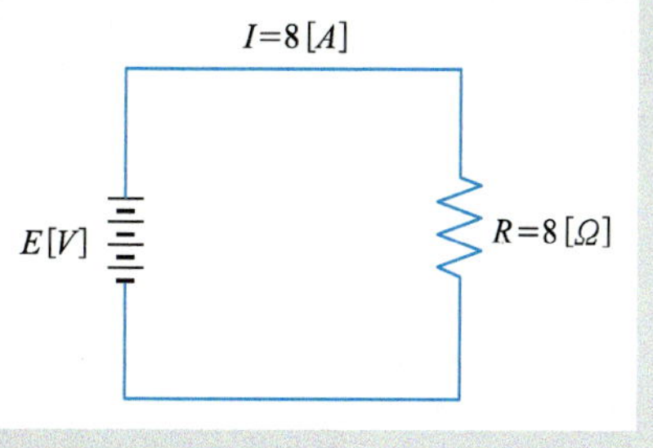

해답 $E=I(r+R)$ 이므로,

$E'=8(8+r) = 64+8r$ ········· ①

$E''=5(20+r) = 100+5r$ ····· ②

$\therefore$ ① = ② $\Rightarrow r=12[\Omega]$ 그러므로, $E=160$(V)

CHAPTER 02 전류의 열작용 및 화학작용 연습문제

1 패러데이법칙을 설명한 것은?

가. 전극에서 석출되는 물질의 양은 통과한 전기량에 비례한다.
나. 전극에서 석출되는 물질의 양은 통과한 전기량에 반비례한다.
다. 전극에서 석출되는 물질의 양은 통과한 전기량에 제곱에 비례한다.
라. 전극에서 석출되는 물질의 양은 통과한 전기량에 제곱에 반비례한다.

해설

패러데이법칙 $W = KQ = keQ = ke\,It[g]$

※ $W[g]$: 극판에 석출되는 물질의 양, $K = ke$: 전기화학당량, $Q[C]$:전하량

정답 가

2 패러데이법칙에서 같은 전기량에 의해서 석출되는 물질의 양은 각 물질의 무엇에 비례하는가?

가. 원자량　　나. 화학당량　　다. 원자가　　라. 전류의 세기

해설

패러데이법칙 $W = KQ = keQ = ke\,It[g]$

정답 나

3 충전 시 납축전지의 양극은?

가. PbO_2　　나. $PbSO_4$　　다. PbO　　라. Pb

해설

연(납)축전지 화학반응식

$PbO_2 + 2H_2SO_4 + Pb \Longleftrightarrow PbSO_4 + PbSO_4 + 2H_2O$

방전			충전		
양극	전해액	음극	양극		음극
적갈색		백색	회백색		회백색

정답 나

4 연축전지 방전 시 양극과 음극에서 발생하는 물질로 맞는 것은?

가. 양극 : 황산연, 음극 : 연
나. 양극 : 황산연, 음극 : 이산화연
다. 양극 : 이산화연, 음극 : 납
라. 양극 : 황산연, 음극 : 황산연

정답 라

5 납축전지의 방전이 완전히 끝나면 양극의 색깔은?

가. 황색 나. 청색 다. 적갈색 라. 회백색

정답 라

6 알칼리 축전지의 음극재질은?

가. 수산화니켈 나. 카드뮴 다. 이산화연 라. 연

해설

알칼리축선시: 양극- 수신화니켈, 음극- 카드뮴, 전해액- 수산화칼륨

정답 나

7 축전지 내부의 전해액이 부족할 때의 조치사항으로 옳은 것은?

가. 황산을 넣는다.
나. 염산을 넣는다.
다. (+)극을 바꾸어준다.
라. 증류수로 채운다.

정답 라

8 전기에 전류가 흐르면 양극에 수소가스가 생겨 기전력이 감소하는 현상을 무엇이라 하는가?

가. 분극 나. 보극 다. 멸극 라. 충극

해설

- 국부작용 : 불순물로 인하여 폐회로가 되어 기전력을 감소하는 작용(자기방전). 그러므로 건전지를 오래두면 못 쓰는 이유이다. 국부작용을 방지하기 위해서는 순수한 아연판을 사용하면 된다.
- 분극작용 : 양극 표면에 수소가스가 발생하여 기전력이 감소하는 작용

정답 가

9 전극의 불순물로 인하여 기전력이 감소되는 것은 무엇 때문인가?

가. 국부작용　　나. 상극작용　　다. 전기분해　　라. 감극작용

정답 가

10 연축전지의 정격용량은 100[Ah], 상시부하 2[kW], 표준전압 100[V]인 부동충전방식의 충전기 2차 전류의 값은 몇 [A]인가?

가. 15　　나. 20　　다. 25　　라. 30

해설

$$2\text{차충전전류 } I = \frac{\text{정격용량[Ah]}}{\text{공칭용량[Ah]}} + \frac{\text{상시부하[VA][W]}}{\text{표준전압[V]}} = \frac{100}{10} + \frac{2\times10^3}{100} = 30\,[\text{A}]$$

※ 연[납]축전지 공칭용량: 10[Ah], 알칼리(니켈-카드뮴)축전지 공칭용량: 5[Ah]

정답 라

11 같은 규격의 축전지 4개를 병렬로 연결하면?

가. 전압은 4배가 되고, 용량은 1개인 때와 같다.
나. 전압은 1개일 때와 같고, 용량은 4배가 된다.
다. 전압과 용량은 모두 4개가 된다.
라. 전압과 용량 모두가 1/4배로 된다.

해설

축전지 직렬: 전류용량 불변, 전압은 n배. 병렬: 전압은 불변, 전류용량 m배

정답 나

12 기전력은 1.5[V], 내부저항 0.1[Ω]인 전지 10[개]를 직렬로 연결하고 2[Ω]의 저항을 가진 전구에 연결할 때 전류에 흐르는 전류는 몇 [A]인가?

가. 2　　나. 3　　다. 4　　라. 5

해설

$$I = \frac{nE}{nr+R} = \frac{10\times1.5}{(10\times0.1)+2} = 5\,[\text{A}]$$

정답 라

13 다음 그림에서 전지의 기전력은 몇 [V]인가? (단, 외부저항 R을 10[Ω]으로 교체하면 7[A]의 전류가 흐른다)

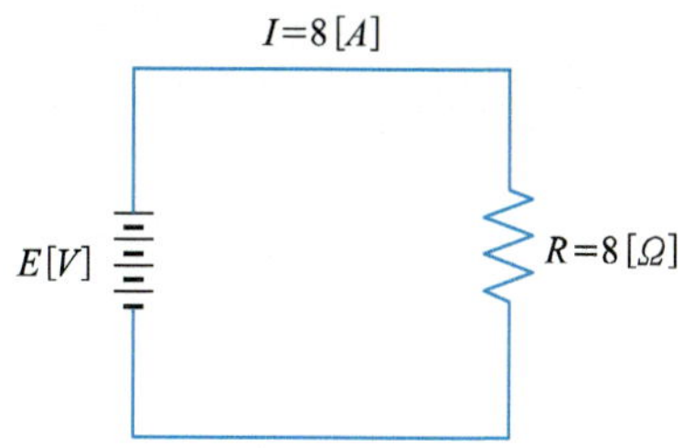

가. 100[V]
나. 112[V]
다. 115[V]
라. 120[V]

해설

$E=I(r+R)$이므로 $E'=8(8+r)=64+8r$, $E''=7(10+r)=70+7r \Rightarrow E'=E''$

$\Rightarrow r=6[\Omega]$ 그러므로, 112[V]

정답 나

14 기전력이 1.5[V]이고, 내부저항이 0.5[Ω]인 전지를 2.5[Ω]의 저항에 연결하였다. 전지 양단의 단자전압은 몇 [V]인가?

가. 0　　나. 0.25　　다. 1.25　　라. 1.5

해설

$E=E-Ir \Rightarrow 1.5-(0.5\times0.5)=1.25[V]$

$I=V/R \Rightarrow 1.5\div(0.5+2.5)=0.5[A]$

※ E[V]: 단자전압, e[V]: 기전력, r[Ω]: 내부저항

정답 다

15 다음 중 차동식분포형감지기 열전대식과 관계가 있는 것은?

가. 제백 효과(Seeback effect)
나. 펠티에 효과(Peltier effect)
다. 톰슨 효과(Thomson effect)
라. 핀치 효과(Pinch effect)

해설

열전현상

- 제백 효과(Seebeck Effect)
  온도변화에 의해 열기전력이 발생하여 전류가 흐르는 현상.
  ex) 차동식분포형 열전대식 감지기, 열전온도계 응용
- 펠티에 효과(Peltier Effect)
  제백 효과의 역으로 전류에 의해 온도가 변화하는 현상
  ex) 전자냉동 응용
- 톰슨 효과(Thomson Effect)

동일한 금속선에 온도차가 있을 경우에 전류를 흘리면 열을 흡수 또는 발생하는 현상[열을 흡수(-), 열을 발생(+)].
ex) 트랜지스터 온도계

정답 가

16 열전현상에 있어 온도차가 있는 동일한 도체의 두 점 사이에 전류가 흐르면 열의 발생 또는 흡수가 일어나는 현상을 무슨 효과라 하는가?

가. Thomson 효과
나. Seebeck 효과
다. Peltier 효과
라. Ampere 효과

정답 가

17 직류전압을 가하면 전류는 도선 중심 쪽으로 흐르려고 한다. 이러한 현상을 무엇이라고 하는가?

가. 제백 효과
나. 핀치 효과
다. 압전기 효과
라. 펠티어 효과

해설

- 핀치 효과(pinch effect)
  전류가 도선 중심으로 흐르려고 하는 현상
- 압전기 효과(piezoelectric effect)
  수정, 전기석, 로셀염 등의 결정에 전압을 가하면 일그러짐이 생기고, 반대로 압력을 가하여 일그러지게 하면 전압을 발생하는 현상

정답 나

18 부동충전방식의 일종으로 자기 방전량 만큼만 순간순간 항상 충전하는 방식은?

가. 급속충전
나. 보통충전
다. 균등충전
라. 세류(트리클)충전

정답 라

CHAPTER 03

교류이론

CHAPTER
03 교류이론

3.1 교류회로의 기초

(1) 정현파 교류 발생원리

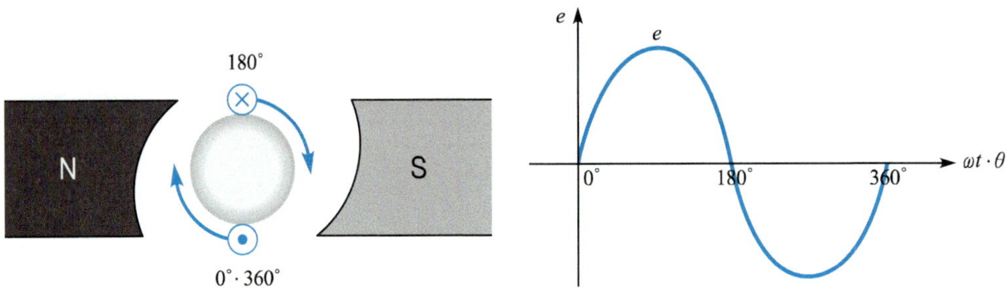

그림 3-1 교류 발생원리

교류 발전기에서 발생되는 기전력은 정현파의 모양으로 만들어진다. 발전기는 자극사이에서 코일이 회전하면서 코일에 자기장의 변화를 일으키며 기전력을 발생시키는 것이다. 교류발전기의 기전력은 위의 그림과 같이 N극과 S극의 자극 사이에 있는 원통형회전자에 감겨 있는 코일이 회전함에 따라 발생하게 되는데 이때 그 기전력의 모양은 정현파의 모양을 가지며, 그 크기는 자속밀도와 자석과 마주하는 코일의 길이 그리고 코일 회전속도의 곱에 비례하게 되며, 아래 식 (3-1)과 같이 표현된다.

$$e = B \cdot l \cdot v \cdot \sin\theta$$
$$\theta = w \cdot t \ (w: \text{각속도}) \qquad (3\text{-}1)$$

여기서, e : 기전력　　B : 자속밀도
l : 자속과 마주하는 코일 길이　　v : 코일이 회전하는 속도
w : 각속도　　θ : 위상각

위 식에서 θ는 회전자가 회전하는 위상각으로서 0° 에서 360° 의 각도를 갖게 된다. 위상각이 0° 일 때 최소값 '0' 이 되며 90° 일 때 최대값이 되고 180° 와 270° 그리고 360° 를 회전하며 정현파의 모양으로 기전력을 발생시키게 되는 것이다.

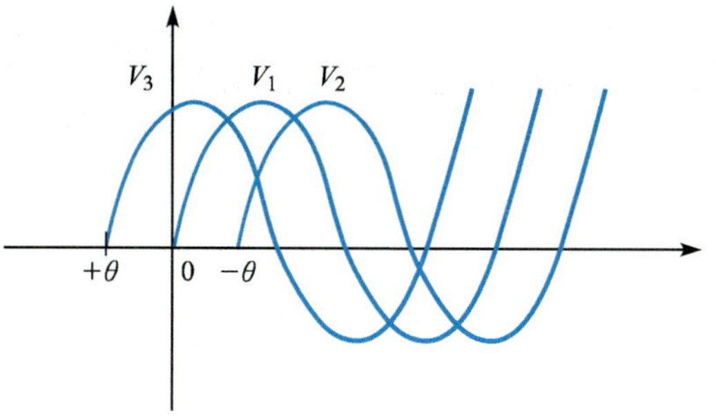

그림 3-2

따라서 기전력 e는 식 (3-2)와 같이 표현할 수 있다.

$$e = E_m \sin(\omega t + \theta)[\text{V}] \qquad (3\text{-}2)$$

위 식에서 Φ는 이 파형의 위상으로서 파형의 시작점을 의미한다.

$$V_1 = V_m \sin(\omega t + 0)$$

$$V_2 = V_m \sin(\omega t - \theta)$$

$$V_3 = V_m \sin(\omega t + \theta)$$

위 식에서 θ는 전압파형의 위상을 의미하며, 위상이 (+) 일 때는 진상, (-)일 때는 지상이라고 한다. 즉 다음과 같이 위상에 따라 앞섬과 뒤짐을 정리할 수 있다.

$+\theta$: 시간적으로 앞섬을 의미(진상)

$-\theta$: 시간적으로 뒤짐을 의미(지상)

▶ 예제 3-1

다음 전압, 전류식을 보고 전압과 전류의 위상차를 구하시오.

$$V = V_m \sin(\omega t + 60°) \text{와 } i = I_m \cos(\omega t - 50°)$$

해답 $V = V_m \sin(wt + 60) = V\angle 60°$,

$I = I_m \cos(wt - 50) = I_m \sin(wt + 40) = I\angle 40°$

V의 위상: 60˚ , I의 위상: 40˚

∴ 두 파형의 위상차 θ=60˚ -40˚ =20˚

(2) 주기와 주파수

주기는 교류발전기에서 코일이 감겨있는 회전자 원통이 자기장을 발생시키는 고정자 내부를 한 바퀴 회전하는데 소요되는 시간으로서 주파수와 반비례하게 된다.

회전자의 주기가 커지면 주파수는 낮아지게 되고, 주기가 작아지면 주파수는 높아지게 되는 것이다. 이 관계를 수식으로 표현하면 다음과 같다.

$$T = \frac{1}{f}[\mathrm{s}]$$

주파수는 1초에 반복되는 주기 수로서 주파수가 높아지면 전압, 전류의 파형의 한 주기는 짧아지게 되고, 주파수가 낮아지면 회전주기는 커지는 것이다.

따라서 1초에 회전하는 회전수가 60회전이면 60[Hz]가되고, 100회전이면 100[Hz]가 되는 것이다. 그러므로 주파수와 주기는 반비례 관계가 된다.

$$f = \frac{1}{T}[\mathrm{Hz}]$$

(3) 교류 발전기 회전수와 각속도 (angular velocity)

교류 발전기는 고정자 자극 안에서 회전자 코일이 회전하는 원리로 기전력을 발생시키며, 회전 속도와 극수에 따라 기전력의 주파수 및 크기가 결정된다.

여기서 발전기 회전속도와 주파수 및 극수는 다음 식과 같은 관계를 갖는다.

$$N = \frac{120f}{P}[\mathrm{rpm}]$$ (P : 극수, f: 주파수)

각속도(angular velocity)는 회전자가 자기장 내에서 한 바퀴(360°)를 회전하는 속도를 의미하는 것으로 발생되는 기전력의 주파수와 비례하게 되며 식 (3-3)과 같이 표현할 수 있다. 따라서 각속도는 1초에 회전하는 각도를 의미하는 것이다.

$$\omega = 2\pi f[\mathrm{rad/s}] \quad (3\text{-}3)$$

▶ 예제 3-2

교류발전기에서 발생되는 기전력의 순시값이 다음과 같을 때, 이 파형의 각속도 및 주파수, 그리고 주기를 구하시오.

$$v = 141\ \sin\ 377t[\mathrm{V}]$$

해답 $wt = 377t$

$\therefore\ w = 377 = 2\pi f$

$T = \dfrac{1}{f} = 0.0167[\mathrm{s}]$

(4) 교류 기전력의 표시법

교류 발전기에서 발생된 기전력 및 전류를 표현하는 방법에는 순시값, 최대값, 평균값, 실효값 등이 있다. 이 중 순시값은 교류 기전력의 값을 순시적으로 표현하는 방법으로 식 (3-4)와 같이 표현하는 방법을 의미한다. 이 식에는 기전력의 최대값과 파형의 모양 그리고 위상각이 포함되어 있다.

$$v = V_m \sin(\omega t + \theta)[\mathrm{V}] \tag{3-4}$$

또한 최대값은 순시 값 중 최대의 값을 의미하는 것으로서 위 식에서 V_m 값을 의미한다.

① 평균값

평균값은 교류파형 전 구간에 대한 전압 또는 전류값의 총합에 대한 평균을 구하여 산출하는 것으로서 식 (3-4)의 순시값을 반주기에 대하여 평균한 값을 의미한다. 이 때 전 구간에 대한 총합은 그 합의 값이 양의 반주기 값과 음의 반주기 값의 합이 '0' 이므로 평균값을 계산할 때는 반주기의 평균을 계산하여 산출한다.

평균값을 구하기 위한 수식은 다음 식 (3-5)와 같다.

$$V_{av} = \frac{1}{T}\int_0^T v\ dt = \frac{1}{\pi}\int_0^{\pi} V_m \sin\omega t\ dt \tag{3-5}$$

식 (3-5)를 적분하여 풀면 다음과 같다.

$$V_{av} = \frac{1}{\pi}\int_0^{\pi} V_m \sin\omega t\ dt = \frac{V_m}{\pi}\int_0^{\pi} \sin\omega t\ dt = \frac{V}{m}[\cos\ \omega t]_0^{\pi}$$

$$= \frac{2}{\pi} V_m = 0.637\, V_m$$

위 수식에서 보는 바와 같이 전압 또는 전류의 순시값에 대한 평균값은 최대값의 63.7%가 된다.

② **실효값**

실효값의 의미는 우리가 일상생활에서 쓰는 전압 또는 전류의 실질적인 개념으로 이용되고 있다. 실효값의 정의는 "교류전원을 인가했을 때 흐르는 전류에 의해 발생된 줄열과 직류전원을 인가했을 때 발생하는 줄열의 값이 동일한 때의 전압 또는 전류 값"을 의미한다. 다시 말하여 동일 부하에 교류 전류를 인가하여 소비되는 평균 전력과 직류 전류를 인가하여 소비되는 평균 전력이 같아질 때의 그 순간 전압, 전류의 값을 의미한다. 그러므로 실효값을 구하기 위해서는 교류 및 직류의 전압 또는 전류에 대한 평균전력을 구하여 두 평균 전력값을 동일하게 한 후 전압 또는 전류를 구하면 되는 것이다. 그러므로 실효값을 수식으로 정의하면 다음 식 (3-6)과 같이 표현할 수 있다.

$$\frac{1}{T}\int_0^T I^2 \cdot R\, dt = \frac{1}{T}\int_0^T i^2 R\, dt, \quad \frac{1}{T}\int_0^T I^2 \cdot dt = \frac{1}{T}\int_0^T i^2 dt$$

$$I = \sqrt{\frac{1}{T}\int_0^T i^2 \cdot dt}\,, \quad I = \sqrt{\frac{1}{T}\int_0^T (I_m \sin\omega t)^2 dt}$$

$$I = \frac{1}{\sqrt{2}} I_m = 0.707\, I_m\,, \quad V = \frac{1}{\sqrt{2}} V_m = 0.707\, V_m \tag{3-6}$$

▶ 예제 3-3

교류전원이 인가된 회로의 실효값 220[V]의 교류전압을 최대값으로 나타내면 몇 [V]인가?

해답 교류 전원에서 전압 또는 전류의 최대값은 실효값의 $\sqrt{2}$ 배 이므로,

$V_m = \sqrt{2}\, V = \sqrt{2} \times 220 \fallingdotseq 311$

▶ 예제 3-4

교류 정현파 전압의 평균값이 191[V]일 때, 이 전압의 최대값은 몇 [V]인가?

해답 $V_{av} = \frac{2}{\pi} V_m, \quad V_m = \frac{V_{av}\pi}{2} = \frac{191 \times \pi}{2} = 300\,[V]$

(5) 교류 정현파의 여러 가지 표시법

교류 정현파의 전압 및 전류를 표현하는 방법은 여러 가지가 있다. 그 표현 방법은 순시값, 최대값, 실효값, 평균값 등과 같이 순시값을 제외하고 주로 전압 및 전류의 크기만을 표현하는 방법이 있으며, 이외에도 전압, 전류의 크기와 함께 위상 등을 표현하는데 있어서 보다 간단하며 다양한 방법으로 표현할 수 있다. 첫째 극좌표 표시법, 둘째 지수함수 표시법, 셋째 삼각함수 표시법, 넷째 복소수 표시법 등이 있으며, 그림과 같이 벡터 형식으로 표현할 수도 있다.

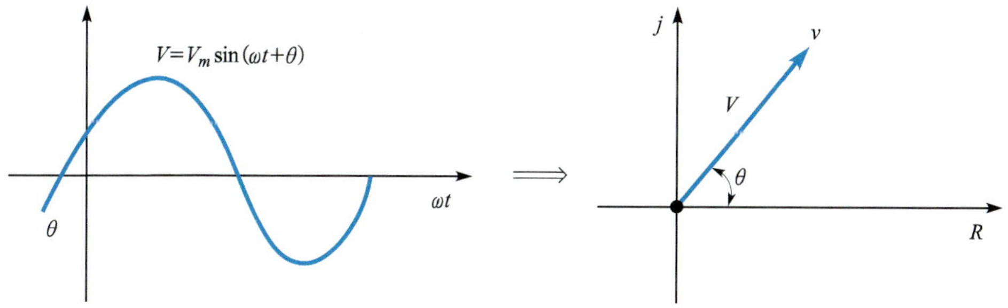

그림 3-3 정현파 교류의 벡터 표시법

① **순시값 표시**

순시값은 전압 또는 전류에 대한 크기 및 파형의 모양 그리고 위상 등을 전체적으로 표현하는 방법이라 할 수 있으며 전압과 전류를 다음과 같이 표현하는 것이다.

$V = V_m \sin(\omega t + \theta)[V]$, $I = I_m \sin(\omega t + \theta)[V]$

② **극좌표 표시법**

극좌표표시법은 교류전원의 전압과 전류에 대한 실효값 크기와 위상만을 표시하는 방법으로서 간단히 크기와 위상을 표현할 수 있는 방법이다. 이 표시법은 다음과 같이 표현하는 것이다.

$|V| \angle \theta$, $|I| \angle \theta$

③ **지수함수 표시법**

지수함수 표시법은 전압 및 전류의 크기와 위상을 지수함수 형식으로 간단히 표시하는 방법이며, 오일러의 공식과 함께 삼각함수 표시법으로 전환이 가능하다.

$V = |V| e^{j\theta}$

④ **삼각함수 표시법**

삼각함수 표시법은 지수함수 표시법으로 표현된 교류 전압과 전류를 오일러의 공식에 의해 삼각함수로 변환하여 표현한 것이다.

$V=|V|(\cos\theta+j\sin\theta)$

* 오일러의 공식 : $e^{j\theta}=\cos\theta+j\sin\theta$

⑤ **복소수 표시법**

복소수 표시법은 삼각함수 표시법에서 나온 값을 정리하여 아래 식과 같이 복소수의 형태로 표시한 것으로 이 수식을 이용하여 벡터 표시법으로 도시하여 표현할 수도 있다.

$V=|V|(a+jb)$

▶ **예제 3-5**

교류전압이 순시값으로 다음과 같이 표현될 때 이 값을 복소수 표시법으로 표시하시오.

$$v=50\sqrt{2}\sin(\omega t+30°)$$

해답 위의 교류전압의 순시값에서 최대값이 $50\sqrt{2}$ $[V]$ 이므로 실효값은 $50[V]$ 이고, 위상은 30° 이다.

① 극좌표 표시법: $V=50\angle 30$

② 지수함수 표시법: $V=50e^{j30}$

③ 삼각함수 표시법: $V=50(\cos 30°+j\sin 30°)$

④ 복소수 표시법: $V=25\sqrt{3}+j25$

(6) 파형율과 파고율

① **파형율**

인가된 교류의 전압 또는 전류파형이 정현파 또는 구형파와 같이 어떤 모양의 파형인가를 수식으로 분석 및 확인하기 위한 것으로 식 (3-7)과 같이 교류 전압 또는 전류의 실효값과 평균값의 비로 나타낼 수 있다.

$$\text{파형율}=\frac{\text{실효값}}{\text{평균값}} \tag{3-7}$$

$$\therefore \text{ 정현파의 파형율}=\frac{V}{V_{av}}=\frac{\frac{V_m}{\sqrt{2}}}{\frac{2V_m}{\pi}}=\frac{\pi}{2\sqrt{2}}=1.11$$

② 파고율

파고율은 한 주기의 파형에서 최대값의 높이가 어느 정도로 상승하는지를 수치적으로 분석하고 확인할 때 이용될 수 있으며 식 (3-8)과 같이 최대값과 실효값의 비로서 나타낼 수 있다.

$$파고율 = \frac{최대값}{실효값} \tag{3-8}$$

그러므로 교류 정현파에 대한 파고율을 계산하면 다음과 같이 나타낼 수 있으며, 정현파인 경우 그 값은 $\sqrt{2}$ 즉, 1.414 가 되는 것이다.

$$파고율 = \frac{V_m}{\frac{V_m}{\sqrt{2}}} = \sqrt{2} = 1.414$$

③ 파형별 파고율과 파형율

다음은 파형율과 파고율을 대표적으로 표현하는 각 파형별 값이다. 구형파와 정현파 그리고 삼각파에 대한 파고율과 파형율로서 대표적으로 많이 활용되는 값이라 할 수 있다.

구분	파고율	파형율	실효값
구형파	1.0	1.0	V_m
정현파	1.414	1.11	$\frac{V_m}{\sqrt{2}}$
삼각파	1.732	1.155	$\frac{V_m}{\sqrt{3}}$

3.2 교류 회로

교류회로에서는 전원에 연결되는 부하의 종류에 따라 전압과 전류의 위상차가 발생된다. 전압과 전류의 위상차는 결과적으로 소비 전력에 영향을 주게 되며, 이러한 영향을 받지 않도록 하기 위하여 전압과 전류의 위상차이를 최소화하려고 노력하게 된다. 부하의 종류는 수동소자의 종류로서 저항과 인덕턴스 그리고 캐패시턴스로 구성되며, 이들 부하가 단독으로 연결되거나 합성되어 부하로 사용된다. 이번 장에서는 교류 전원에 저항, 인덕턴스 그리고 캐패시턴스가 각각 연결되었을 때 또는 합성으로 연결되었을 때 발생되는 전압과 전류의 위상 차이와 합성으로 연결되었을 때의 위상차이에 대하여 고찰해 본다.

(1) 저항 회로

① 전압과 전류의 위상관계

그림 3-4(a)는 교류 전원에 저항부하가 단독으로 연결된 회로를 나타낸다. 그림과 같은 저항만의 회로에서는 전압과 전류의 위상이 동일한 동위상의 파형이 나타나며 그림 (b)와 같은 전압, 전류 파형이 만들어진다.

이 회로에 인가된 교류전압에 의해 흐르는 전류를 구해보면 식 (3-9)와 같이 구해진다. 교류 전압 $v = V_n \sin(wt + 0°)$이 인가될 때, 오옴의 법칙에 의해 전류는 저항과 반비례하고 전압에 비례하므로 이 법칙을 이용하여 아래 식과 같이 회로에 흐르는 전류를 구할 수 있다.

$$v = V_m \sin(wt + 0°)$$

$$i = \frac{v}{R} = \frac{V_m}{R} \sin(wt + 0°)$$

$$= I_m \sin(wt + 0°) \tag{3-9}$$

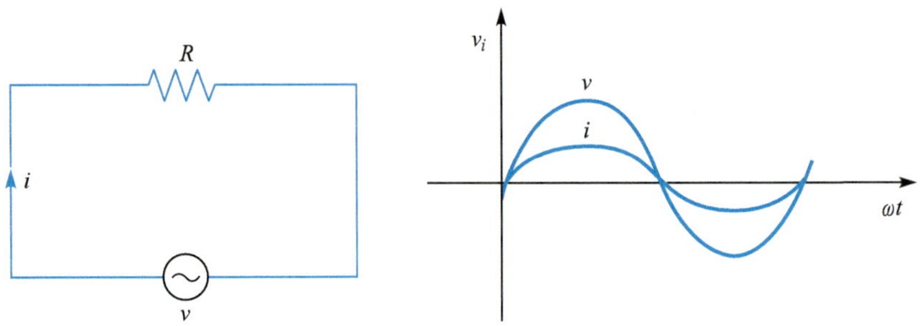

그림 3-4 저항회로

이 식에서 알 수 있듯이 전압과 전류의 위상이 모두 '0°' 이므로 순시값 전압 위상과 전류 위상이 동일한 동위상을 이루는 것을 알 수 있다. 따라서 그림 (b)와 같은 파형이 만들어지게 되는 것이다.

② 저항 회로의 전력

그림 3-4에서 회로에서 전압과 전류의 위상은 동위상으로 나타나고, 이때 회로에서 소비되는 전력은 다음과 같이 구할 수 있다.

$$P = v \cdot i = V_m \sin(wt+0) \cdot I_m \sin(wt+0) = \sqrt{2}\,V \sin wt \times \sqrt{2}\,I \sin wt$$

$$= 2\,V \cdot I \cdot \sin^2 wt\ [\mathrm{VA}] = V \cdot I\ (1-\cos 2wt)\ [\mathrm{VA}]$$

$$P_{av} = \frac{1}{T}\int_0^T VI(1-\cos 2wt)\,dt = V \cdot I = I^2 R\,[W]$$

위의 계산식에서 볼 때 전력은 전압과 전류의 곱으로 구해지므로, 전력의 평균값은 $P_{av} = I^2 R\,[W]$가 되며, 그 결과 그림 3-5와 같은 전력 파형으로 나타나게 된다. 이 파형에서 볼 수 있듯이 저항 부하에 인가된 전압과 전류 파형은 양(+)과 음(−)의 구간을 반복하여 나타내고 있으나 전력 파형은 양(+)의 방향으로만 진행하고 있음을 알 수 있다. 따라서 저항부하에서는 전력이 부하에 한쪽 방향으로 작용하고 있으므로 계속적인 전력 소비가 발생하고 있고 이 전력이 유효전력[W]임을 알 수 있다.

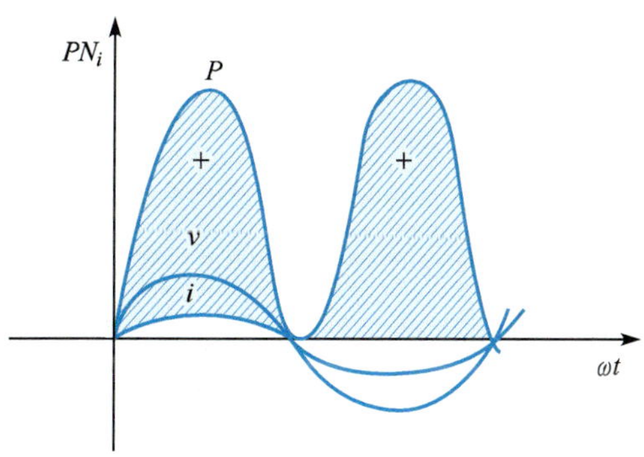

그림 3-5 저항 회로의 전력파형

(2) 인덕턴스 회로

① 전압과 전류의 위상관계

그림 3-6 (a)는 교류 전원에 인덕턴스 부하가 단독으로 연결된 회로이다. 이 회로에 전압을 인가할 경우 회로에 흐르는 전류는 그림 (b)와 같이 전압에 대하여 전류의 위상이 90° 만큼 지연된 형태로 나타난다. 따라서 이로 인하여 전력에 대한 소비도 저항부하와 다르게 나타나는 것이다. 아래 수식은 이러한 관계를 입증하는 수식이다.

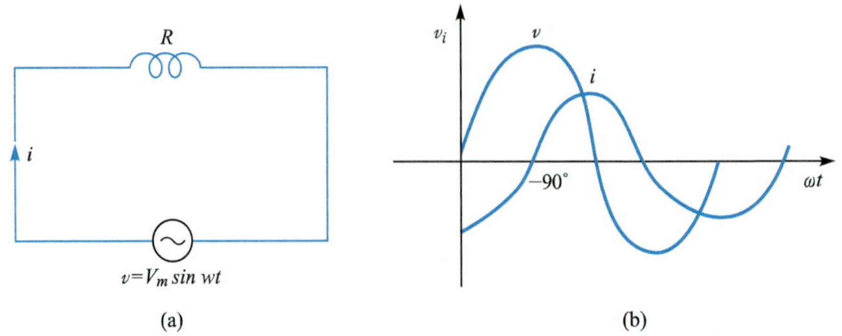

그림 3-6 인덕턴스 회로

그림 3-6의 교류전원이 인가된 인덕턴스 회로에서 인덕턴스 L에 걸리는 전압은 다음 식 $v=-L\dfrac{di}{dt}$ 이다.

이 식을 정리하면 회로에 흐르는 전류는 식 (3-10)과 같다.

$$i=\frac{1}{L}\int vdt=\frac{1}{L}\int V_m \sin wt dt=-\frac{V_m}{wL}\cos wt$$

$$=\frac{V_m}{wL}\sin\left(wt-\frac{\pi}{2}\right)=I_m\sin\left(wt-\frac{\pi}{2}\right) \qquad (3-10)$$

$$X_L=wL$$

$$X_L=2\pi f\cdot L$$

식 (3-10)에서 알 수 있듯이 가해진 전압에 대하여 90° $\left(-\dfrac{\pi}{2}\right)$ 뒤진 전류(지상전류)가 흐르고 있으며 위의 그림 (b)와 같이 나타내어진다.

② **인덕턴스 회로의 전력**

인덕턴스 회로에서는 전압의 위상보다 90° $\left(-\dfrac{\pi}{2}\right)$ 뒤진 전류(지상전류)가 흐르므로 그에 따라 전력의 파형이 만들어 진다. 이때 전력의 파형은 전압과 전류의 곱으로 구

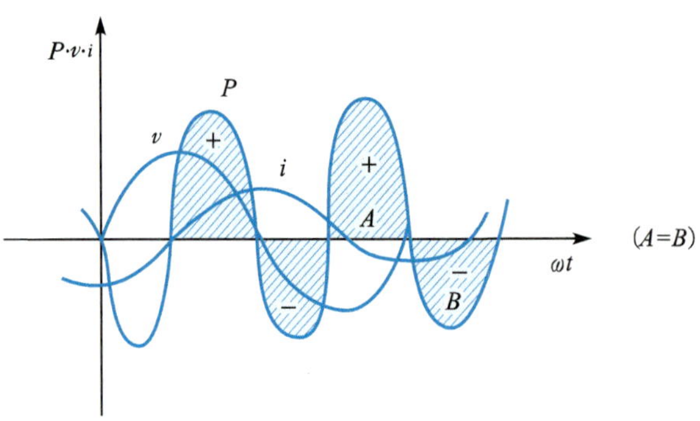

그림 3-7 인덕턴스 회로의 전력파형

해지므로 그림 3-7과 같은 모양으로 된다.

그러므로 인덕턴스 회로에서 소비되는 전력은 식 (3-11)과 같이 구해질 수 있으며, 이 식에 의해 그림 3-7과 같은 전력파형곡선이 그려질 수 있다.

$$\begin{aligned} P &= v \cdot i \\ &= V_m \sin wt \cdot I_m \sin\left(wt - \frac{\pi}{2}\right) \\ &= - VI \sin 2wt \end{aligned} \tag{3-11}$$

이 전력 파형에 대한 평균을 구해보면 다음 식 (3-12)와 같이 구해질 수 있다. 이 수식에서 알 수 있듯이 평균 전력이 '0' 인 상태가 되므로 부하에서 소비되는 유효전력이 없고 무효전력만 존재함을 알 수 있다.

$$P_{av} = \frac{1}{T}\int_0^T p \ dt = 0 \tag{3-12}$$

$\therefore$ L 에서는 이상적인 상태에서 유효 전력소비가 '0' [w]이다.

무효전력 $P_r = VI\sin\theta = I^2 X_L$[var]이고, "유도성 무효전력" 이라 한다.

또한 인덕터에 저장 또는 방출되는 에너지는 $W = \frac{1}{2}Li^2$[J] 이다.

▶ 예제 3-6

인덕턴스가 5[mH]인 유도성 회로에 60[Hz], 220[V]의 교류전압을 인가할 경우 이 회로에서의 무효전력은 몇 [var]인가?

해답 $L = 5[\mathrm{mH}] = 5 \times 10^{-3}[\mathrm{H}]$, $f = 60[\mathrm{Hz}]$, $V = 220[\mathrm{V}]$

$P_r = I^2 X_L$

$X_L = wL = 2\pi f L = 2 \times \pi \times 60 \times 5 \times 10^{-3} \fallingdotseq 1.885$

$I = \frac{V}{R} = \frac{V}{X_L} = \frac{220}{1.885} \fallingdotseq 116.71[\mathrm{A}]$

$\therefore P_r = I^2 X_L = 116.71^2 \times 1.885 \fallingdotseq 25{,}676[\mathrm{var}] = 25.68[\mathrm{kvar}]$

(3) 캐패시턴스 회로

① 전압과 전류 위상관계

그림 3-8 (a)는 교류 전원에 캐패시턴스 부하가 단독으로 연결된 회로이다. 이 회로에 교류 전압을 인가할 경우 회로에 흐르는 전류는 그림 (b)와 같이 전압에 대하여 전류의 위상이 90° 만큼 앞선 형태로 나타난다. 따라서 이로 인하여 전력에 대한 소비도 저항부하와 다르게 나타나는 것이다. 아래 수식은 이러한 관계를 입증하는 수식이다.

교류 회로에서 캐패시턴스 부하가 단독으로 연결될 경우 캐패시턴스 C 에 걸리는 전압은 $v = \frac{1}{C}\int i\ dt$이다.

이 회로에서 캐패시턴스의 리액턴스 X_c는 다음 식과 같이 구해지며 전류 i_c는 전압을 미분하여 구할 수 있다.

$$X_c = \frac{1}{wC} = \frac{1}{2\pi fC}[\Omega]$$

$$i_c = C\frac{dv}{dt} = C\frac{d}{dt}(V_m \sin wt) = wCV_m \cos wt = wCV_m\left(\sin wt + \frac{\pi}{2}\right)$$

여기서, $X_c = \frac{1}{wC}$

그러므로 회로에 흐르는 전류는 식 (3-13)와 같다.

$$i_c = \frac{V_n}{X_c}\left(\sin wt + \frac{\pi}{2}\right) = I_m\left(\sin wt + \frac{\pi}{2}\right) \quad (3\text{-}13)$$

식 (3-13)에서 알 수 있듯이 가해진 전압에 대하여 90° 앞선 전류(진상전류)가 흐르고 있음을 알 수 있고 그림 (b)와 같이 나타내어진다.

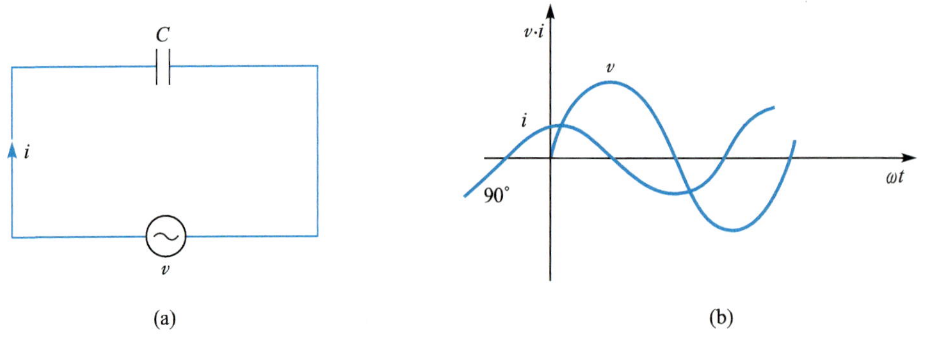

그림 3-8 캐패시턴스 회로

② **캐패시턴스 회로의 전력**

교류전원이 인가된 캐패시턴스 회로에서 소비되는 전력은 전압과 전류의 위상차이로 인하여 저항부하에서 소비되는 형태와 다르게 나타나며 그 값은 다음 식 (3-14)과 같이 구해질 수 있으며 이 식에 의해 그림 3-9와 같은 전력파형곡선이 그려진다.

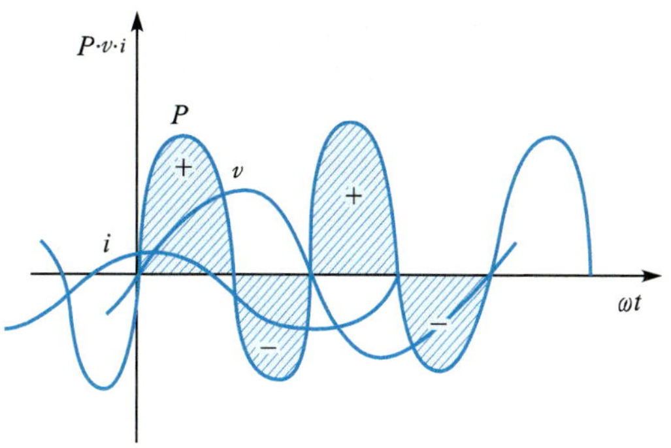

그림 3-9 캐패시턴스 전력파형

교류전원이 인가된 캐패시턴스 회로의 전력은 전압과 전류 순시값의 곱으로 구할 수 있으며 다음 식과 같이 표현한다.

$$\begin{aligned} P &= v \cdot i \\ &= V_m \sin wt \cdot I_m \sin\left(wt + \frac{\pi}{2}\right) = 2VI\sin \cdot \cos wt \\ &= VI\sin 2wt \end{aligned}$$

이 전력 파형에 대한 평균을 구해보면 위의 식 (3-14)과 같이 구해질 수 있다. 이 수식에서 알 수 있듯이 인덕턴스 회로와 마찬가지로 캐패시턴스 회로의 평균 전력이 '0' 인 상태가 되므로 부하에서 소비되는 유효전력이 없고 무효전력만 존재함을 알 수 있다.

$$\begin{aligned} P &= \frac{1}{T}\int_0^T p\,dt \\ &= \frac{1}{T}\int_0^T (VI\sin 2wt)dt = 0 \end{aligned} \tag{3-14}$$

∴ 유효전력 $P = 0$

(용량성)무효전력만 존재 $P_r = VI\sin\theta[\text{var}] = I^2 X_c$

이때 캐패시터에 저장 또는 방출되는 에너지는 $W_c = \frac{1}{2}CV^2[\text{J}]$이다.

(4) R-L-C 직렬회로

① R–L 회로의 전압, 전류 관계

교류전원이 인가된 R–L 직렬회로에서는 전압과 전류의 위상이 90° 범위내에서 일정 부분 위상차가 있게 된다. 그림 3–10은 교류전원이 인가된 R–L 직렬회로로서 이 회로에 $v = V_m \sin wt$[V]의 전압을 인가할 경우 이 회로에 흐르는 전류는 그림 (b)와 같이 θ만큼 뒤진 전류가 흐르게 될 것이다.

그림 3–10 회로에 교류전원이 인가될 경우 회로에 흐르는 전류를 구해보면 식 (3–15)과 같이 구해질 수 있다.

$$i = \frac{v\,[\mathrm{V}]}{Z\,[\Omega]}\ [\mathrm{A}]$$

$$X_L = w \cdot L = 2\pi f \cdot L[\Omega]$$

이 회로에서 전압과 전류 그리고 임피던스를 극좌표 표시법으로 변환하여 각각의 값을 실효값과 위상만으로 표시한 다음 전류를 구하면 다음과 같이 구할 수 있다.

$$V = |V| \angle 0°, \quad Z = |Z| \angle \theta, \quad \theta = \tan^{-1}\frac{X_L}{R}$$

$|V| = \sqrt{V_R^2 + V_L^2}$ (저항 R과 인덕턴스 L에 걸리는 합성 전압)

$|Z| = \sqrt{R^2 + X_L^2}$ (합성 임피던스)

$\theta = \tan^{-1}\frac{X_L}{R}$ (임피던스의 위상)

위 수식에 의해 회로에 흐르는 전류를 구하면 다음 식 (3–15)과 같이 구할 수 있다. 이 수식에서 전류의 위상은 전압의 위상보다 'θ' 만큼 늦게 나타난다는 것을 알 수 있다.

$$i = \frac{V}{Z} = \frac{V \angle 0°}{Z \angle \theta} = I \angle -\theta = I_m \sin(wt - \theta)\ [A] \tag{3–15}$$

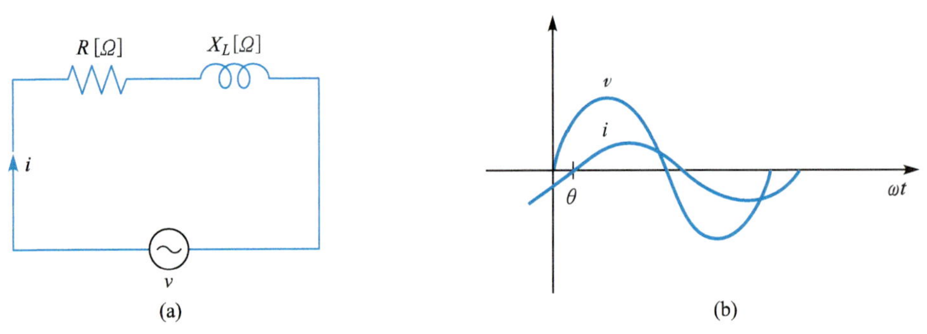

그림 3-10 R-L 직렬회로

② **R–L 회로의 전력**

R–L 직렬 회로에서 소비되는 전력은 다른 회로에서와 마찬가지로 전압과 전류의 곱으로 구해질 수 있으며 식 (3–16)과 같이 구할 수 있다.

식 (3–16)에서 유효 전력 성분 'P' 와 무효 전력 성분 'P_r' 은 각각 피상전력의 값에 cos 또는 sin 성분을 곱하여 구할 수 있다. 여기서 P는 유효전력, P_r은 무효전력, θ는 전압과 전류의 위상차이다.

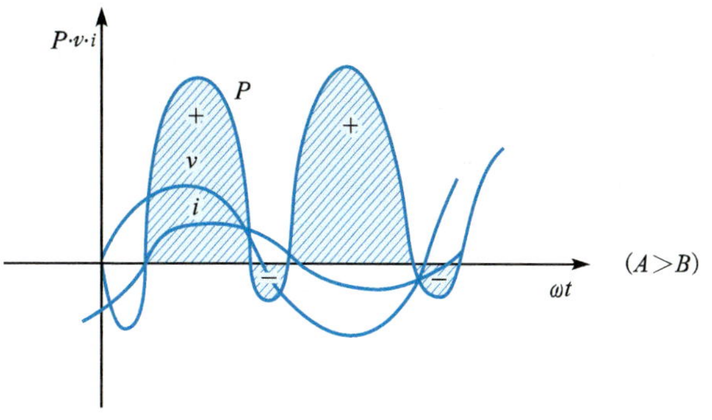

그림 3-11 R-L 회로의 전력파형

$$P = P_a \cos\theta = V \cdot I \cos\theta \ [W]$$
$$P_r = P_a \sin\theta = V \cdot I \sin\theta [var] \qquad (3\text{–}16)$$

피상전력 P_a는 식 (3–17)와 같이 유효전력과 무효전력의 벡터적 합으로 구할 수 있다.

$$P_a = \sqrt{P^2 + P_r^2} \qquad (3\text{–}17)$$

이 식에 의해 그림 3–11과 같은 전력파형곡선이 그려질 수 있다.

▶ 예제 3–7

교류전원이 인가된 R–L 직렬회로에 10[V]의 전압을 인가할 경우 저항 R에 걸리는 전압이 6[V]라면 인덕턴스 L에 걸리는 전압은 몇 [V]인가?

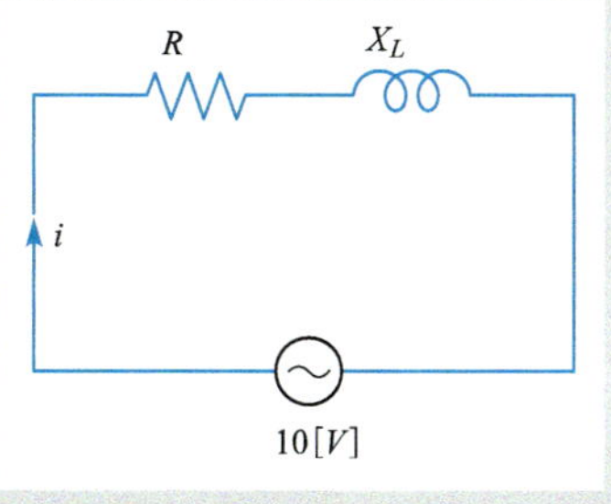

그림 3-12 R-L 직렬회로

해답 인덕턴스에 걸리는 전압은 전체 합성전압에서 저항에 걸리는 전압의 차이 이므로 다음과 같이 구할 수 있다.

$V_L = \sqrt{V^2 - V_R^2} = \sqrt{10^2 - 6^2} = 8[\text{V}]$

▶ **예제 3-8**

R-L 회로에 교류전압 $v = 10\sqrt{2}\sin wt[\text{V}]$의 전압을 인가할 때 이 회로에 흐르는 전류 i와 유효 전력 및 무효전력을 구하고 전압과 전류파형을 그림으로 그리시오.

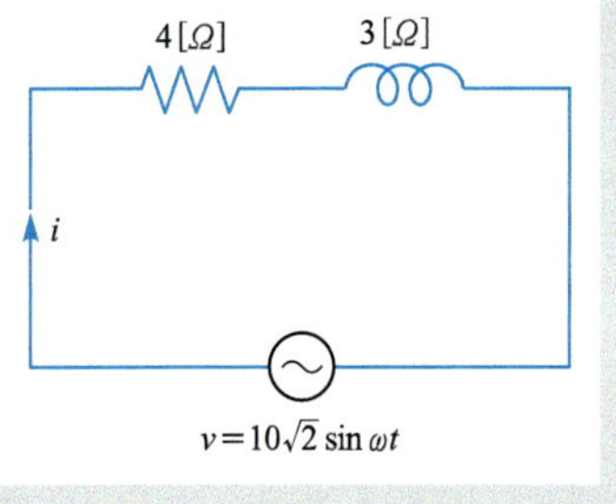

그림 3-13

해답 회로의 전체 임피던스와 위상은

$Z = \sqrt{4^2 + 3^2} = 5[\Omega]$, $\theta = \tan^{-1}\dfrac{3}{4} \fallingdotseq 36.9°$

그러므로 $Z = 5\angle 36.9°$, $i = 2\sqrt{2}\sin(wt - 36.9°)$

유효전력과 무효전력은 각각 다음과 같이 구할 수 있다.

$P = 10 \times 2 \cdot \cos 36.9° \fallingdotseq 16\ [\text{W}]$

$P_r = 10 \times 2 \cdot \sin 36.9° \fallingdotseq 12\,[\text{var}]$

피상전력은 $P_a = \sqrt{16^2 + 12^2} = 20[\text{VA}]$이다.

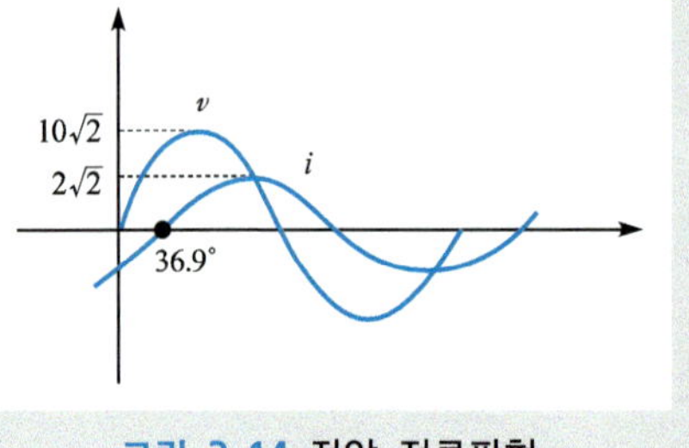

그림 3-14 전압 전류파형

③ R–C 직렬회로

그림 3–15 (a)는 교류전원이 인가된 R–C 직렬회로이다. 이 회로에 교류 순시전압 $v = V_m \sin wt$[V]의 전압을 인가할 경우 회로에 흐르는 전류는 그림 (b)와 같이 θ만큼 앞선 전류가 흐르게 될 것이다.

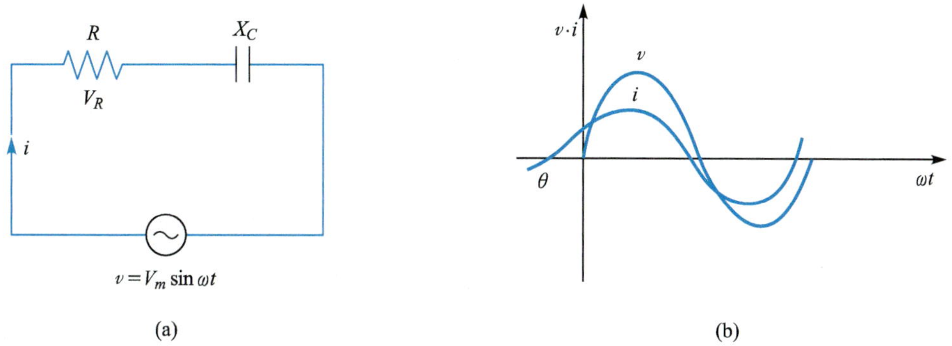

그림 3-15 R-C 직렬회로

회로에 흐르는 전류는 식 임피던스와 전압을 극좌표 형식으로 바꾸어 각각 실효값과 위상으로 표현하여 (3–18)과 같이 구할 수 있다. 이때 캐패시턴스의 리액턴스 값 X_c는 임피던스 복소평면상의 음(–)의 부분에 표현되므로 $-X_c$로 표현된다.

합성임피던스의 크기 $Z = \sqrt{R^2 + (-X_c)^2}\ [\Omega]$

임피던스 위상 $\theta = \tan^{-1} \dfrac{-X_c}{R}$

$\therefore$ 임피던스 $Z = |Z| \angle -\theta$

$$i = \frac{V \angle (0°)}{Z \angle -\theta} = I \angle \theta$$

$$i = I_m \sin(wt + \theta) \quad (3–18)$$

또한 회로의 저항과 캐패시터에 걸리는 합성전압은 각각의 벡터의 합으로 구해지므로 다음 식 (3–19)과 같이 구할 수 있다.

$$V = \sqrt{V_R^2 + (-V_C)^2} \quad (3–19)$$

그림 3–16은 임피던스와 전압은 복소 평면상에 표시한 그림이다.

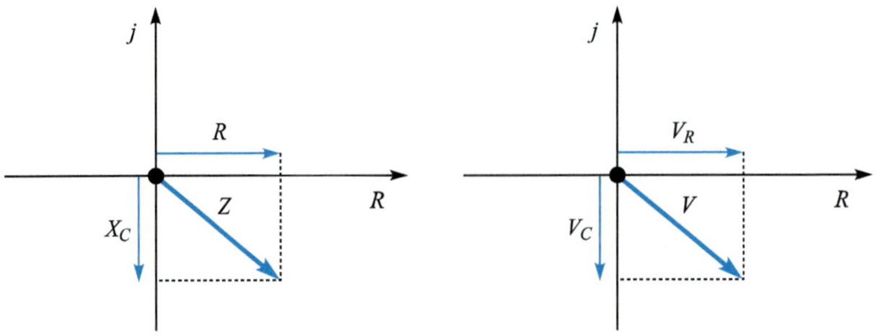

그림 3-16 임피던스와 전압

R–C 직렬회로에서의 전력은 다음 식 (3–20)와 같이 구할 수 있다.

$$
\begin{aligned}
&\text{피상전력 } P_a = V \cdot I \ \text{[VA]} \\
&\text{유효전력 } P = VI\cos\theta \ \text{[W]} \\
&\text{무효전력 } P_r = VI\sin\theta \ \text{[var]}
\end{aligned} \tag{3–20}
$$

피상전력은 유효전력과 무효전력의 벡터의 합으로 $P_a = \sqrt{P^2 + P_r^2}$ 이다.

▶ 예제 3–9

다음 R–C회로에 교류전압을 인가할 경우 회로에 흐르는 전류와 전력을 구하시오.

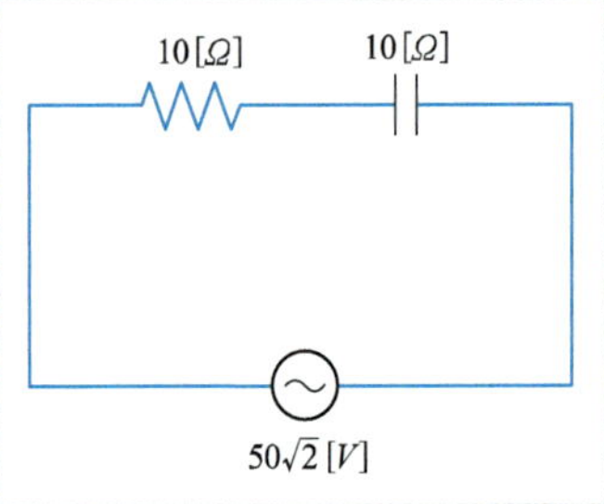

그림 3-17 R-C 직렬회로

해답 회로의 합성 임피던스와 위상은

$Z = \sqrt{10^2 + 10^2} = 10\sqrt{2}\,[\Omega]$,

$\theta = \tan^{-1}\dfrac{-10}{10} - 45$

$\therefore Z = 10\sqrt{2} - 45$

그러므로 회로에 흐르는 전류는

$$i = \frac{50\sqrt{2}\angle 0°}{10\sqrt{2}\angle -45°} = 5\angle 45° = 5\,(\cos 45° + \sin 45°) = 5\sqrt{2}\sin(wt + 45°)$$

또한 이 회로에서 소비되는 전력은

$$P = VI\cos\theta = 50\sqrt{2} \times 5\cos 45° = 250 \quad [W]$$

$$P_r = VI\sin\theta = 50\sqrt{2} \times 5\sin 45° = 250 \ [var]$$

$$P_a = \sqrt{250^2 + 250^2} \fallingdotseq 353.55 \ [VA]$$

④ **R-L-C 직렬회로**

저항과 인덕턴스 그리고 캐패시턴스가 직렬로 연결된 회로에 교류전원을 인가하면 이때 흐르는 전류의 크기 및 위상은 각 부하의 크기에 따라서 결정되며, 이를 구하기 위하여 복소수 평면상에 각각의 값을 표시하여 구할 수 있다.

그림 3-18는 교류전원이 인가된 R-L-C 직렬회로를 나타내며, 각각의 값을 복소수 평면상에 표시한 그림이다.

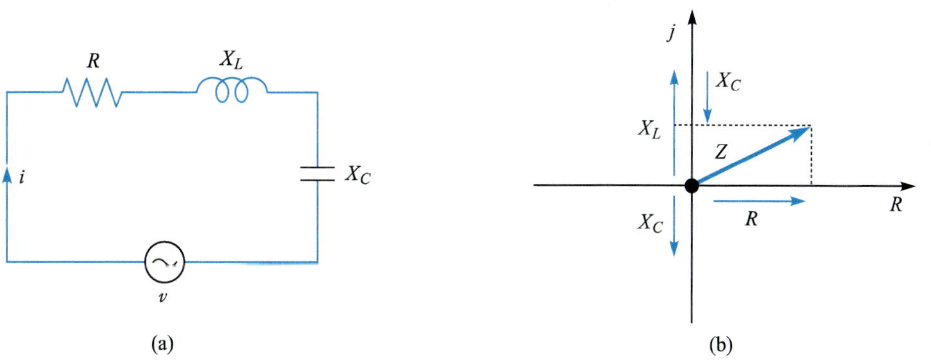

그림 3-18 R-L-C 직렬회로

그림 3-18 회로에서 합성 임피던스 성분은 다음 식 (3-21)과 같이 구할 수 있으며, 이 합성 임피던스를 이용하여 회로에 흐르는 전류를 식 (3-22)와 같이 구할 수 있다.

$$Z = \sqrt{R^2 + (X_L - X_c)^2} \tag{3-21}$$

$$\theta = \tan^{-1}\frac{X}{R} \qquad i = \frac{V\angle 0°}{Z\angle\theta} \tag{3-22}$$

▶ 예제 3-10

다음 그림은 저항과 리액터, 캐패시터가 직렬로 연결된 R-L-C회로이다. 이 회로에서 R, L, C 각각의 부하에 걸리는 전압을 구하시오.

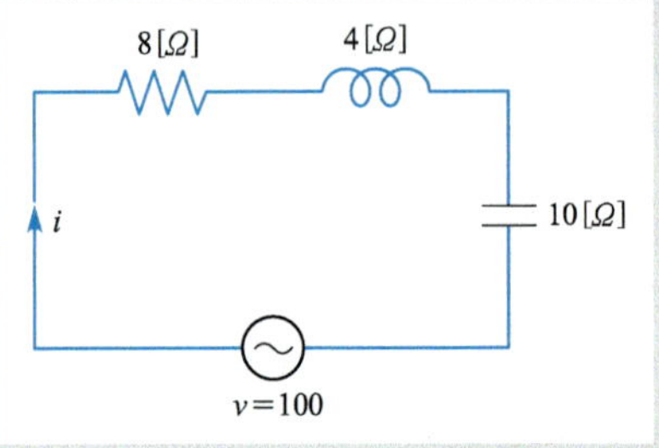

그림 3-19

해답 각 부하에 걸리는 전압을 구하기 위해서는 먼저 직렬 회로에 흐르는 전류를 구하여 곱해야 된다. 그러므로 회로의 합성 임피던스와 위상은 다음과 같이 구할 수 있다.

합성임피던스 $|Z| = \sqrt{8^2 + (4-10)^2} = 10 \quad [\Omega]$

임피던스 위상 $\theta = \tan^{-1}\dfrac{-6}{8} \fallingdotseq -36.9°$

$\therefore Z = 10 \angle -36.9$

그러므로 회로에 흐르는 전류는

$$i = \frac{100\angle 0}{10\angle -36.9} = 10\angle 36.9$$

그러므로 각 부하에 흐르는 전압은 오옴의 법칙에 의해

저항에 걸리는 전압 $V_R = 10 \times 8 = 80[V]$

인덕턴스에 걸리는 전압 $V_L = 10 \times 4 = 40[V]$

캐패시턴스에 걸리는 전압 $V_C = 10 \times 10 = 100[V]$

그러므로 회로의 합성전압 $V = \sqrt{80^2 + (40-100)^2} = 100[V]$

⑤ R-L-C 병렬회로

그림 5-17과 같은 R-L-C 병렬회로에서 전압과 전류를 구하기 위해서는 앞에서 언급한 직렬회로에서의 방법과 거의 동일한 방법으로 구할 수 있다. 그러나 합성 임피던스를 구하는 방법은 직렬회로에서와 달리 병렬 연결방식에 따른 합성임피던스를 구하는 방법으로 구해야 한다.

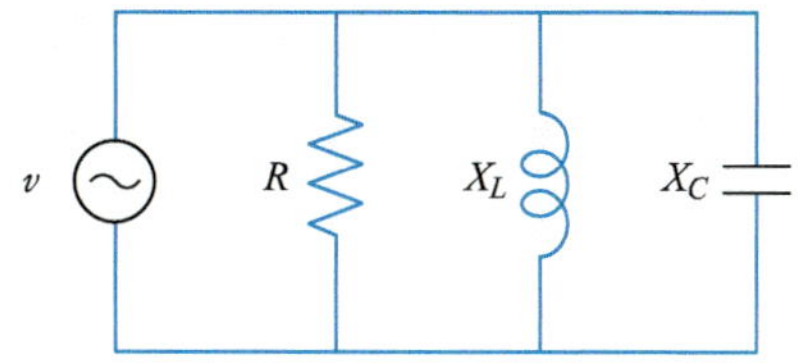

그림 3-20 R-L-C 병렬회로

R-L-C 병렬회로의 합성 임피던스와 위상은 각각의 부하에 대하여 다음 식 (3-23)과 같이 표현하여 구할 수 있다.

$$\text{합성임피던스} \quad Z = \frac{1}{\sqrt{\left(\frac{1}{R}\right)^2 + \left(\frac{1}{X_c} - \frac{1}{X_L}\right)^2}} \tag{3-23}$$

$$\text{임피던스 위상} \quad \theta = \tan^{-1}\frac{\frac{1}{X_c} - \frac{1}{X_L}}{\frac{1}{R}} = \tan^{-1}R\left(\frac{1}{X_c} - \frac{1}{X_L}\right)$$

$$= \tan^{-1}\frac{R}{X}$$

또한 전압은 식 (3-24)와 같이 구할 수 있다.

$$V = I \cdot \frac{1}{\sqrt{\left(\frac{1}{R}\right)^2 + \left(\frac{1}{X_c} - \frac{1}{X_L}\right)^2}} \tag{3-24}$$

(5) 공진회로

어떤 회로에 인덕턴스 부하와 캐패시턴스가 동시에 있을 때 이 부하가 가지고 있는 리액턴스 값은 주파수의 변화에 따라 증가하거나 감소한다. 이때 인덕턴스와 캐패시턴스의 리액턴스 값은 서로 반대로 증가 또는 감소하므로 회로 내에서 주파수가 변화하면 일정한 지점에서 두 값이 같아지게 되는 경우가 발생하는데 이때 합성 리액턴스 값이 순간적으로 '0'이 될 수 있다. 이러한 경우를 공진 현상이라 하는 것이다. 다시 말하여 공진이란 회로 내의 유도성 리액턴스 성분과 용량성 리액턴스 성분이 같아져서 회로내의 임피던스 성분이 '0' 이 되며 전류가 무한대로 되는 경우를 말하는 것이다.

즉, 공진현상이 일어는 조건은 인덕턴스와 캐패시턴스가 존재하는 회로에서 X_L과 X_c가 같아지게 되는 회로이다. 회로내에서 발생하는 공진현상은 직렬 공진과 병렬 공진으로 구분되며 각각의 특징이 서로 반대로 작용하게 된다.

① **직렬공진**

직렬공진은 인덕턴스 L과 캐패시턴스 C가 직렬로 연결된 회로에서 발생하는 것으로 그림 3-21과 같은 직렬회로에서 X_L과 X_C가 같아질 경우 발생되며 이때 회로의 임피던스는 '0' 인 상태가 된다. 직렬공진 상태에서는 $Z = X_L - X_C = 0$ 가 되는 것이므로 회로에 흐르는 전류는 다음 식 (3-25)과 같이 되어 무한대가 된다. 이러한 현상을 직렬공진 또는 공진이라 한다.

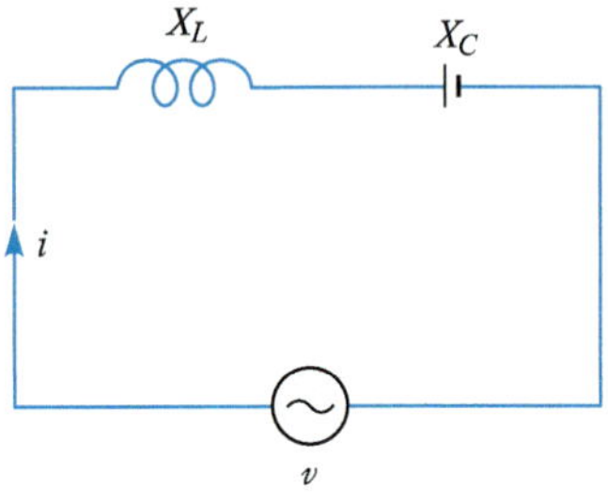

그림 3-21 $L-C$ 직렬회로

$$I = \frac{V}{Z} = \frac{V}{O} = \infty$$

직렬공진의 특징은 다음과 같다.

- **$Z = 0$ 또는 $Z = R$이 되어 전류 $I = \infty$ 또는 전류가 최대가 되는 상태**
- **공진주파수**

$$X_L = X_C$$

$$w \cdot L = \frac{1}{w \cdot C}$$

$$2\pi f \cdot L = \frac{1}{2\pi f \cdot C}$$

그러므로 공진주파수는 다음과 같다.

$$f = \frac{1}{2\pi\sqrt{LC}}[\text{Hz}]$$

- **선택도** : 공급 전압 V에 대한 V_L, V_C의 비율을 말하며, 전압 확대율이라도 한다.
  전압 확대율은 다음 식 (3-25)과 같다.

$$Q = \frac{W_O L}{R} = \frac{1}{W_O \cdot C \cdot R} = \frac{V_L}{V_O} = \frac{V_C}{V} = \frac{1}{R}\sqrt{\frac{1}{C}} \qquad (3\text{-}25)$$

② 병렬공진

병렬공진은 인덕턴스와 캐패시턴스가 회로내에서 병렬로 연결될 경우 발생되는 것으로 그림 3-22와 같은 $L-C$ 병렬회로에서 X_L과 X_C가 같아질 경우 회로 임피던스가 직렬공진과 반대로 '무한대' 인 상태가 된다. 그러므로 병렬공진 회로에서는 식 (3-26)과 같이 임피던스가 무한대가 되므로 회로의 전류가 '0' 인 상태가 된다. 이러한 현상을 '병렬 공진' 또는 '반공진' 이라 한다.

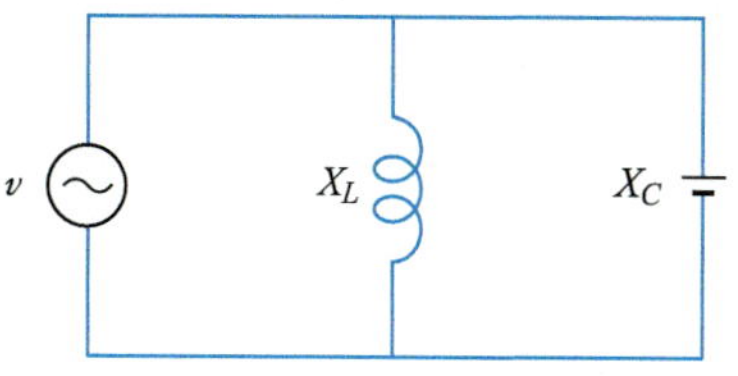

그림 3-22 $L-C$ 직렬회로

병렬 회로의 합성 임피던스는 다음 식 (3-26)과 같이 구할 수 있다.

$$\frac{1}{Z}=\frac{1}{X_L}-\frac{1}{X_C} \qquad (3-26)$$

그러므로 $X_L=X_C$가 되면 식 (3-26)은 '0' 이 되므로 $\frac{1}{Z}=0$이 식을 만족하려면, $Z=\infty$이어야 하므로, 회로에 흐르는 전류 $I=\frac{V}{Z}=\frac{V}{\infty}=0$이 된다.

병렬공진의 특징은 다음과 같다.

- **$Z=\infty$가 되어 전류 $I=0$인 상태 또는 최소인 상태**
- **공진 주파수**

$$f_o=\frac{1}{2\pi\sqrt{LC}}[\mathrm{Hz}]$$

- **선택도**

$$Q=\frac{R}{w_o L}=w_o\cdot C\cdot R$$

▶ 예제 3-11

저항 $R=1[\Omega]$, 자기인덕턴스 $L=10[\mathrm{mH}]$, 커패시턴스 $C=100[\mu\mathrm{F}]$의 직렬 공진회로에 100[V]의 전압을 인가할 때 공진주파수 f_0를 구하시오.

해답 $f_0=\frac{1}{2\pi\sqrt{LC}}=\frac{1}{2\pi\sqrt{10\times10^{-3}\times100\times10^{-6}}}=159.2[\mathrm{Hz}]$

3.3 교류 전력 및 역률

(1) 교류 전력

교류회로에서 소비되는 전력은 각 부하에 따라 다르게 나타나며 표현하는 방법에 따라 피상전력, 유효전력, 무효전력 등 3가지로 구분할 수 있다. 각 전력은 다음 식 (3-27)와 같이 표현할 수 있다.

유효전력 $P = v \cdot i\ \cos\theta\ [\mathrm{W}]$

$= i^2 \cdot R$

무효전력 $P_r = v \cdot i\ \sin\theta\ [\mathrm{var}]$

$= i^2 \cdot X$

피상전력 $P_a = v \cdot i\ [\mathrm{VA}]$

$$P_a = \sqrt{P_a^{\,2} + P_r^{\,2}} \tag{3-27}$$

위의 각 전력은 서로 다른 부하에 의해 나타는 전력이므로 이 전력을 복소 평면상에 표시하면 아래 그림과 같이 나타낼 수 있다.

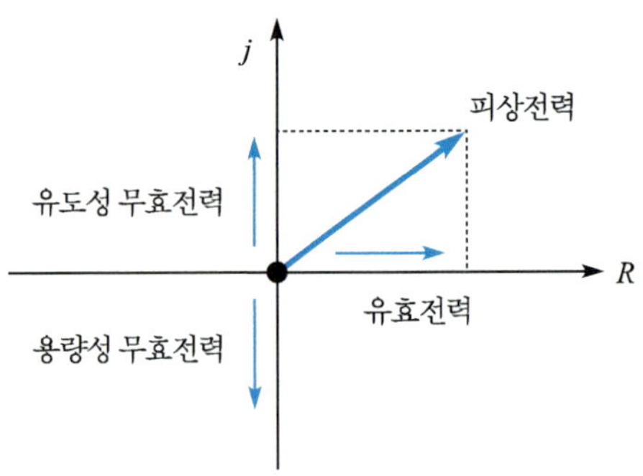

그림 3-23 전력의 벡터도

(2) 역률 (pf : power factor)

교류전원이 인가된 회로에서 부하에 인덕턴스와 캐패시턴스가 포함된 회로 내에서는 유효전력 뿐 만아니라 무효전력을 발생시키게 된다. 이때 총 공급된 전력 중 유효전력이 차지하는 비율을 역률이라 한다. 즉, 역률이란 "피상전력과 유효전력의 비율로서 공급된 전력 중 유효하게 에너지로 소비된 정도"를 나타내는 것이다. 역률은 식 (3-28)과 같이 나타낼 수 있으며 전력의 복소수 평면 벡터표시에서 피상전력과 유효전력이 이루는 각이 $\cos\theta$이므로 역률을 간단히 $\cos\theta$로 표현할 수도 있다. 또한 반대로 $\sin\theta$는 총 공급된 전력 중 무효전력의 비율을 의미하는 무효율이라고 한다.

$$\text{역률} = \frac{\text{유효전력}}{\text{피상전력}} = \frac{P}{P_a} = \cos\theta$$

$$\therefore \cos\theta = \text{역률}$$

$$\sin\theta = \frac{P_r}{P_a} = \text{무효율}$$

그러므로 역률은 공급되는 전력과 유효전력이 같아질 때 가장 좋은 값을 나타내며 그 값은 '1' 이고 공급된 전력 중 유효전력이 '0' 일 경우가 가장 나쁜 값으로 역률 '0' 이 되는 것이다. 유효전력이 '0' 일 경우는 공급된 전력이 모두 무효전력이 되는 것으로 역률은 '0' 이고 무효율은 '1' 이 되는 경우이다.

(3) 역률 개선

역률이 저하되는 경우는 역률의 값이 '0' 에 가까운 경우를 의미하는 것으로 공급된 전력이 유효전력으로 사용되지 못하고 무효전력으로만 사용되는 것을 의미하므로 이를 개선하기 위하여 역률개선을 위한 방법을 강구하여야 한다. 즉 역률을 개선하기 위하여 반드시 무효전력을 줄여야 역률이 개선되는 것이다. 일반적으로 유도성 부하가 회로내에 사용될 경우 전류의 위상이 전압의 위상보다 뒤진 전류가 흘러 역률이 저하되는데 저하된 역률을 개선하기 위해서는 그와 반대되는 성분인 용량성 부하, 즉 콘덴서를 사용하여 인덕턴스에 의해 뒤진 전류를 보상하여 전압 위상과 일치시키려는 방안을 강구하게 되는데 이때 사용되는 콘덴서를 역률 개선용 콘덴서라 한다.

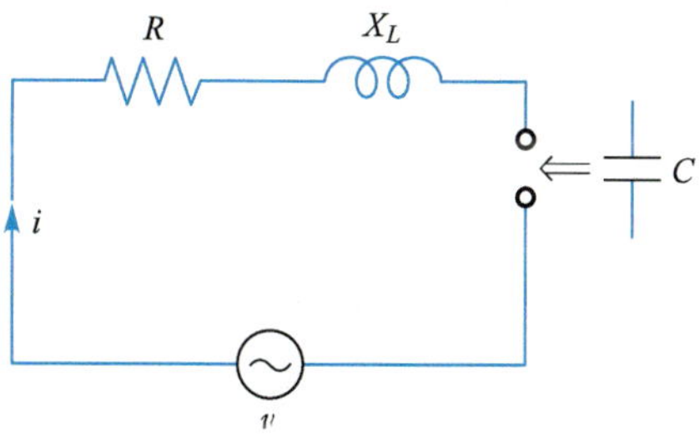

그림 3-24 $R-L$ 부하회로

부하에 인덕턴스가 포함된 회로는 유도성 부하에 의해 전류가 전압보다 뒤진 위상을 갖게 되므로 역률이 저하된다. 따라서 역률을 개선하기 위해서 이 회로에 콘덴서를 삽입하게 된다. 이때 콘덴서의 값은 유도성 리액턴스[Ω]와 같은 값의 용량성 리액턴스[Ω]가 되도록 정해지게 된다.

∴ $X_L = X_c$일 때 R 성분만 남게 되어 무효성분이 사라지고 유효성분만 있게 된다.

$$wL = \frac{1}{wC}, \quad 2\pi f \cdot L = \frac{1}{2\pi f \cdot C}$$ 이 된다.

그러므로 역률을 개선하기 위한 캐패시턴스 값은 다음과 같이 정해진다.

$$C = \frac{1}{(2\pi f)^2 \cdot L}[F]$$ 이 된다.

이 캐패시턴스 값은 인덕턴스와 동일한 리액턴스 값을 갖도록 정하는 값이고, 그 값에 따른 캐패시터(콘덴서)의 전력을 고려한 용량을 산정하기 위하여 식 (3-28)을 이용한다.

$$\begin{aligned} Q_C &= P(\tan\theta_1 - \tan\theta_2) = P\left(\sqrt{\frac{1}{\cos^2\theta_1} - 1} - \sqrt{\frac{1}{\cos^2\theta_2} - 1}\right) \\ &= P\left(\frac{\sin\theta_1}{\cos\theta_1} - \frac{\sin\theta_2}{\cos\theta_2}\right)[KVA] \end{aligned} \tag{3-28}$$

▶ 예제 3-12

교류전원을 이용하는 유도전동기의 역률 90[%]이 용량이 450[kW]일 때, 이 전동기의 역률을 95[%]로 개선하는데 필요한 콘덴서의 용량은 몇 [KVA]인가?

해답 $\cos\theta_1 = 0.9, \quad \cos\theta_2 = 0.95$

$\theta_1 = \cos^{-1}0.9 \fallingdotseq 25.8, \quad \theta_2 = \cos^{-1}0.95 \fallingdotseq 18.2$

방법 ①

$Q_C = P(\tan\theta_1 - \tan\theta_2) = 450(\tan 25.8 - \tan 18.2) \fallingdotseq 70$ [kVA]

방법 ②

$$\begin{aligned} Q_C &= P\left(\sqrt{\frac{1}{\cos^2\theta_1} - 1} - \sqrt{\frac{1}{\cos^2\theta_2} - 1}\right) \\ &= 450 \times \left(\sqrt{\frac{1}{0.9^2} - 1} - \sqrt{\frac{1}{0.95^2} - 1}\right) \fallingdotseq 70\ [kVA] \end{aligned}$$

(4) 최대 전력전달 조건

부하가 연결된 회로에서 부하의 저항 값이 변화될 경우 그에 따라 회로에 흐르는 전류의 양이 변화한다. 이때 회로에 흐르는 전류량이 변화되므로 전원측에서 공급하는 전력의 양도 변화된다. 그러므로 전원에서 부하로 공급되는 전력은 부하의 저항 값에 따라 공급되는 전력이 달라질 수 있다.

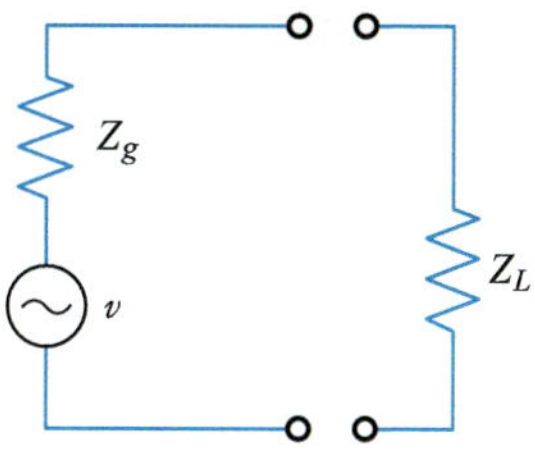

그림 3-25 내부저항이 있는 전원 회로

전원에서 공급할 수 있는 전력이 최대로 될 수 있는 경우를 만들기 위하여 부하저항 값과 전원의 내부저항 값을 적절히 조절하여 그 조건을 구하는 것이 최대 전력 전달 조건이다. 즉, 그림 3-25의 회로에서 전원측에서 부하 측으로 최대의 전력을 전달하기 위한 조건을 최대 전력 전달 조건이라 한다. 이 회로에서 전원의 내부저항과 부하저항의 성분에 따라 최대로 전력을 전달하기 위해서는 부하의 종류에 따라 다음 조건을 만족해야 한다.

① 순저항 부하와 전원의 내부저항이 순저항일 경우

$$R_g = R_L$$

② 부하만 순저항이 아닐 경우

$$R_L = \sqrt{R_g^2 + X_g^2} = Zg$$

③ 모두 순저항이 아닐 경우

$$Z_L = R_g - jX_g = Z_g$$

위의 최대전력 전달 조건을 만족하여 최대로 전력을 전달할 경우 그 최대 전력은 다음 식 (3-29)와 같이 구할 수 있다.

$$P_L\max = \frac{V_g^2}{4R_g} \tag{3-29}$$

▶ 예제 3-13

다음 회로에서 전원의 내부저항과 공급전압이 아래와 같을 때 공급되는 전력을 최대로 전달하기 위하여 부하저항 R_L을 얼마로 해야 하는가? 이때 전달되는 최대 전력 $P_{\max}$는 얼마인가? (전원의 내부저항 $R_g = 2[\Omega]$, 공급전압 $V_g = 20[V]$)

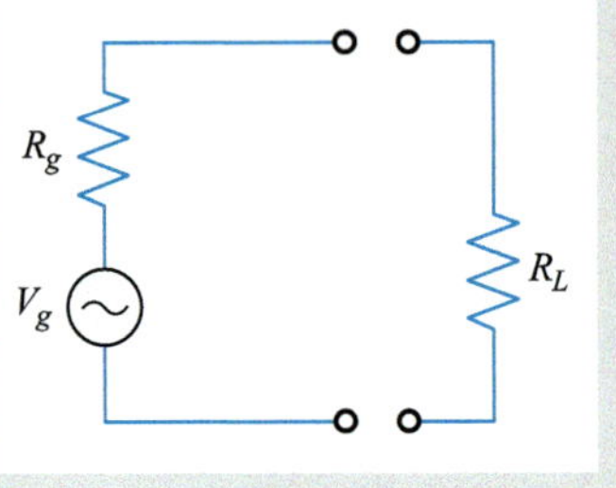

그림 3-26

해답 전원의 내부저항과 부하저항이 순저항 2[Ω] 이므로,

$R_g = R_L$

$R_L = 2$일 때 최대전력이 공급된다.

그러므로 최대전력은 $P = \dfrac{V_g^2}{4R_g} = \dfrac{20^2}{4 \times 2} = 50[\mathrm{W}]$

▶ 예제 3-14

전원에 인덕턴스 성분이 포함된 회로에 저항을 연결할 경우 부하에 전력을 최대로 전달하기 위하여 R_x 값을 얼마로 해야 하는가? 또 부하 R_x에 흐르는 전류 i는 몇 [A]인가?

($V_m = 100\sqrt{2}\ [V]$, $f = 60[Hz]$, $L = 53.05[mH]$)

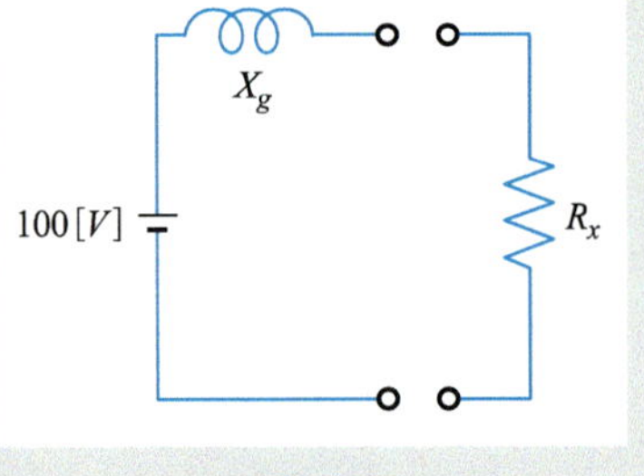

그림 3-27

해답 $X_g = wL = 2\pi f L = 2\pi \times 60 \times 53.05 \times 10^{-3}$

$= 20[\Omega]$

$\therefore R_x = 20[\Omega]$일 때 최대전력이 전달됨.

$$Z = \sqrt{20^2 + 20^2} = 20\sqrt{2}$$

$$\therefore I = \frac{V}{Z} = \frac{100\sqrt{2}}{20\sqrt{2}} = 5\,[\mathrm{A}]$$

$$P = I^2 R_x = 5^2 \times 20 = 500[\mathrm{W}]$$

(5) 브리지 회로

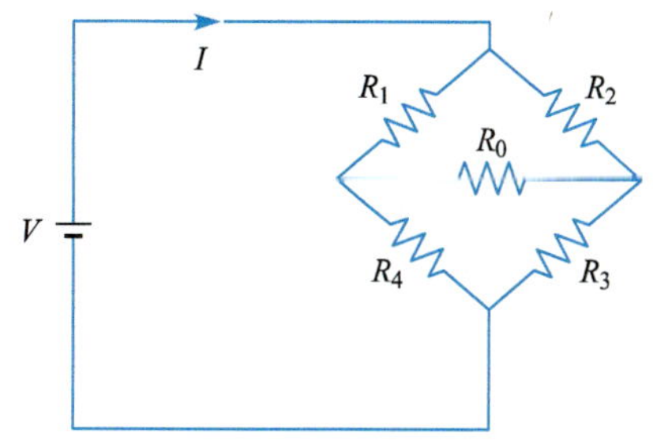

그림 3-28 브리지 회로

브리지 회로는 그림 3-28 회로와 같이 직렬회로의 중앙에 브리지 형태로 저항이 있는 회로를 말하며 이 회로에서는 브리지로 연결된 저항에 흐르는 전류가 저항의 크기에 따라 양방향으로 전류가 흐르게 된다. 이때 양쪽에서 들어오는 전류의 양이 같을 경우 이 저항에는 전류가 흐르지 않게 되는데 이러한 경우를 브리지회로의 평형상태라 한다. 그러므로 이 회로에서 저항 R_0쪽으로 전류가 흐르지 않는 상태를 브리지 회로의 평형 상태라 한다. 이러한 평형조건을 만족하기 위해서는 회로의 대각선 방향에 있는 저항의 곱이 서로 같을 경우 평형이 되는데 다음 식 (3-30)와 같이 되는 것을 의미한다. 이것을 브리지 회로의 평형조건이라 한다.

$$R_1 \cdot R_3 = R_2 \cdot R_4 \tag{3-30}$$

브리지 회로는 저항 측정을 위한 휘스톤-브리지(wheatstone-bridge)와 같은 중저항 측정 장치와 화재 시 열을 감지하는 반도체식 열 감지기의 감지원리 기본 회로로서 적용되기도 하며 많은 회로에서 응용되어 사용된다.

3.4 회로망

여러 개의 전원과 수동소자로 이루어진 복잡한 회로를 회로망이라 한다. 이러한 복잡한 회로망을 효율적으로 편리하게 해석하기 위하여 몇 가지 이론과 원리를 이용할 수 있다. 대표적으로 많이 사용되는 원리는 중첩의 정리와 테브난의 정리 그리고 노턴의 정리와 밀만의 정리 등이 있다.

이 절에서는 이러한 복잡한 회로망에 대한 해석 이론에 대하여 살펴보기로 한다.

(1) 중첩의 원리

중첩의 정리는 회로망 내에 여러 개의 전압원과 전류원이 동시에 포함되어 있을 경우 그 회로의 임의의 지로에 흐르는 전류를 계산하여 측정하고자 할 때 유용한 원리이다.

중첩의 정리란 "여러 개의 전압원 또는 전류원이 포함된 회로에서 임의에 지로에 흐르는 전류는 이 회로의 전압원 또는 전류원을 각각 개별적으로 연결하여 구한 전류를 모두 합한 것과 같다."는 이론이다.

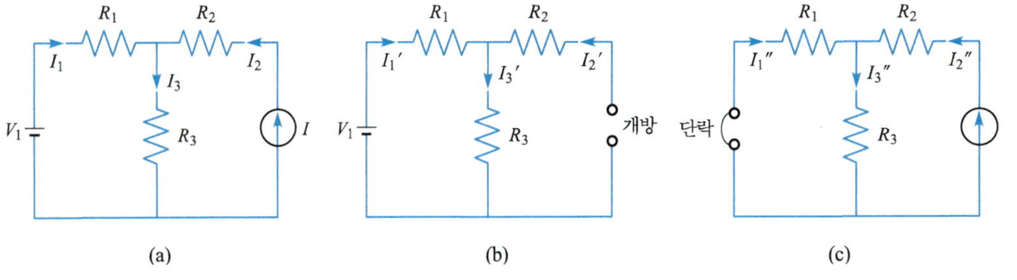

그림 3-29 다수의 전원이 있는 회로

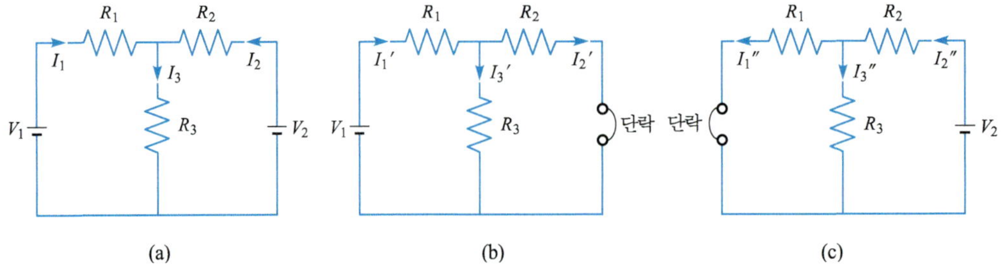

그림 3-30 다수의 전압원이 있는 회로

여기서 회로에 다수 존재하는 전압원 또는 전류원을 제거할 때는 제거된 전압원 부분의 지로는 "단락" 을 시키고, 회로에서 제거된 전류원 부분의 지로는 "개방" 상태로 하여 각각 전압원과 전류원이 단독으로 존재하는 것으로 보고 회로를 해석하여야 한다. 그림 3-29는 전압원과 전류원이 동시에 존재하는 회로망에 대하여 중첩의 원리를 적용할 경우 전압원과 전류원 제거 후의 회로를 나타낸다.

그림 3-30의 회로와 같이 전압원이 2개 있는 회로에서 저항 R_3로 흐르는 전류 I_3는 전압원 V_1과 V_2의 양쪽 전원에 의한 전류가 흐르게 된다. 이때 전류 I_3를 구하기 위하여 중첩의 정리를 적용한다.

먼저 그림 3-30 (a)의 회로를 (b),(c)와 같이 2개의 회로로 분리할 수 있다.

(b)의 회로는 전압원 V_2가 제거된 회로로서 전압원 V_1에 의해 단독으로 전류를 공급받는 회로이다. 이 회로에서 V_2가 단락이므로 R_2와 R_3는 병렬이고 이 병렬 저항에 대하여 R_1은 직렬이므로 전체 전류 I'은 식 (3-31)과 같이 구할 수 있다.

$$I' = \frac{V_1}{R_1 + \dfrac{R_2 \cdot R_3}{R_2 + R_3}} \tag{3-31}$$

여기서, 저항 R_3로 가는 전류를 I_3'라 하면 식 (3-32)와 같이 구할 수 있다.

$$I_3' = \frac{R_2}{R_2 + R_3} \cdot I' \tag{3-32}$$

두 번째 (b)회로는 전압원 V_1이 제거되고 그 부분의 지로가 단락된 회로로 해석해야 하므로 전체 전류 I''와 I_3''는 식 (3-33)과 같이 구할 수 있다.

$$I'' = \frac{V_2}{R_2 + \dfrac{R_1 \cdot R_3}{R_1 + R_3}}, \quad I_3'' = \frac{R_1}{R_1 + R_3} \cdot I'' \tag{3-33}$$

그러므로 그림 3-30의 회로(a)에서 전류 I_3는 위의 회로에서 전압원 V_1과 V_2가 각각 단독으로 존재할 때의 전류의 합으로 구할 수 있으므로 중첩의 정리에 의하여 저항 R_3에 흐르는 전류 I_3는 식 (3-34)와 같이 구할 수 있다.

$$I_3 = I_3' + I_3'' \tag{3-34}$$

▶ 예제 3-15

그림과 같은 회로에서 저항 20[Ω]에 흐르는 전류는 몇 [A]인가?

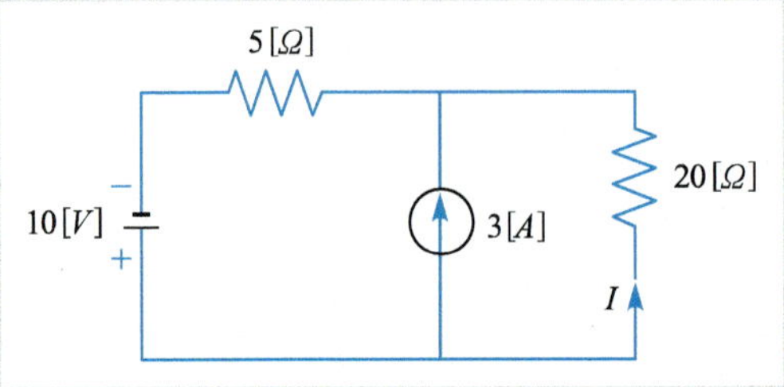

그림 3-31

해답 중첩의 원리 : 2개 이상의 전원을 포함한 회로에서 어떤 점의 전위 또는 전류는 각 전원이 단독으로 존재한다고 했을 때, 그 점의 전위 또는 전류의 합과 같다. 이 원리를 적용할 때 전압원은 단락시키고 전류원은 개방시켜 회로를 각각에 대하여 해석하므로 다음과 같이 각 지로의 전류를 구할 수 있다.

① 전압원 단락 시: $I' = \dfrac{R_1}{R_1 + R_2} \times I = \dfrac{5}{5+20} \times (-3) = -0.6[A]$

② 전류원 개방 시 : $I'' = \dfrac{V}{R_0} = \dfrac{10}{25} = 0.4[A]$

$\therefore I = I' + I'' = (-0.6) + 0.4 = -0.2[A]$

(2) 테브난(Thevenin)의 정리

테브난의 정리는 복잡한 회로를 해석하는 방법에 적용되는 원리 중 하나이다. 그림 3-32(a)와 같이 "여러 개의 능동 및 수동 소자로 구성된 복잡한 회로를 해석하기 위하여 이 회로를 외부에서 볼 때, 한 개의 전압원과 직렬로 연결된 내부 임피던스만으로 구성되었다고 생각하고 회로를 해석하는 방법" 을 테브난의 정리라 한다.

또한 그림 (b)와 같이 복잡한 회로를 간단하게 한 회로를 "테브난의 등가회로" 라 한다.

그림 (b) 회로는 (a)회로를 간단히 한 회로이다. (b) 회로를 (a)회로에 대한 테브난의 등가회로라 하며, (a) 회로로부터 등가 합성저항 R_T, 등가전압 V 를 식 (3-35)와 같이 구할 수 있으며, 부하 저항 R로 흐르는 전류 I를 구할 수 있다.

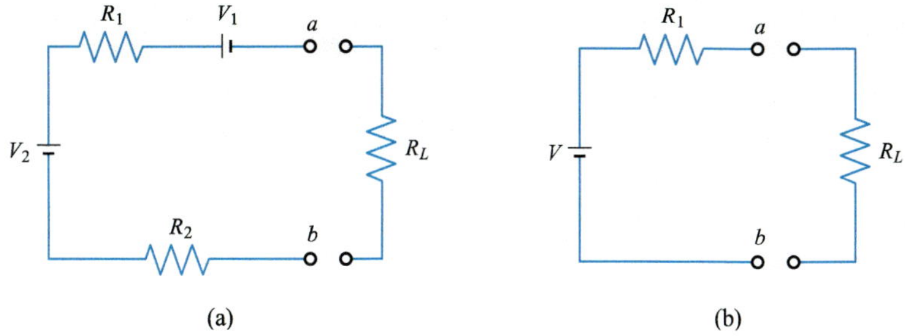

그림 3-32 다수의 능동 및 수동 소자가 있는 회로

$$V = V_2 - V_1$$

$$R_T - R_1 + R_2 \qquad (3-35)$$

$$I = \frac{V}{R_T + R_L}$$

▶ 예제 3-16

그림과 같이 12[V]와 6[V]의 전압원에 2개의 저항이 연결되어 있을 때 이 회로에 대한 테브난의 등가회로를 그리고 3[Ω]의 부하저항으로 흐르는 전류 I를 구하시오.

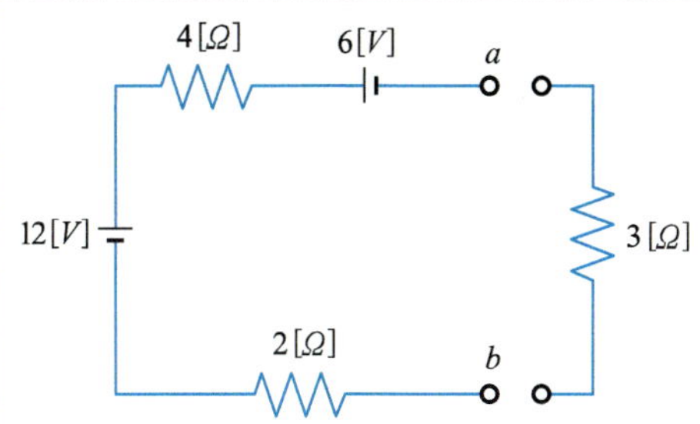

그림 3-33

해답 테브난의 등가회로에서 전압 V_{ab}와 저항 R_T를 구한 후 전류 I를 계산한다.

$V_{ab} = 12 - 6 = 6[\text{V}]$, $R_T = 2 + 4 = 6[\Omega]$, $I = \frac{6}{6+3} = 0.67[\text{A}]$

(3) 노턴(Norton)의 정리

노턴의 정리는 테브난의 정리와 쌍대관계에 있다. 즉, 테브난의 정리에서는 복잡한 회로에 대하여 등가 전압원과 등가 저항을 직렬로 연결하여 테브난의 등가회로로서 표현하였으나, 노턴의 등가회로에서는 동일한 회로에 대하여 "등가 전류원과 등가 임피던스를 병렬로 연결하여 회로를 해석하는 방법" 인 것이다.

따라서 아래 그림에서 (a)와 같은 회로에 대한 등가회로를, (b)와 같은 테브난의 등가회로로 변환할 수 있으며, (c)와 같은 노턴의 등가회로로 변환할 수도 있는 것이다.

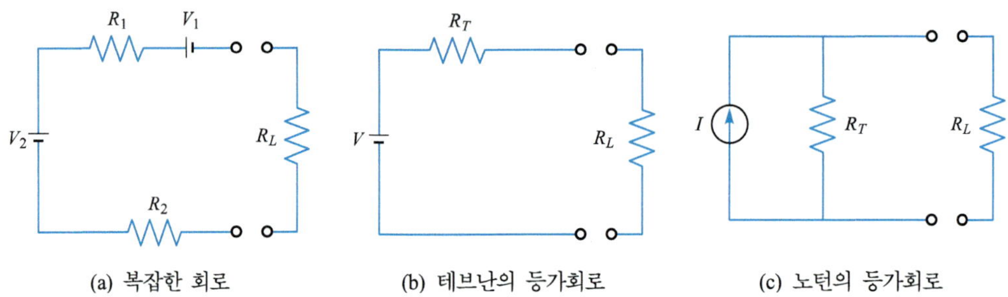

그림 3-34 노턴의 등가회로

그림 (c)에서 등가저항 R_T와 등가전압 V를 구하는 방법은 테브난의 등가회로에서 구하는 방법과 동일하게 구할 수 있으며, 등가전류원에 대한 크기는 식 (3-36)과 같이 구할 수 있다.

$$I = \frac{V}{R_T} \tag{3-36}$$

따라서 그림 (c)의 노턴의 등가회로에서 부하저항 R_L로 흐르는 전류는 식 (3-37)과 같이 구할 수 있다.

$$I_2 = \frac{R_T}{R_T + R_L} \cdot I \tag{3-37}$$

□

▶ 예제 3-17

그림과 같은 회로의 a, b점에 저항 7[Ω]을 연결할 경우 이 저항에 흐르는 전류를 노턴의 등가회로를 이용하여 구하시오.

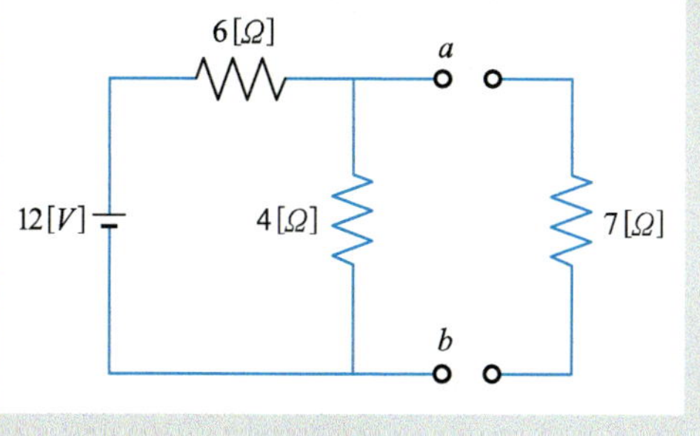

그림 3-35

해답 이 회로에 대한 노턴의 등가회로를 구하기 위하여 등가 합성저항과 등가 전류원은 다음과 같이 구할 수 있다.

① 등가 합성 임피던스를 구하기 위하여 부하저항 R_L 부분을 제거 후 단락시킨다.

② 부하저항부분이 단락되었으므로 저항 4[Ω]으로 흐르는 전류는 0[A]가 되어, 개방된 상태가 되고, 그러므로 이때 회로에 흐르는 전류 $I=\frac{12}{6}=2[A]$가 된다.

따라서 등가 합성 전류원의 크기는 2[A]가 된다.

③ 등가 합성 임피던스는 $R_T=\frac{6\times 4}{6+4}=2.4[\Omega]$이 된다. 그러므로 노턴의 등가회로는 아래 그림과 같이 표현될 수 있으며, 이때 흐르는 전류는 다음과 같이 구해진다.

$I=\frac{2.4}{2.4+7}\times 2=0.51[A]$

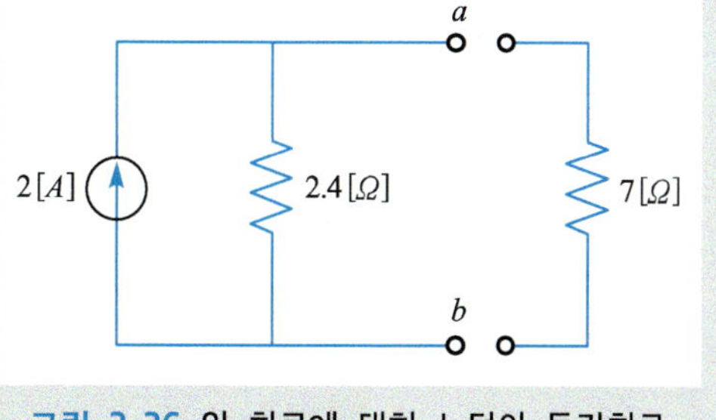

그림 3-36 위 회로에 대한 노턴의 등가회로

(4) 밀만의 정리

"기전력 및 내부저항이 다른 여러 개의 서로 다른 전압원이 병렬로 연결된 경우 최종 단자에서의 합성 전압을 구하는 방법" 을 밀만의 정리라 한다.

밀만의 정리를 이용하여 전압을 구하는 방법은 식 (3-38)과 같이 구할 수 있다.

$$V_{ab} = \frac{I_T}{G_T} = \frac{\dfrac{V_1}{R_1} + \dfrac{V_2}{R_2} + \cdots + \dfrac{V_X}{R_X}}{\dfrac{1}{R_1} + \dfrac{1}{R_2} + \cdots + \dfrac{1}{R_X}} \tag{3-38}$$

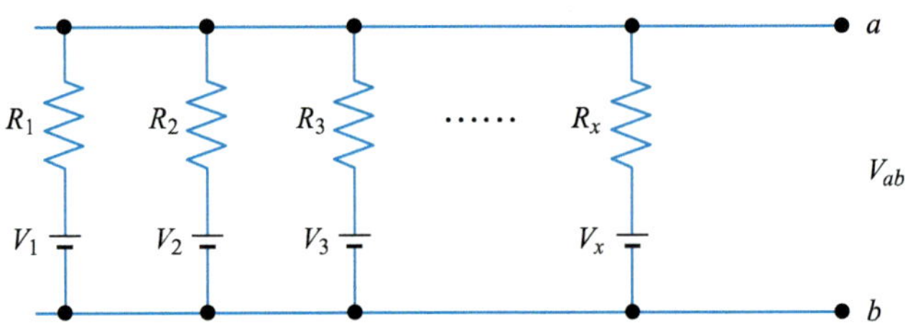

그림 3-37

▶ 예제 3-18

그림과 같은 회로에서 a, b 단자에 나타나는 전압 V_{ab}는 몇 [V]인가?

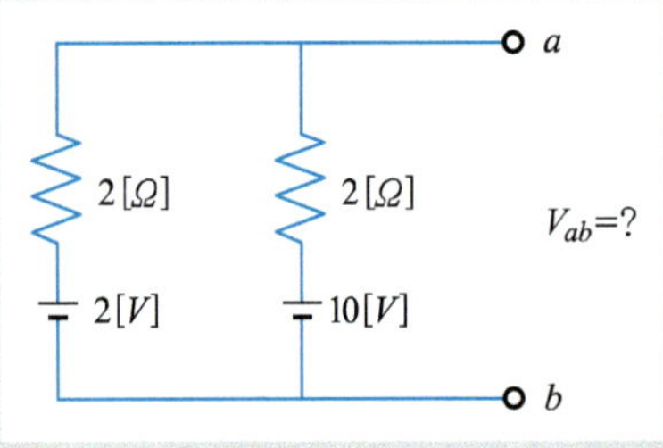

해답 밀만의 정리에 의하여

$$V_{ab} = \frac{I_T}{G_T} = \frac{\dfrac{V_1}{R_1} + \dfrac{V_2}{R_2}}{\dfrac{1}{R_1} + \dfrac{1}{R_2}} = \frac{\dfrac{2}{2} + \dfrac{10}{2}}{\dfrac{1}{2} + \dfrac{1}{2}} = 6[\text{V}]$$

3.5 교류 3상 회로

(1) 3상 교류의 발생

그림 (a)는 3상 발전기의 구조이다. 단상 발전기에서는 회전자 코일이 1개가 있지만 3상 발전기는 3개의 회전자 코일을 갖는다. 따라서 3개의 회전자 코일이 자기장 내에서 회전운동을 할 경우 그림 (b)와 같이 3개의 기전력 파형이 순차적으로 발생되는 것이다. 이렇게 발생된 기전력은 다음 수식 (3-39)과 같이 표현될 수 있다.

$$V_a = V_m \sin(wt+0) = V\angle 0° = V^{j0°} = V$$

$$V_b = V_m \sin\left(wt - \frac{2\pi}{3}\right) = V\angle -120° = Ve^{j(-120°)} = V\left(-\frac{1}{2} - j\frac{\sqrt{3}}{2}\right)$$

$$V_c = V_m \sin\left(wt - \frac{4\pi}{3}\right) = V\angle -240° = Ve^{j(-240°)} = V\left(-\frac{1}{2} + j\frac{\sqrt{3}}{2}\right) \quad (3\text{-}39)$$

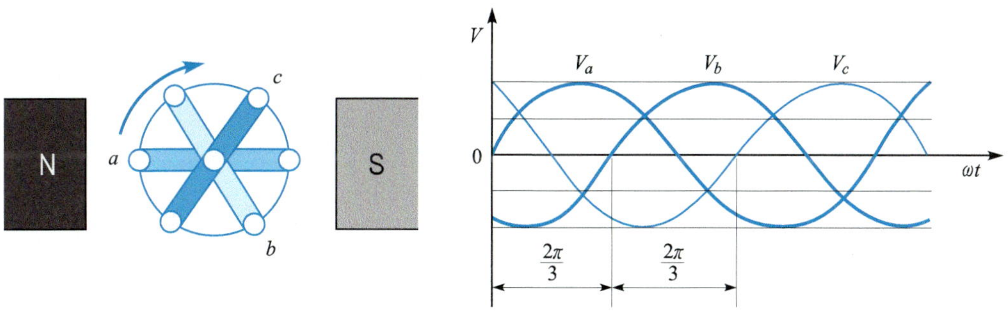

(a) 코일의 배치 (b) 각 코일에 발생되는 전압

그림 3-38 3상 발전기 구조

(2) 3상 회로의 결선

3상 발전기의 회전자에서 나온 3쌍의 코일, 즉 6선의 코일을 3상 부하에 연결하기 위하여 적절히 결선하는 방법을 3상 회로의 결선법이라 한다.

3상 회로의 결선법은 크게 Y 결선법과 Δ 결선법으로 나누며, 비상시에 사용하는 V 결선법도 있다.

① Y 결선

Y 결선은 그림과 같이 3개의 코일을 Y자 모양으로 결선하는 방법을 말한다.

이 결선에서 두 선간에 걸리는 선간 전압과 각 선에 흐르는 선 전류와 관계는 다음과 같이 표현될 수 있다.

즉, 선간 전압은 다음 식 (3-40)과 같다.

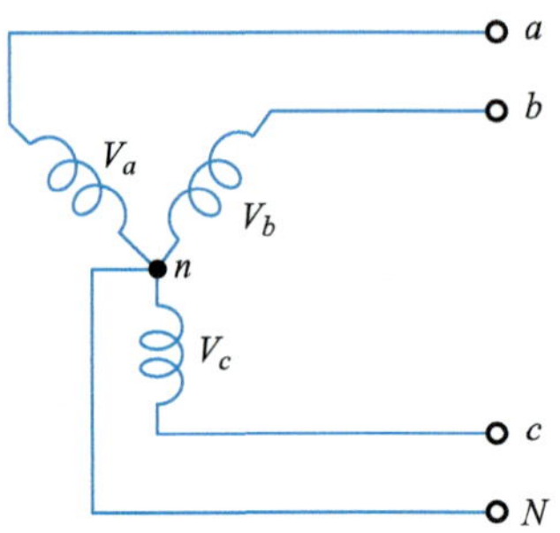

그림 3-39 Y 결선

$$V_{ab} = V_a - V_b = \sqrt{3}\,V_a \angle \frac{\pi}{6}$$

$$V_{bc} = V_b - V_c = \sqrt{3}\,V_b \angle \frac{\pi}{6}$$

$$V_{ca} = V_c - V_a = \sqrt{3}\,V_c \angle \frac{\pi}{6}$$

$$V_l = \sqrt{3}\,V_p \angle \frac{\pi}{6} \tag{3-40}$$

(V_l : 선간전압 , V_p : 상전압)

여기서, 중성선과 선간의 전압은 다음 식 (3-41)과 같이 상전압과 동일한 값으로 표현된다.

$$V_{an} = V_a,\ V_{bn} = V_b,\ V_{cn} = V_c \tag{3-41}$$

또한 Y 결선할 때 각 선에 흐르는 전류는 각 상에 흐르는 전류와 같은 전류가 흐르므로 다음 식 (3-42)와 같이 표현된다.

$$I_l = I_p \tag{3-42}$$

(I_l : 선전류, I_p : 상전류)

이상과 같이 Y 결선할 때의 선간 전압과 선전류의 관계를 정리하면, 다음 식 (3-43)과 같이 정리할 수 있다.

$$I_l = I_p$$
$$V_l = \sqrt{3}\,V_p \angle \frac{\pi}{6} \tag{3-44}$$

(V_l : 선간전압 , V_p : 상전압, I_l : 선전류, I_p : 상전류)

▶ 예제 3-19

그림과 같은 대칭 3상 Y부하에서 각 상의 임피던스가 $Z=6+j8[\Omega]$이고, 부하에 흐르는 전류가 10[A]일 때 각 선간에 걸리는 선간 전압 V_l을 구하시오.

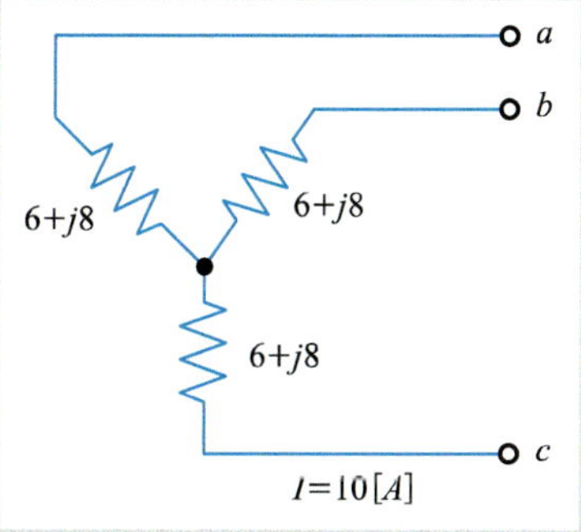

그림 3-40 대칭 3상 부하

해답 임피던스의 크기는 $Z=\sqrt{6^2+8^2}=10[\Omega]$

Y결선에 대한 선전류는 $I_l=I_p=10[A]$

상전압 $V_P=I_P Z_P=10\times 10=100[V]$

∴ 선간전압 $V_l=\sqrt{3}\,V_P=\sqrt{3}\times 100=100\sqrt{3}=173.2[V]$

② Δ결선

3개의 코일을 아래 그림과 같이 Δ모양으로 결선하는 것을 Δ결선이라 한다. 이 결선에서 선간 전압과 선전류와의 관계는 식 (3-45)와 같이 표현할 수 있다.

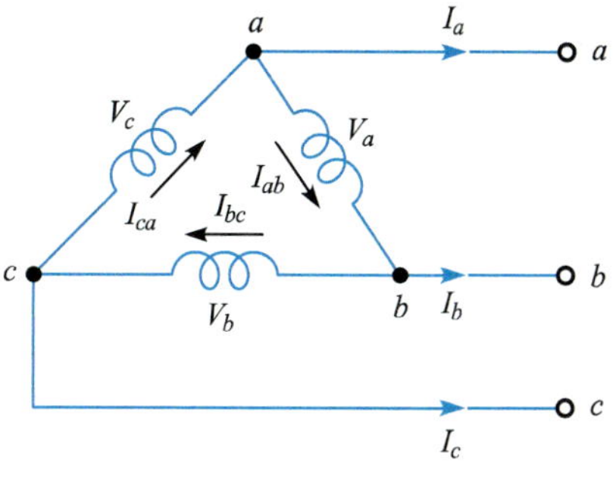

그림 3-41 Δ결선

$$V_{ab}=V_a,\quad V_{bc}=V_b,\quad V_{ca}=V_c$$

$$\therefore V_l=V_p$$

$$I_a=\sqrt{3}\,I_{ab}\angle-\frac{\pi}{6}$$

$$I_b=\sqrt{3}\,I_{bc}\angle-\frac{\pi}{6},\quad I_c=\sqrt{3}\,I_{ca}\angle-\frac{\pi}{6}$$

$$\therefore I_l=\sqrt{3}\,I_p\angle-\frac{\pi}{6} \qquad (3-45)$$

(V_l : 선간전압 , V_p : 상전압, I_l : 선전류, I_p : 상전류)

▶ 예제 3-20

그림과 같이 $R=4$, $X_L=3[\Omega]$이 직렬로 연결된 임피던스가 Δ결선된 대칭 부하에 선간전압 200[V]의 3상 전압을 가했을 경우 이 회로에 흐르는 선전류를 구하시오.

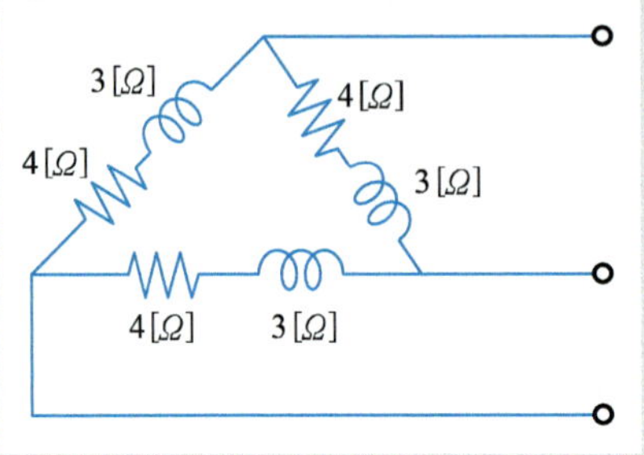

그림 3-42 3상 부하회로

해답 $Z=4+j3$이므로

$Z=\sqrt{4^2+3^2}=5$, $V_l=V_P$, $V_P=200[V]$

$$I_P=\frac{V_l}{Z_P}=\frac{200}{5}=40[A]$$

$$I_l=\sqrt{3}I_P\angle-\frac{\pi}{6}=\sqrt{3}\times40\angle-\frac{\pi}{6}\fallingdotseq 69.3\angle-30°$$

(3) Y-Δ 상호 변환

Δ 결선회로와 Y 결선회로가 있을 때, 회로의 a, b, c 3단자에 동일 전압을 가하여 두 회로에 흐르는 전류가 같으면 두 회로는 서로 등가회로이다.

즉, 같은 회로라는 것이다. 이 장에서는 결선된 회로를 Y 결선으로 변화하여 등가 회로로 변환하는 방법을 알아본다.

① Δ → Y 변환

그림 (a)의 Δ 결선을 Y 결선으로 변환하기 위하여 식 (3-46)을 이용하여 Δ 결선의 임피던스를 변환하여 Y 결선할 수 있다.

$$Z_a = \frac{Z_{ab} \cdot Z_{ca}}{Z_{ab} + Z_{bc} + Z_{ca}}$$
$$Z_b = \frac{Z_{bc} \cdot Z_{ab}}{Z_{ab} + Z_{bc} + Z_{ca}} \quad (3-46)$$
$$Z_c = \frac{Z_{ca} \cdot Z_{bc}}{Z_{ab} + Z_{bc} + Z_{ca}}$$

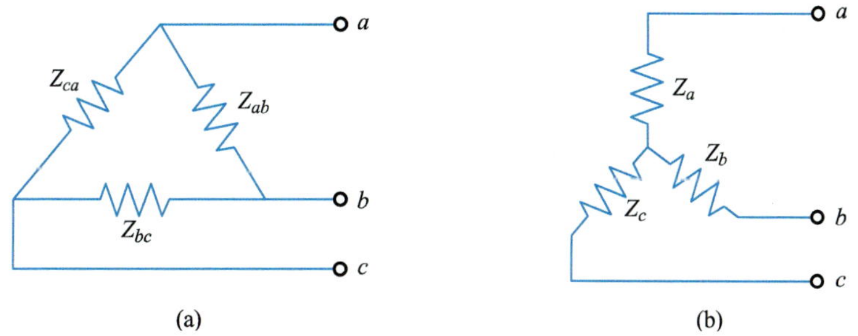

그림 3-43 Δ-Y 변환

② $Y \rightarrow \Delta$ **변환**

이 회로에서 Y 결선을 Δ 결선으로 변환하기 위하여 다음 식 (3-47)을 이용하여 변환 임피던스를 구할 수 있다.

$$Z_{ab} = \frac{Z_a \cdot Z_b + Z_b \cdot Z_c + Z_c \cdot Z_a}{Z_c}$$
$$Z_{bc} = \frac{Z_a \cdot Z_b + Z_b \cdot Z_c + Z_c \cdot Z_a}{Z_a} \quad (3-47)$$
$$Z_{ca} = \frac{Z_a \cdot Z_b + Z_b \cdot Z_c + Z_c \cdot Z_a}{Z_b}$$

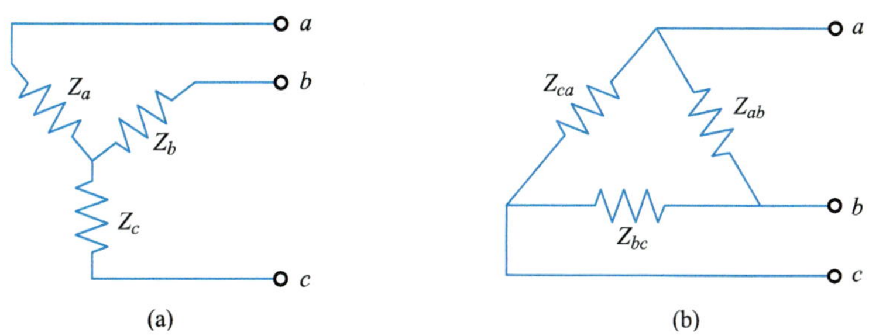

그림 3-44 Y-Δ 변환

▶ 예제 3-21

다음 그림과 같이 Δ 결선된 회로를 Y 결선할 경우 각 부분의 저항값을 구하시오.

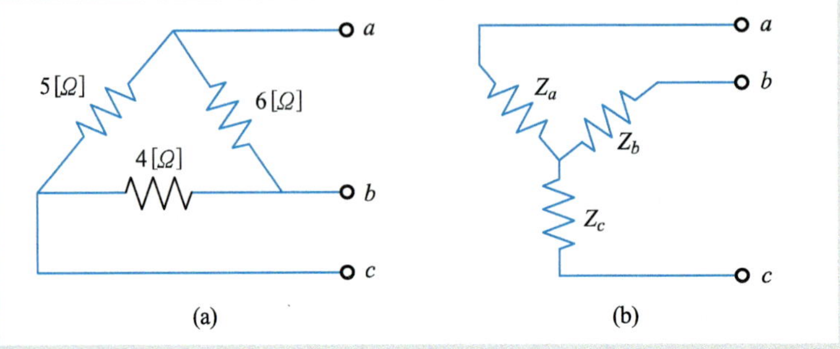

그림 3-45

해답 $Z_a = \dfrac{Z_{ab} \cdot Z_{ca}}{Z_{ab}+Z_{bc}+Z_{ca}} = \dfrac{6 \times 5}{6+4+5} = \dfrac{30}{15} = 2$

$Z_b = \dfrac{Z_{bc} \cdot Z_{ab}}{Z_{ab}+Z_{bc}+Z_{ca}} = \dfrac{24}{15} = 1.6$

$Z_c = \dfrac{Z_{ca} \cdot Z_{bc}}{Z_{ab}+Z_{bc}+Z_{ca}} = \dfrac{20}{15} = 1.3$

▶ 예제 3-22

다음 Y결선된 회로를 Δ결선회로로 등가 변환할 때 각 부분의 임피던스를 구하시오.

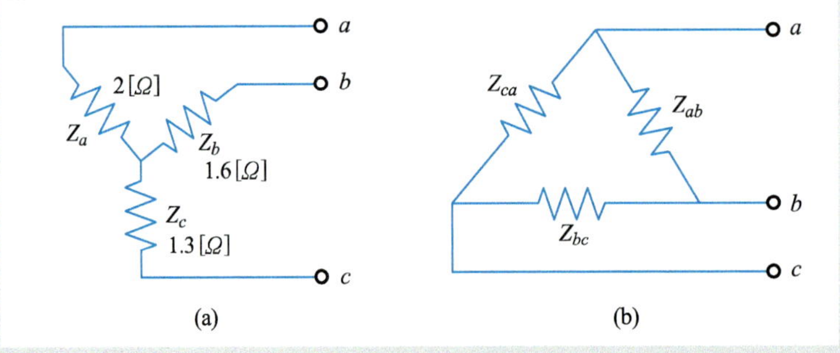

그림 3-46

해답 $Z_{ab} = \dfrac{Z_a \cdot Z_b + Z_b \cdot Z_c + Z_c \cdot Z_a}{Z_c} = \dfrac{2 \times 1.6 + 1.6 \times 1.3 + 1.3 \times 2}{1.3} = \dfrac{8}{1.33} \fallingdotseq 6$

$Z_{bc} = \dfrac{Z_a \cdot Z_b + Z_b \cdot Z_c + Z_c \cdot Z_a}{Z_a} = \dfrac{8}{2} = 4$

$$Z_{ca} = \frac{Z_a \cdot Z_b + Z_b \cdot Z_c + Z_c \cdot Z_a}{Z_b} = \frac{8}{1.6} = 5$$

(4) 3상 회로의 전력

① 3상 전력

3상 전력은 단상과 마찬가지로 식 (3-48)와 같이 피상전력, 유효전력, 무효전력으로 구분될 수 있다.

피상전력 $P_a = 3V_p \cdot I_p = 3I_p^2 \cdot Z$ [VA]

유효전력 $P = 3V_p I_p \cos\theta = 3I_p^2 \cdot R$ [W]

무효전력 $P_r = 3V_p I_p \sin\theta = 3I_p^2 \cdot X$ [var] (3-48)

식 (3-48)은 상전압, 상전류에 대하여 표현한 전력식이다. 이를 선간 선압과 선전류의 형태로 표현하면 다음 식 (3-49)과 같이 표현될 수 있다.

$P_a = \sqrt{3} V_l I_l$[VA]

$P = \sqrt{3} V_l I_l \cos\theta$ [W]

$P_r = \sqrt{3} V_l I_l \sin\theta$ [var] (3-49)

$\because \Delta$결선 : $V_l = V_p$, $I_l = \sqrt{3} I_p$

Y결선 : $V_l = \sqrt{3} V_p$, $I_l = I_p$

(V_l : 선간전압 , V_p : 상전압, I_l : 선전류, I_p : 상전류)

▶ 예제 3-23

그림과 같이 Y 결선된 부하 회로가 있을 때 이 부하에 $100\sqrt{3}$[V]의 전압을 인가할 경우 전력을 구하시오(각 상의 임피던스는 $Z=8+j6[\Omega]$이다).

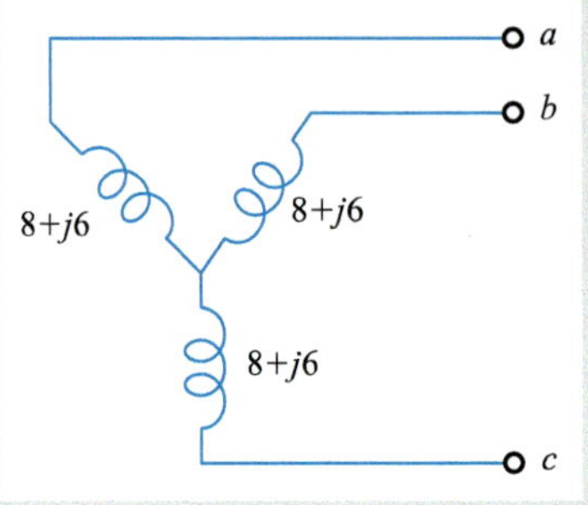

그림 3-47

해답 이 회로에서 상전압과 각 상의 임피던스 크기는 다음과 같다.

$$V_p = \frac{V_L}{\sqrt{3}} = 100[\text{V}], \quad Z_p = \sqrt{8^2+6^2} = 10[\Omega]$$

따라서 각 상에 흐르는 상전류의 크기는 다음과 같이 구할 수 있다.

$$I_p = \frac{V_p}{Z_p} = \frac{100}{10} = 10[\text{A}]$$

그러므로 피상전력, 유효전력, 무효전력은 다음과 같이 구할 수 있다.

피상 $P_a = 3V_pV_p = 3\times100\times10 = 3000[\text{VA}]$

유효 $P = 3V_pI_p\cos\theta = 3I_p^2\cdot R = 3\times10^2\times8 = 2400$ [W]

무효 $P_r = 3V_pI_p\sin\theta = 3I_p\cdot X = 3\times10^2\times6 = 1800$ [var]

② V 결선

3대의 단상 변압기를 사용하던 중 1대가 고장났을 경우 남은 2대의 변압기로 3상 전압을 변환하기 위하여 V 결선방법을 사용한다.

V 결선방법은 다음 그림과 같이 결선한다.

이 결선에서 상전압, 선전류, 선간전압, 선전류의 관계는 다음 식 (3-50)과 같다.

$$I_l = I_p, \quad V_l = V_p \tag{3-50}$$

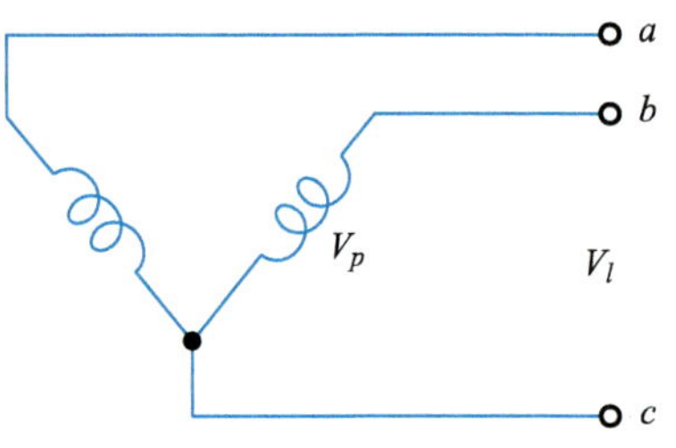

그림 3-48 V 결선

이때의 전력은 다음 식 (3-51)와 같다.

$$P_v = \sqrt{3}\,V_p I_p \cos\theta \tag{3-51}$$

이 결선에 대한 변압기 출력비와 변압기 이용률은 다음 식 (3-52)와 (3-53)과 같이 표현될 수 있으며, 이 식에서 알 수 있듯이 출력비가 57.7%, 이용률은 86.6%가 되어 긴급시 이 외에는 사용하지 않는 결선 방식이다.

$$\text{출력비 } \frac{P_v}{P\Delta} = \frac{\sqrt{3}\,V_p I_p \cos\theta}{3 V_p I_p \cos\theta} = \frac{1}{\sqrt{3}} = 0.577 = 57.7\% \tag{3-52}$$

$$\text{*변압기 이용률: } \frac{\sqrt{3}\,V_p I_p \cos\theta}{2 V_p I_p \cos\theta} = \frac{\sqrt{3}}{2} = 0.866 = 86.6\ \% \tag{3-53}$$

▶ 예제 3-24

단상 변압기 3대(150[kVA]×3)를 Δ결선 운전 중에 1대가 고장이 나서 V 결선하였다. 변압기 출력은 Δ결선과 비교하여 출력 전력이 몇 [%] 감소되는가?

해답 $P_\Delta = 3V_P I_P = 3 \times 150 = 450\,[\mathrm{kVA}]$

$P_V = \sqrt{3}\,V_P I_P = \sqrt{3} \times 150 = 150\sqrt{3}\,[\mathrm{kVA}]$

$\therefore \frac{150\sqrt{3}}{450} = 0.577 \qquad \therefore 57.7[\%]$

CHAPTER 03 교류이론 연습문제

1 교류전원의 전압파형이 다음 그림과 같을 때 이 파형의 순시값 표현은 다음 중 어느 것이 옳은가?

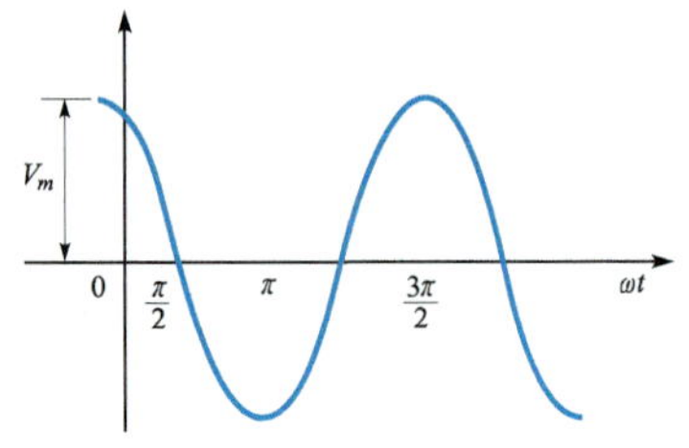

가. $v = V_m \cos \omega t$

나. $v = V_m \sin \omega t$

다. $v = \sqrt{2}\, V_m \cos(\omega t + 90)$

라. $v = \sqrt{2}\, V_m \sin(\omega t + 90)$

해설

이 파형은 위상 0° 를 기준으로 하여 270° 만큼 늦게 나타나고 있으므로 이 전압 파형의 순시값 표현은 다음과 같이 될 수 있다.

$v = V_m \sin(wt - 270) = V_m \cos(wt + 0)$

정답 가

2 교류 전류 순시값 $i = I_m \sin \omega t$ 로서 표시된 정현파 교류의 주파수는 몇 [Hz]인가?

가. $2\pi\omega$ 나. $\frac{\omega}{\pi}$ 다. $\frac{2\pi}{\omega}$ 라. $\frac{\omega}{2\pi}$

해설

각속도 $\omega = 2\pi f$, $\therefore f = \frac{\omega}{2\pi}$[Hz] $T \propto \frac{1}{f}$

ω[rad/sec]: 각속도, f[Hz]: 주파수, T[sec]: 주기

정답 라

3 교류 전원에서 전원의 주파수가 $\frac{1}{2}$로 되면 이 파형의 주기와 각속도는 어떻게 되는가?

가. 주기와 각속도는 반으로 된다.
나. 주기는 반으로 각속도는 2배로 된다.
다. 주기는 2배로 각속도는 반으로 된다.
라. 주기와 각속도는 2배로 된다.

해설

$w = 2\pi f[\text{rad/sec}], \quad T \propto \frac{1}{f}$

정답 다

4 교류발전기의 회전자가 분당 500[rpm]으로 회전하고 전원의 주파수를 60[Hz]로 유지하고 있을 때, 발생되는 교류전원의 각속도 w는 몇 [rad/s]인가?

가. 377　　나. 357　　다. 337　　라. 314

해설

각속도 $w = 2\pi f = 2\pi \times 60 = 377$ [rad/sec]

정답 가

5 교류 전압 순시값이 $v = 141\sin 377t$[V]일 때 이 전압의 주파수는 몇[Hz]인가?

가. 50　　나. 55　　다. 60　　라. 65

해설

각속도 $w = 2\pi f, \ \therefore f = \frac{w}{2\pi} = \frac{377}{2\pi} = 60 \ [\text{Hz}]$

정답 다

6 일반 건물에서 사용하는 전등회로에 220[V]의 교류전압이 인가되었다. 이때 220[V]는 교류전압의 어떤 값을 나타내는가?

가. 순시값　　나. 평균값　　다. 실효값　　라. 최댓값

해설

일반적으로 건축물 및 가정에서 쓰고 있는 전압은 실효값을 의미한다.

정답 다

7 교류 전압 $v=100\sin(10\pi\ t)$[V]가 어떤 회로에 가해지고 있다. 이 교류전압에서 $t=\frac{1}{20}$[s]일 때 전압의 순시값은 몇 [V]인가?

가. 50　　나. 87　　다. 100　　라. 120

해설

$$v=100\sin(10\pi\ t)[V]=100\sin(10\pi\times 1/20)=100[V]$$

정답 다

8 $v=\sqrt{2}\,V\sin wt$[V]인 전압에서 $wt=\pi/6$[rad]일 때의 크기가 70.7[V]이면 이 전원의 실효값은 몇 [V]가 되는가?

가. 100　　나. 200　　다. 300　　라. 400

해설

$$v=\sqrt{2}\ V\sin wt[V] \Rightarrow V=\frac{v}{\sqrt{2}\sin wt}=\frac{70.7}{\sqrt{2}\times\sin 30°}=100\quad[V]$$

※ v[V]: 순시값, $\sqrt{2}\,V$[V]: 최댓값, V[V]: 실효값

정답 가

9 정현파 교류전압 $e=E_m\sin(wt+\theta)$[V]의 평균치는 최대치의 몇 [%]인가?

가. 63.7　　나. 65.7　　다. 70.7　　라. 73.7

해설

$$V_{av}=\frac{2}{\pi}V_m=0.637\ V_m=63.7[\%]$$

정답 가

10 정현파교류에서 최대치 I_m과 실효치 I인 관계로 옳은 것은?

가. $I_m=\sqrt{2}\,I$　　나. $I_m=\sqrt{3}\,I$

다. $I_m=\frac{I}{\sqrt{2}}$　　라. $I_m=\frac{I}{\sqrt{3}}$

해설

$I=\frac{I}{\sqrt{2}}I_m=0.707\,I_m=70.7\%$이므로 $I_m=\sqrt{2}\,I$ [V]

정답 가

11 정현파교류의 평균값은 실효값의 몇 배인가?

가. $\frac{2\sqrt{2}}{\pi}$　　나. $\frac{\sqrt{2}}{\pi}$　　다. $\frac{2\pi}{\sqrt{2}}$　　라. $\frac{2\sqrt{3}}{\pi}$

해설

평균값 $V_{av} = \frac{2}{\pi} V_m[\text{V}]$, 실효값 $V = \frac{1}{\sqrt{2}} V_m[\text{V}] \Rightarrow V_m = \sqrt{2}\,V \quad [\text{V}]$.

그러므로 $V_{av} = \frac{2}{\pi} \times \sqrt{2}\,V$

정답 가

12 정현파교류의 실효값은 최대값과 어떤 관계인가?

가. π배　　나. $\frac{2}{\pi}$배　　다. $\frac{\sqrt{2}}{2}$배　　라. $\sqrt{2}$배

해설

$V = \frac{1}{\sqrt{2}} V_m$. 분모를 유리화시키면 $\frac{\sqrt{2}}{2}$

정답 다

13 그림과 같은 시간 축에 대하여 대칭인 3각파 전압의 평균값 [V]은?

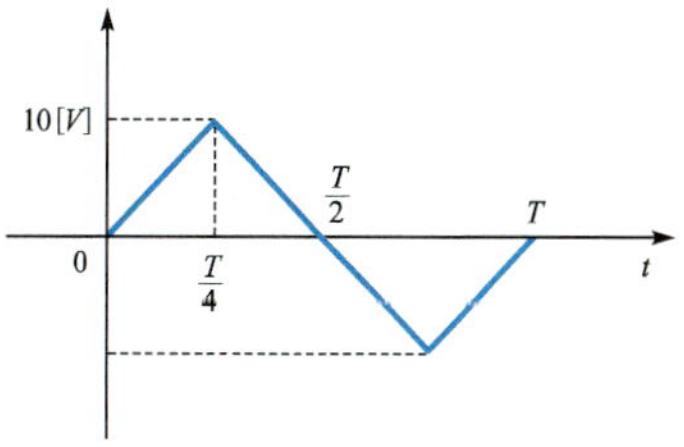

가. 5.77　　나. 5
다. 10　　라. 6

해설

$V = \frac{1}{\sqrt{3}} V_m,\ V_{av} = \frac{1}{2} V_m = \frac{1}{2} \times 10 = 5[\text{V}]$

정답 나

14 최대값 및 실효값이 모두 1.0인 파형은?

가. 구형파　　나. 정현파　　다. 톱니파　　라. 삼각파

해설

구형파는 실효값=최댓값=평균값=파고율=파형율이 다 똑같다.

정답 가

15 $I = I_m \sin wt$인 정현파에서 순시값과 실효값이 같아지는 위상은 몇 도인가?

가. 30　　나. 45　　다. 50　　라. 60

해설

$$I = I_m \sin wt \Rightarrow wt = \frac{I}{I_m \sin} = \frac{I}{\sqrt{2} I \sin} = \sin^{-1}\frac{1}{\sqrt{2}} = 45°$$

정답 나

16 $i = I_m \sin(wt - 15)$[A]인 정현파에 있어서 wt가 다음 중 어느 값일 때 순시값과 실효값이 같게 되겠는가?

가. 30　　나. 45　　다. 60　　라. 90

해설

순사값 i와 실효값 I가 같아지는 겨우를 구하는 경우 이므로 $i = I$가 되도록 하면 된다.

$i = I_m \sin(wt - 15°) = \sqrt{2} I \sin(wt - 15°)$

($\because$ $I_m = \sqrt{2} I$, I_m: 최대값, I : 실효값, i : 순시값)

$\sin 45° = \frac{1}{\sqrt{2}}$ 이므로, $\sin(wt - 15°) = \frac{1}{\sqrt{2}}$이 되려면,

$wt - 15° = 45°$, $\therefore$ $wt = 60°$

$i = \sqrt{2} I \sin(60° - 15°) = \sqrt{2}\, I \times \frac{1}{\sqrt{2}} = I$

$\therefore$ $wt = 60°$일 때 순시값 i와 실효값 I가 같아질 수 있다.

정답 다

17 교류의 파고율은?

가. $\frac{\text{실효값}}{\text{평균값}}$　　나. $\frac{\text{실효값}}{\text{최댓값}}$　　다. $\frac{\text{최댓값}}{\text{평균값}}$　　라. $\frac{\text{최댓값}}{\text{실효값}}$

해설

파고율=최댓값/실효값, 파형율=실효값/평균값

정답 라

18 정현파의 파형율이란?

가. 정현파의 실효값을 정현파의 평균값으로 나눈 값이다.
나. 정현파의 최댓값을 정현파의 실효값으로 나눈 값이다.
다. 정현파의 평균값을 정편파의 실효값으로 나눈 값이다.
라. 정현파의 최댓값을 정현파의 평균값으로 나눈 값이다.

정답 가

19 기본파의 40[%]인 제3고조파와 20[%]인 5고조파를 포함하는 전압파의 왜형율은?

가. 0.3　　나. 0.45　　다. 0.5　　라. 0.6

해설

$$\text{왜형율} = \frac{\text{전고조파의 실효값}}{\text{기본파의 실효값}} \Rightarrow \text{왜형율} = \frac{\sqrt{V_1^2 + V_2^2 + \cdots + V_n^2}}{V}$$

$$\text{왜형율} = \frac{\sqrt{0.4^2 + 0.2^2}}{1} = 0.45$$

정답 나

20 $v = V_m \sin(wt+60)$ 와 $i = I_m \cos(wt-70)$ 와의 위상차는?

가. 20[°]　　나. 40[°]　　다. 60[°]　　라. 130[°]

해설

$V = \sin 60$, $I = \cos -70 + 90 = \sin 20$

그러므로 $\theta = \sin 60 - \sin 20 = 40°$

정답 나

21 교류전원이 연결된 회로에 전압을 인가했더니 흐르는 전류위상이 전압위상과 동일한 위상이었다. 이 회로 소자는 무엇인가?

가. 커패시턴스　　나. 인덕턴스　　다. 서셉턴스　　라. 저항

해설

- 저항 $R[\Omega]$: 전압과 전류는 위사차가 같다(동상).
- 인덕턴스 L[H] : 전압이 전류보다 90도 앞선다(진상전압).
  전류는 전압보다 90도 뒤진다(지상전류).

- 커패시턴스 C[F] : 전류는 전압보다 90도 앞선다(진상전류).
  전압은 전류보다 90도 뒤진다(지상전압).

정답 라

22 교류회로에 연결된 콘덴서 회로에서 전류와 전압과의 위상관계는?

가. 전압이 전류보다 180[°] 뒤진다.
나. 전압이 전류보다 90[°] 앞선다.
다. 전압이 전류보다 180[°] 뒤진다.
라. 전압이 전류보다 90[°] 뒤진다.

정답 라

23 인덕턴스 값이 50[mH]인 회로에 주파수가 60[Hz]일 때, 유도리액턴스는 몇 [Ω]인가?

가. 0.05　　나. 0.5　　다. 1.8　　라. 18.8

해설

$$X_L = wL = 2\pi fL = 2\pi \times 60 \times 50 \times 10^{-3} = 18.8[\Omega]$$

※ $X_L[\Omega]$: 유도리액턴스

정답 라

24 인덕턴스가 0.5[H]인 코일의 리액턴스가 753.6[Ω]일 때 주파수는 몇 [Hz]인가?

가. 60　　나. 120　　다. 240　　라. 360

해설

$$X_L = wL = 2\pi fL \Rightarrow f = \frac{X_L}{2\pi L} = \frac{753.6}{2\pi \times 0.5} = 240[\text{Hz}]$$

정답 다

25 어드미턴스 $Y = a + jb$에서 a는?

가. 저항이다.　　나. 리액턴스이다.　　다. 컨덕턴스이다.　　라. 서셉턴스이다.

해설

복소수법에 의하여 직렬은 $Z = R \pm jX[\Omega]$, 병렬은 $Y = G \pm jB[℧]$

※ $Z[\Omega]$: 임피던스, $X[\Omega]$: 리액턴스, $Y[℧]$: 어드미턴스, $B[℧]$: 서셉턴스

정답 다

26 A, B 두 코일이 있다. 여기에 동일한 주파수와 동일한 교류전압을 가하면 두 코일의 전류는 같고, A는 역율이 0.96, B는 역율이 0.80이라 한다. 두 코일의 저항비(R_B/R_A)는 얼마인가?

가. 0.833　　나. 1.544　　다. 3.211　　라. 7.621

해설

$$\cos\theta = \frac{R}{Z} \Rightarrow \cos\theta \propto R \text{ 이므로 } \frac{R_B}{R_A} = \frac{0.80}{0.96} = 0.833$$

정답 가

27 그림과 같은 회로의 역률은? (단, R=12[Ω], X_L=20[Ω], X_C=4[Ω]이다.)

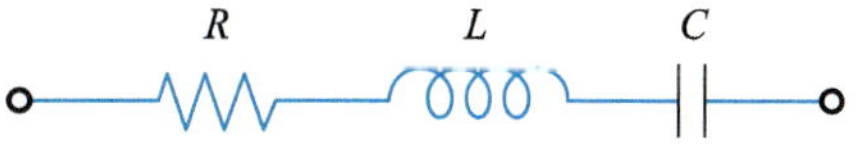

가. 0.6　　나. 0.7　　다. 0.8　　라. 0.9

해설

$$\cos\theta = \frac{R}{Z} = \frac{R}{\sqrt{(R)^2+(X_L-X_C)^2}} = \frac{12}{\sqrt{(12)^2+(20-4)^2}} = 0.6$$

정답 가

28 그림과 같은 회로의 전류는 몇 [A]인가?

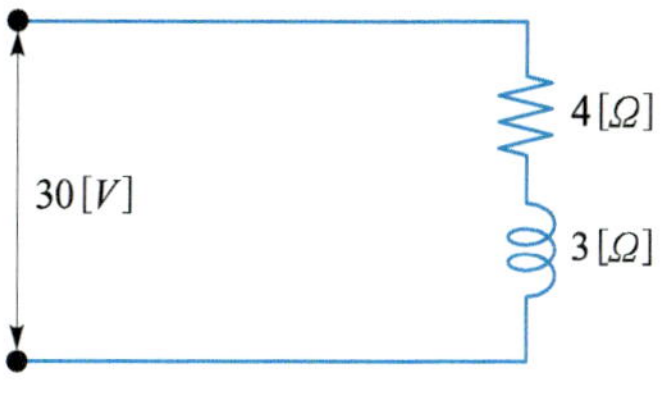

가. 3
나. 4
다. 5
라. 6

해설

$$i = \frac{V}{Z} = \frac{V}{\sqrt{R^2+X_L^2}} = \frac{30}{\sqrt{4^2+3^2}} = \frac{30}{5} = 6[\text{A}]$$

정답 라

29 $R=1[\Omega]$, $X_L=\sqrt{3}[\Omega]$인 RL 직렬회로에서 위상차는 몇 도인가?

가. 30　　나. 45　　다. 60　　라. 75

해설

$$\theta=\tan^{-1}\frac{X_L}{R}=\tan^{-1}\frac{\sqrt{3}}{1}=60$$

정답 다

30 그림과 같은 회로에서 전압계의 지시값은 몇 [V]인가?

가. 40
나. 50
다. 60
라. 100

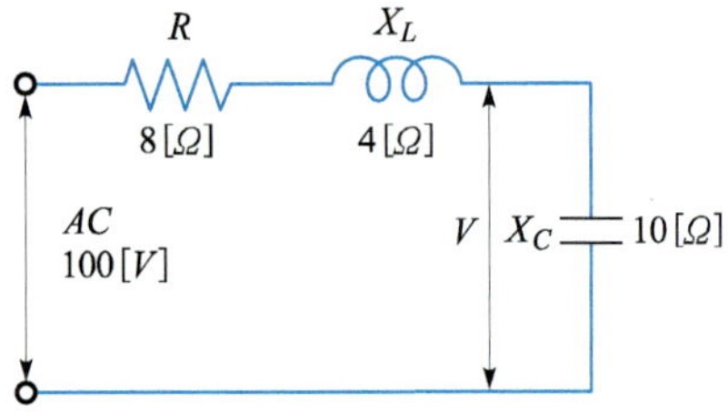

해설

$$V=I\cdot X_C=10\times10=100[\text{V}]$$

$$I=\frac{V}{Z}=\frac{V}{\sqrt{R^2+(X_L-X_C)}}=\frac{100}{\sqrt{8^2+(4-10)^2}}=\frac{100}{10}=10[\text{A}]$$

정답 라

31 다음 연결 중 맞는 것은?

가. 컨덕턴스–[Ω]　　나. 리액턴스–[H]　　다. 인덕턴스–[F]　　라. 서셉턴스–[℧]

해설

컨덕턴스 G[℧], 리액턴스 X[Ω], 인덕턴스 L[H], 서셉턴스 B[℧]

정답 라

32 리액턴스의 역수를 무엇이라고 하는가?

가. 콘덕턴스　　나. 어드미턴스　　다. 임피던스　　라. 서셉턴스

해설

- 저항 R[Ω]의 역수 컨덕턴스 G[℧]
- 리액턴스 X[Ω]의 역수 서셉턴스 B[℧]
- 임피던스 Z[Ω]의 역수 어드미턴스 Y[℧]

정답 라

33 저항 20[Ω]과 유도리액턴스 30[Ω]을 병렬로 접속한 회로에 220[V]의 교류전압을 가할 때의 전전류는 몇 [A]인가?

가. 5.3　　나. 8.2　　다. 11.3　　라. 13

해설

$$i=YV=\sqrt{G^2+B_L^2}=\sqrt{\left(\frac{1}{R}\right)^2+\left(\frac{1}{X_L}\right)^2}V=\sqrt{\left(\frac{1}{20}\right)^2+\left(\frac{1}{30}\right)^2}\times 220=13\,[\mathrm{A}]$$

정답 라

34 저항 R과 유도리액턴스 X_L이 병렬로 접속된 회로의 역률은?

가. $\dfrac{\sqrt{R^2+X_L^2}R}{}$　　나. $\dfrac{\sqrt{R^2+X_L^2}X_L}{}$

다. $\dfrac{R}{\sqrt{R^2+X_L^2}}$　　라. $\dfrac{X_L}{\sqrt{R^2+X_L^2}}$

해설

$$\cos\theta=\frac{G}{Y}=\frac{X_L}{\sqrt{R^2+X_L^2}}$$

정답 라

35 그림의 회로에서 a, b 간에 흐르는 전류는 몇 [A]인가?

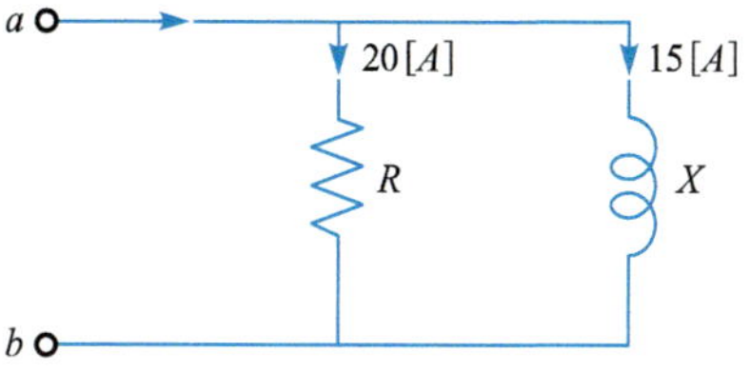

가. 25
나. 30
다. 35
라. 40

해설

$$I=\sqrt{I_R^2+I_X^2}=\sqrt{20^2+15^2}=25[\mathrm{A}]$$

정답 가

36 저항 4[Ω]과 유도리액턴스 3[Ω]이 병렬로 접속된 회로의 임피던스는 몇 [Ω]인가?

가. 1.2　　나. 2.4　　다. 3.6　　라. 5

해설

$$Z=\frac{1}{Y}=\frac{1}{\sqrt{G^2+B_L^2}}=\frac{1}{\sqrt{\left(\frac{1}{R}\right)^2+\left(\frac{1}{X_L}\right)^2}}=\frac{1}{\sqrt{\left(\frac{1}{4}\right)^2+\left(\frac{1}{3}\right)^2}}=2.4[\Omega]$$

정답 나

37 그림과 같은 회로에 전압 $v=\sqrt{2}\sin wt$[V]을 인가하였다. 다음 중 옳은 것은?

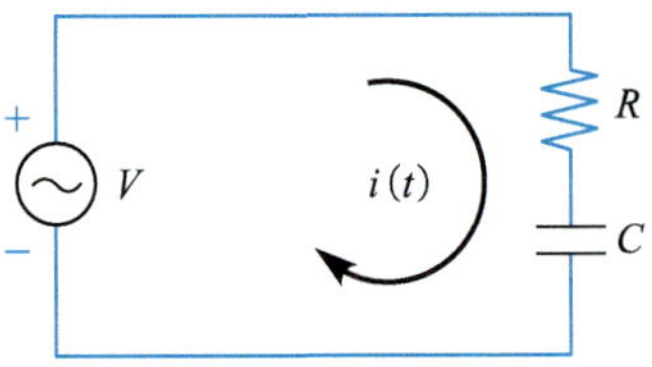

가. 역률 $\cos\theta=\frac{R}{\sqrt{R^2+wC^2}}$

나. i의 실효치 $I=\frac{V}{\sqrt{R^2+wC^2}}$

다. 전압과 전류의 위상차 $\theta=\tan^{-1}\frac{R}{wC}$

라. 전압 평형방정식 $Ri+\frac{1}{C}\int idt=\sqrt{2}\sin wt$

정답 라

38 그림과 같은 회로의 공진조건은?

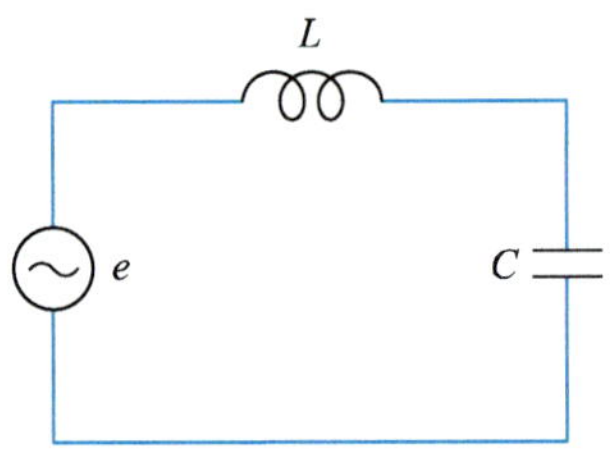

가. $\frac{1}{wL}=wC+1$

나. $wL=wC$

다. $wL=\frac{1}{wC}$

라. $wC=\frac{wL}{R^2+w^2L}$

해설

공진조건 $X_L=X_C$

$$wL=\frac{1}{wC}\ ,\quad 2\pi fL=\frac{1}{2\pi fC}$$

정답 다

39 회로에서 전류 I는 몇 [A]인가?

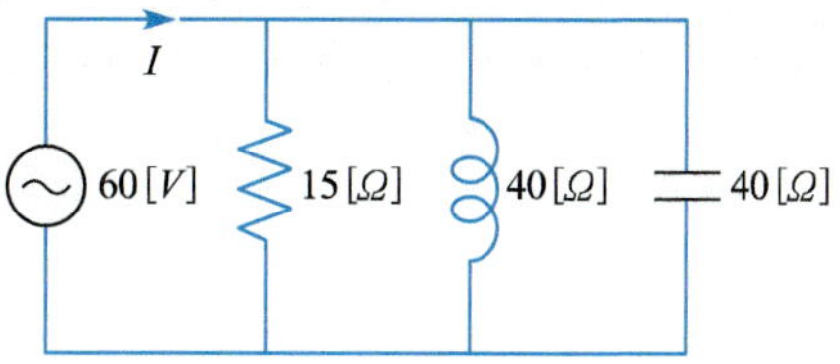

가. 2
나. 3
다. 4
라. 5

해설

공진이므로 $I=\frac{V}{R}=\frac{60}{15}=4[A]$

정답 다

40 LC 직렬공진 시 공진주파수를 나타낸 식으로 옳은 것은?

가. $f_o=\frac{1}{2\pi\sqrt{LC}}$

나. $f_o=\frac{2\pi}{\sqrt{LC}}$

다. $f_o=\frac{1}{2\pi^2\sqrt{LC}}$

라. $f_o=\frac{4\pi}{\sqrt{LC}}$

정답 가

41 LC 회로에서 L 또는 C를 증가시키면 공진주파수는 어떻게 되는가?

가. 증가한다.
나. 감소한다.
다. L에 반비례한다.
라. 불변이다.

정답 나

42 RCL회로에서 직렬공진일 때의 조건으로 틀린 것은?

가. 임피던스분이 "0" 이다.
나. 리액턴스분이 "0" 이다.
다. 전류와 전압의 위상이 같다.
라. 임피던스에서 저항성분만 남는다.

해설

-직렬공진: 임피던스는 최소, 전류는 최대
-병렬공진: 어드미턴스는 최대, 전류는 최소

정답 가

43 그림과 같은 브릿지 회로가 평형하기 위한 Z의 값은?

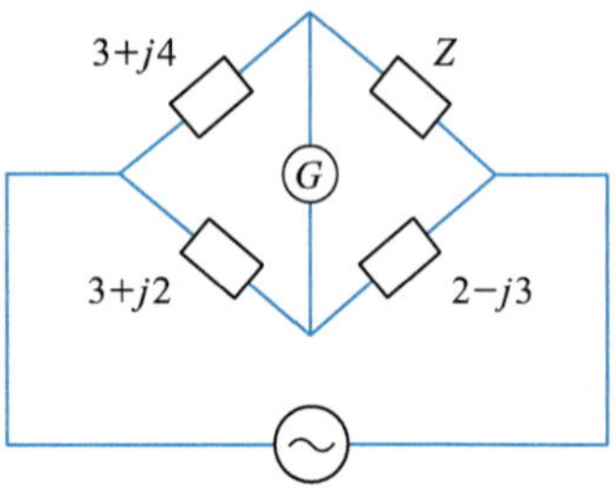

가. $2 + j4$
나. $-2 + j4$
다. $4 + j4$
라. $4 - j2$

해설

브릿지가 평행이므로

$(3 + j4)(2 - j3) = Z(3 + j2) \Rightarrow Z = 4 - j2$

정답 라

44 $v = 141\sin wt$[V]로 표시되는 교류저항을 20[Ω]에 인가할 때, 소비되는 전력은 몇 [W]인가?

가. 300　나. 400　다. 500　라. 600

해설

$$P = \frac{V^2}{R} = \frac{\left(\frac{1}{\sqrt{2}}V_m\right)^2}{R} = \frac{\left(\frac{141}{\sqrt{2}}\right)^2}{20} = 500[\text{W}]$$

정답 다

45 다음 회로에서 소비되는 전력은 몇 [W]인가?

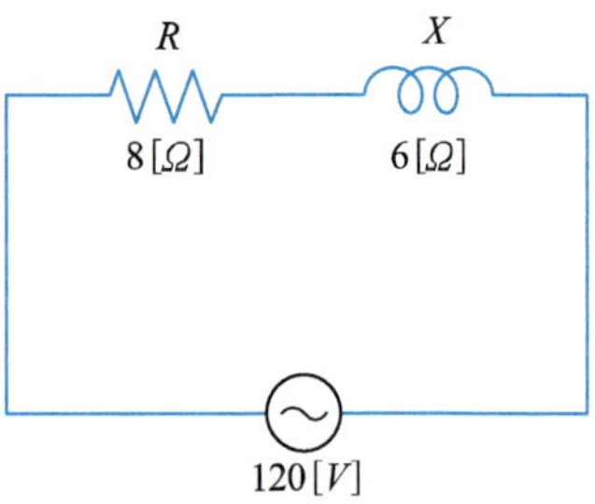

가. 1152
나. 1000
다. 864
라. 96

해설

$$I = \frac{V}{Z} = \frac{V}{\sqrt{R^2 + X_L^2}} = \frac{120}{\sqrt{8^2 + 6^2}} = \frac{120}{10} = 12[\text{A}]$$

$$P = I^2R = 12^2 \times 8 = 1152[\text{W}]$$

정답 가

46 저항 R=4[Ω], 인덕턴스 L=8[mH]인 코일에 100[V], 60[Hz]인 전압이 공급될 때 유효 전력은 몇 [kW]인가?

가. 0.8　　나. 1.2　　다. 1.6　　라. 2.0

해설

$$X_L = wL = 2\pi fL = 2\pi \times 60 \times 8 \times 10^{-3} = 3[\Omega]$$

$$I = \frac{V}{Z} = \frac{V}{\sqrt{R^2 + X_L^2}} = \frac{100}{\sqrt{4^2+3^2}} = \frac{100}{5} = 20[\text{A}]$$

$$P = I^2R = 20^2 \times 4 = 1600[\text{W}] = 1.6[\text{kW}]$$

정답 다

47 100[V]의 교류전원에 1[kW]의 배연용 배풍기를 접속하였더니 15[A]의 전류가 흘렀다. 이 배풍기의 역률은 얼마인가?

가. 0.87　　나. 0.77　　다. 0.67　　라. 0.57

해설

$$P = VI\cos\theta \Rightarrow \cos\theta = \frac{P}{VI} = \frac{1 \times 10^3}{100 \times 15} = 0.67$$

정답 다

48 전압 $v = 100\sqrt{2}\sin wt$[V]가 인가된 회로에 $I = 10\sin(wt-30)$가 흐를 때, 소비전력은 몇 [W]인가?

가. 283　　나. 612　　다. 1000　　라. 1414

해설

$$P = VI\cos\theta \Rightarrow \frac{1}{\sqrt{2}} \times 100\sqrt{2} \times \frac{1}{\sqrt{2}} \times 10 \times \cos 30 = 612[\text{W}]$$

정답 나

49 어느 회로의 유효전력 P=80[W]이고, 무효전력 P_r =60[Var]이라면 이때 역률의 값은?

가. 0.8　　나. 0.6　　다. 0.5　　라. 0.45

해설

$$\cos\theta = \frac{P}{P_a} = \frac{P}{\sqrt{P^2+P_r^2}} = \frac{80}{\sqrt{80^2+60^2}} = \frac{80}{100} = 0.8$$

※ P[W]: 유효전력, 소비전력, 평균전력, 전력

P_a[VA]: 피상전력, P_r[var]: 무효전력

정답 가

50 어떤 회로에 전압 V를 인가할 경우에 전류 I가 회로에 흐른다면 $P_a = \overline{V}I = P + jP_r$에서 $P_r > 0$이다. 이 회로는 어떤 부하인가?

가. 순저항　　나. 유도성　　다. 용량성　　라. 무용량성

해설

복소전력 $P_a = \overline{V}I = V\overline{I} = P \pm P_r$

- $V\overline{I} \Rightarrow P_r > 0$　유도성, $P_r < 0$ 용량성, $P_r = 0$ 저항성
- $\overline{V}I \Rightarrow P_r > 0$　용량성, $P_r < 0$ 유도성, $P_r = 0$ 저항성

정답 다

51 전압 $E = 10 + j5$[V], 전류 $I = 5 - j2$ [A]일 때, 소비전력 P[W]와 무효전력 Q[Var]는 각각 얼마인가?

가. P=30, Q=40　　나. P=40, Q=45
다. P=50, Q=20　　라. P=60, Q=5

해설

복소전력 $P_a = \overline{V}I = V\overline{I} = P \pm P_r$이므로 $(10+j5)(5-j2) = 60+j5$

정답 라

52 어떤 부하의 피상전력이 5[kVA]이고, 무효전력이 3[kVar]일 때, 유효전력은 몇 [kW]인가?

가. 3　　나. 4　　다. 8　　라. 16

해설

$$P = \sqrt{P_a^2 - P_r^2} = \sqrt{5^2 - 3^2} = 4[\text{kW}]$$

정답 나

53 22[kVA]의 부하에 대한 역률이 0.8이라면, 이때 무효전력은 몇 [kVar]인가?

가. 13.2　　나. 15.2　　다. 17.2　　라. 20.2

해설

$$P_r = \sqrt{P_a^2 - P^2} \Rightarrow \sqrt{22^2 - 17.6^2} = 13.2 \quad [\text{Kvar}]$$

$$\cos\theta = \frac{P}{P_a} \Rightarrow P_a \cos\theta = 22 \times 0.8 = 17.6 \quad [\text{Kw}]$$

정답 가

54 전압 200[V], 전류 50[A]이고, 8[kW]의 전력을 소비하는 회로의 리액턴스 X는 몇 [Ω]인가?

가. 4　　나. 3.2　　다. 2.4　　라. 2.6

해설

$$P_r = I^2 X \Rightarrow X = \frac{P_r}{I^2} = \frac{\sqrt{P_a^2 - P^2}}{I^2} = \frac{\sqrt{(200 \times 50)^2 - (8 \times 10^3)^2}}{50^2} = 2.4 \ [\Omega]$$

정답 다

55 다음의 회로에서 각 계기의 지시값이 ⓥ=240[V], Ⓐ=5[A], W=720[W]라면, 이 회로의 무효전력은 몇 [Var]인가?

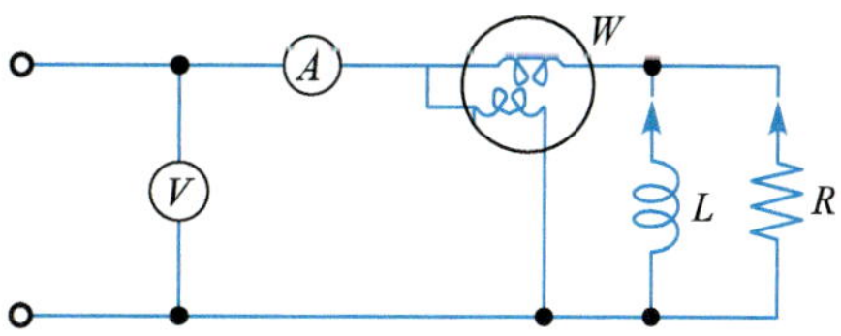

가. 480　　나. 720　　다. 960　　라. 1200

해설

$$P_r = \sqrt{P_a^2 - P^2} = \sqrt{(240 \times 5)^2 - (720)^2} = 960[\text{var}]$$

정답 다

56 어느 전동기가 회전하고 있을 때, 전압 및 전류의 실효값이 각각 50[V], 3[A]이고, 역률은 0.8인 경우 무효전력은 몇 [Vav]인가?

가. 150　　나. 120　　다. 90　　라. 70

해설

$$P_r = \sqrt{P_a^2 - P^2} = \sqrt{150^2 - 120^2} = 90[\text{var}]$$

$$\cos\theta = \frac{P}{P_a} \Rightarrow P = P_a \cos\theta = 150 \times 0.8 = 120 \ [\text{w}]$$

정답 다

57 그림의 회로에서 교류전압 100[V], 역률 80[%]일 때, 이 부하가 3[시간]동안 소비하는 전력량은 몇 [kWh]인가?

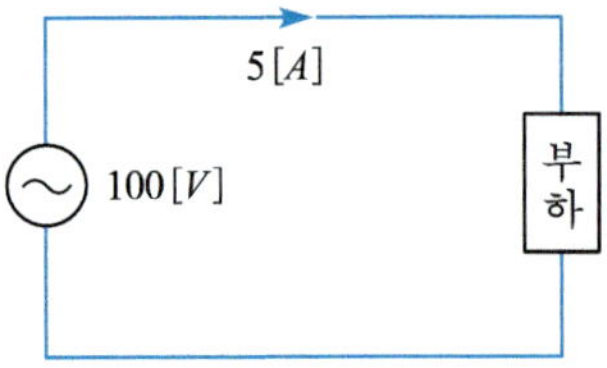

가. 0.4
나. 0.8
다. 1.2
라. 1.6

해설

$$W = Pt = VI\cos\theta t = 100 \times 5 \times 0.8 \times 3 = 1200[\text{Wh}] = 1.2[\text{kWh}]$$

정답 다

58 역률 0.6, 300[W] 단상부하에서 50[분] 간의 무효전력량은 약 몇[Kvar·h]인가?

가. 0.33　　나. 0.5　　다. 1　　라. 1.5

해설

$$\cos\theta = \frac{P}{P_a} \Rightarrow P_a = \frac{P}{\cos\theta} = \frac{300}{0.6} = 500 \quad [\text{var}]$$

$$W_r = P_r t = \sqrt{Pa^2 - P^2}\, t = \sqrt{500^2 - 300^2} = 400 \times 50 \times 10^{-3} \times 1/60 = 0.33[\text{Kvar} \cdot \text{h}]$$

정답 가

59 2개 이상의 전원을 포함한 회로에서 어떤 점의 전위 또는 전류는 각 전원이 단독으로 존재한다고 했을 때, 그 점의 전위 또는 전류의 합과 같다는 것은?

가. 키르히호프 법칙　　나. 노턴의 정리
다. 테브난의 정리　　라. 중첩의 원리

해설

중첩의 원리 : 2개 이상의 전원을 포함한 회로에서 어떤 점의 전위 또는 전류는 각 전원이 단독으로 존재한다고 했을 때, 그 점의 전위 또는 전류의 합과 같다.

정답 라

60 테브난의 정리와 쌍대의 관계가 있다는 것은 다음 중 어느 것인가?

가. 중첩의 원리　　나. 키르히호프 법칙
다. 노턴의 정리　　라. 밀만의 정리

해설

- 테브난의 정리: 전압원과 내부저항 직렬연결
- 노턴의 정리: 전류원과 내부저항 병렬연결이므로 테브난의 정리와 노턴의 정리는 서로 쌍대의 관계가 있다.

정답 다

61 그림과 같은 회로에서 a, b에 나타나는 전압은 몇 [V]인가?

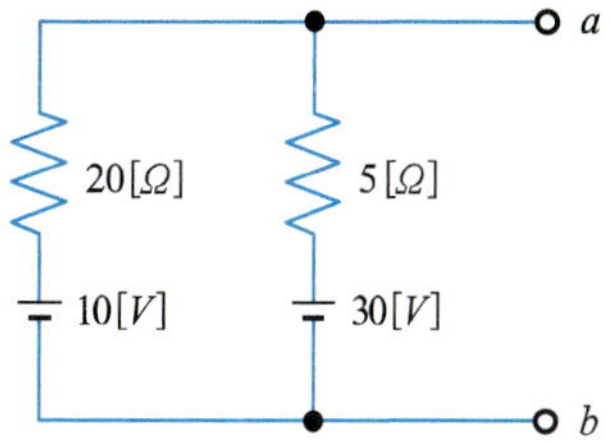

가. 20
나. 23
다. 26
라. 28

해설

밀만의 정리 : 병렬회로에서 전압을 구할 때 사용

$$V_{ab} = \frac{\frac{E_1}{Z_1}+\frac{E_2}{Z_2}+\frac{E_3}{Z_3}+\frac{E_n}{Z_n}}{\frac{1}{Z_1}+\frac{1}{Z_2}+\frac{1}{Z_3}+\frac{1}{Z_n}}[\mathrm{V}] = \frac{\frac{10}{20}+\frac{30}{5}}{\frac{1}{20}+\frac{1}{5}} = 26[\mathrm{V}]$$

정답 다

62 그림에서 저항 20[Ω]에 흐르는 전류는 몇 [A]인가?

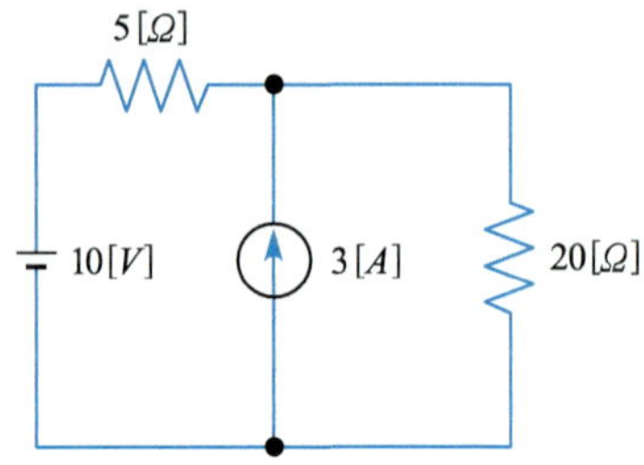

가. 0.4
나. 0.6
다. 1.0
라. 5.0

해설

중첩의 원리 : 2개 이상의 전원을 포함한 회로에서 어떤 점의 전위 또는 전류는 각 전원이 단독으로 존재한다고 했을 때, 그 점의 전위 또는 전류의 합과 같다.

⇒ 전압원 단락, 전류원 개방

① 전압원 단락 : $I' = \dfrac{R_1}{R_1 + R_2} \times I = \dfrac{5}{5+20} \times 3 = 0.6[\text{A}]$

② 전류원 개방 : $I'' = \dfrac{V}{R_0} = \dfrac{10}{25} = 0.4[\text{A}]$이므로

$\therefore I = I' + I'' = 0.6 + 0.4 = 1[\text{A}]$

정답 다

63 그림에서 1[Ω]의 저항단자에 걸리는 전압의 크기는 몇 [V]인가?

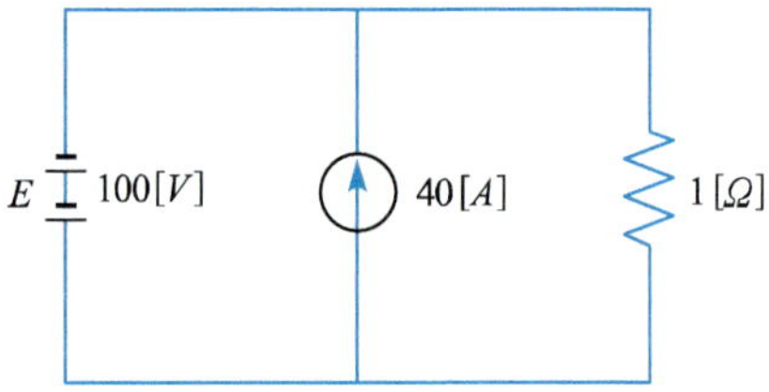

가. 30
나. 40
다. 60
라. 100

해설

중첩의 원리이므로 전압원 단락, 전류원 개방

① 전압원 단락 : $V' = 0[\text{V}]$

② 전류원 개방 : $V'' = 100[\text{V}]$이므로

$\therefore V = V' + V'' = 0 + 100 = 100[\text{V}]$

정답 라

64 그림과 같은 회로에서 12[V]의 전압원이 공급하는 전력[W]은?

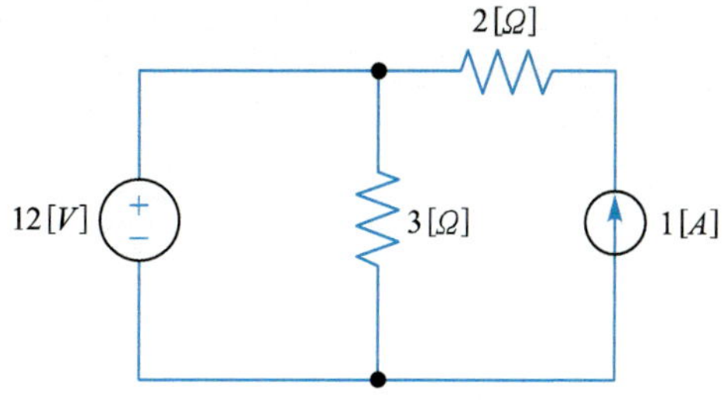

가. 12
나. 24
다. 36
라. 48

해설

중첩의 원리이므로 전압원 단락, 전류원 개방

① 전압원 단락 : $P'=0[\text{W}]$

② 전류원 개방 : $P''=\dfrac{V^2}{R}=\dfrac{12^2}{3}=48[\text{W}]$이므로

$\therefore P=P'+P''=0+48=48[\text{W}]$

정답 라

65 동력용 전원으로 사용하는 사용 3상 교류전원의 상간 위상차는 몇 도인가?

가. 60　　나. 120　　다. 180　　라. 240

해설

$120° =2\pi/3(\text{rad})$

정답 나

66 Δ결선된 부하를 Y 결선으로 하면, 소비전력은 어떻게 되는가?

가. 3배　　나. $\frac{1}{3}$배　　다. 9배　　라. 1/9배

해설

- Y결선(스타결선, 성형결선)은 $I_l=I_P$, $V_l=\sqrt{3}\,V_P$.
- Δ(델타결선, 삼각결선)은 $V_l=V_P$, $I_l=\sqrt{3}\,I_P$ 이므로 $\Delta=3Y \Rightarrow Y=\dfrac{1}{3}\Delta$

※ V_P[V]: 상전압, V_l[V]: 선간전압, I_P[A]: 상전류, I_l[A]: 선전류

정답 나

67 3상유도전동기의 1차권선의 결선을 Δ결선에서 Y결선으로 바꾸면 시동토크는 약 몇 [%]가 되겠는가?

가. 25　　나. 30　　다. 33　　라. 35

해설

$\Delta = 3Y \Rightarrow Y = 1/3\Delta = 0.33 = 33\ \%$

정답 다

68 3상유도전동기의 출력이 10[Hp], 전압 200[V], 효율 90[%], 역률 85[%]일 때, 이 전동기에 유입되는 선전류는 몇 [A]인가?

가. 16　　나. 18　　다. 20　　라. 28

해설

$P = \sqrt{3}\, V_l I_l \cos\theta\eta\, [\mathrm{W}]$

$$\Rightarrow I_l = \frac{P}{\sqrt{3}\, V_l \cos\theta \cdot \eta} = \frac{10 \times 746}{\sqrt{3} \times 200 \times 0.85 \times 0.9} = 28[\mathrm{A}]$$

※ 1[HP]=746[W], 1[PS]=735[W]

정답 라

69 한 상의 임피던스가 6+j8[Ω]인 평형 Δ부하에 대칭인 선간전압 200[V]를 가하면, 3상 전력은 몇 [kW]인가?

가. 2　　나. 2.4　　다. 4.2　　라. 7.2

해설

$P = 3I_P^2 R \Rightarrow 3 \times 20^2 \times 6 = 7200[\mathrm{W}] = 7.2[\mathrm{KW}]$

$$I_P = \frac{V_P}{Z_P} = \frac{V_P}{\sqrt{R^2 + X^2}} = \frac{200}{\sqrt{6^2 + 8^2}} = \frac{200}{10} = 20[\mathrm{A}]$$

※ Δ(델타결선, 삼각결선)은 $V_l = V_P$, $I_l = \sqrt{3}\, I_P$

정답 라

70 3상 3선식 200[V] 회로에서 10[Ω]의 전열선을 그림과 같이 접속했을 때 선전류는 몇 [A]인가?

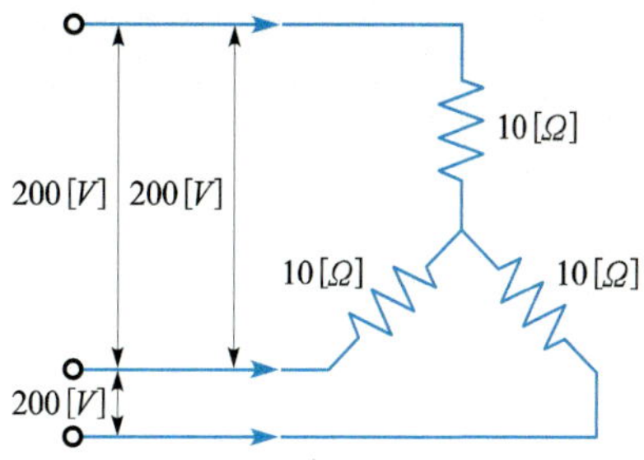

가. 12
나. 20
다. 35
라. 40

해설

$$I_P = \frac{V_P}{R_P} = \frac{\frac{V_l}{\sqrt{3}}}{R_P} = \frac{\frac{200}{\sqrt{3}}}{10} = 12[\text{A}].\ I_l = I_p \text{이므로 } I_l = 12[\text{A}]$$

※ Y 결선(스타결선, 성형결선)은 $I_l = I_p$. $V_l = \sqrt{3}\,V_p$.

정답 가

71 저항 R[Ω]의 3개를 3각 결선한 부하에 3상 전압 E[V]를 인가한 경우 선전류는 몇 [A]인가?

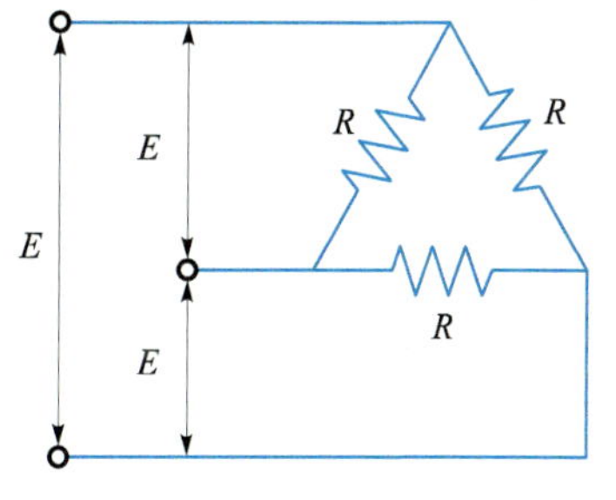

가. $\frac{E}{\sqrt{3}R}$
나. $\frac{E}{R}$
다. $\frac{\sqrt{3}E}{R}$
라. $\frac{3E}{R}$

해설

$$I_P = \frac{E}{R_P} \Rightarrow \frac{I_l}{\sqrt{3}} = \frac{E}{R_P} \Rightarrow I_l = \frac{\sqrt{3}E}{R}$$

※ Δ(델타결선, 삼각결선)은 $V_l = V_P$. $I_l = \sqrt{3}\,I_P$

정답 다

72 대칭 3상 교류의 성형결선에서 선간전압이 220[V]일 때의 상전압은 몇 [V]인가?

가. 116
나. 127
다. 172
라. 200

해설

$$V_l = \sqrt{3}\,V_P \Rightarrow V_P = \frac{V_l}{\sqrt{3}} = \frac{220}{\sqrt{3}} = 127[\text{V}]$$

정답 나

73 대칭 3상 Y부하에서 각 상의 임피던스 $Z=30[\Omega]$이고, 부하전류가 8[A]일 때, 부하의 선간전압은 몇 [V]인가?

가. 460　　나. 415　　다. 380　　라. 240

해설

$V_P = I_P Z_P = 8\times 30 = 240[\text{V}]. \Rightarrow V_l = \sqrt{3}\,V_P = \sqrt{3}\times 240 = 415[\text{V}]$

정답 나

74 저압단상 3선식 회로의 중성선에는?

가. 퓨즈를 사용하면 안 된다.
나. 다른 선 퓨즈의 $\frac{1}{2}$배 용량의 퓨즈를 사용한다.
다. 다른 선 퓨즈의 2배 용량의 퓨즈를 사용한다.
라. 다른 선 퓨즈와 같은 용량의 퓨즈를 사용한다.

해설

단상 3선식 회로의 중성선에는 동선으로 연결하여야 한다. 그 이유는 전압불평형으로 인한 기기 소손 방지

정답 가

75 단상 변압기 3대를 결선하여 Δ 부하에 전력을 공급하고 있다. 변압기 1대의 고장으로 2대를 V 결선하였다면 고장 전의 몇 (%) 출력이 가능한가?

가. 57.7　　나. 66.7　　다. 75.0　　라. 86.8

해설

V결선 이용률 : 86.6(%), 출력비 : 57.7(%), 출력 : $P_V = \sqrt{3}\,P_1$

※ P_1: 한상의 용량

정답 가

76 V결선 변압기의 이용률은?

가. 67[%]　　나. 77[%]　　다. 86[%]　　라. 96[%]

정답 다

77 10[kVA]의 변압기 2대로 공급할 수 있는 최대 3상전력은 몇 [kVA]인가?

가. 20　　나. 17.3　　다. 14.1　　라. 10

해설

$$P_V = \sqrt{3}\,P_1 = \sqrt{3} \times 10 = 17.3[\text{kVA}]$$

정답 나

78 단상변압기(용량 100[kVA]) 3대를 Δ결선으로 운전하던 중 한 대가 고장이 생겨 V결선을 하였다. 이때의 출력은 몇 [kVA]인가?

가. 200　　나. 300　　다. $100\sqrt{3}$　　라. $200\sqrt{3}$

해설

$$P_V = \sqrt{3}\,P_1 = \sqrt{3} \times 100 = 100\sqrt{3}[\text{kVA}]$$

정답 다

CHAPTER 04

자동제어 및 시퀀스 제어

CHAPTER
04 자동제어 및 시퀀스 제어

4.1 자동 제어계의 정의

자동제어란 제어기를 통하여 자동으로 목표값을 추정하거나 목표값을 얻어내어 출력하는 시스템을 의미한다. 자동제어를 위해서는 출력값에 대한 입력측으로의 피드백 여부에 따라 개회로 제어계와 폐회로제어계로 구분할 수 있다. 즉 입력 요소와 출력 요소의 비교부분이 있는지 여부에 따라 개회로 제어계와 폐회로 제어계로 구분된다.

(1) 개회로 제어계(open-loop system)

개회로 제어계는 아래 그림과 같이 출력의 제어량이 다시 입력측으로 되돌아오지 않고 그대로 출력하는 제어계를 말한다. 즉, 귀환요소(feedback 요소)가 없는 제어계를 의미하며 이러한 제어방식을 적용한 기기는 자동판매기, 전기세탁기, 전기난로 등이 있다.

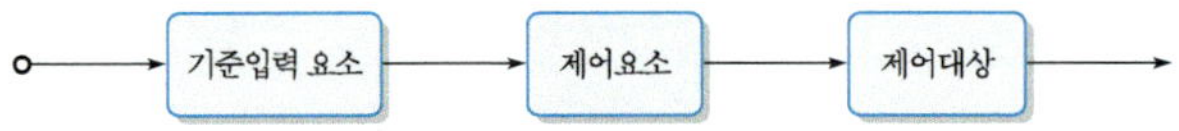

그림 4-1 개회로 제어계

(2) 폐회로의 제어계(closed-loop system)

제어계에서 출력측의 제어량 일부를 다시 입력측으로 보내서 목표값과 비교하여 다시 연산하도록 함으로써 신속히 목표값에 도달하도록 하는 제어계를 말한다. 전동기의 자동제어장치 등 많은 제어계가 이러한 제어방법을 적용한다.

다음 그림은 폐회로 제어계를 나타낸다.

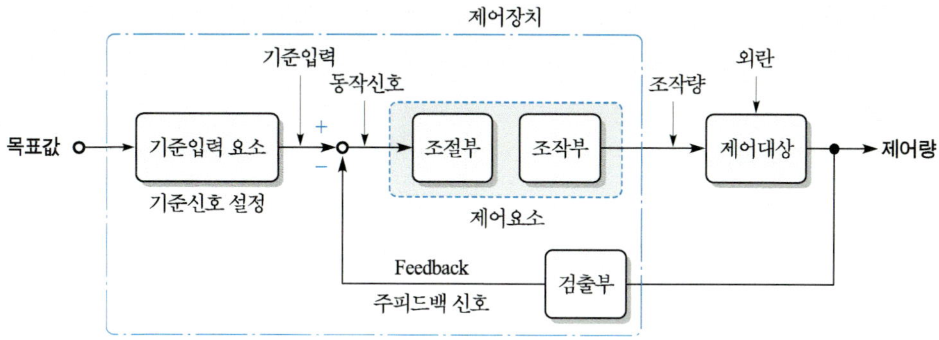

그림 4-2 폐회로 제어계

그림 4-2 폐회로 제어계의 그림에서 블록으로 표시된 각 부분의 명칭 및 기능에 대한 정의는 다음과 같다.

① **기준 입력 요소** : 기준 입력 신호를 발생하는 요소로서 설정부라고도 한다.

② **조절부** : 기준 입력과 검출부 출력을 조합하여 제어계가 소요의 작용을 하는데 필요한 신호를 만들어 조작부에 보내는 부분이다.

③ **조작부** : 조절부로부터 받은 신호를 조작량으로 바꾸어 제어 대상에 보내주는 부분이다.

④ **제어대상** : 자기는 제어 활동을 갖지 않는 출력발생장치로서 제어계에서 직접 제어를 받는 장치이다.

⑤ **검출부** : 제어량을 검출하여 주피드백 신호를 만드는 요소로서 검출부라고도 한다. 제어량을 검출하고 기준 입력 신호와 비교시키는 부분이다.

또한 그림에 제어계에서 표시된 각 부분의 입력 및 출력부분에 대한 명칭 및 기능은 다음과 같다.

① **목표값** : 제어량이 그 값을 갖도록 목표를 해서 외부에서 주어지는 값으로 피드백 제어계에 속하지 않는 신호이다.

② **주피드백 신호** : 제어량을 목표값과 비교하여 동작 신호를 얻기 위해 피드백되는 신호이다.

③ **동작 신호** : 기준 입력과 주피드백 신호와의 차로써 제어 동작을 일으키는 신호로 편차라고도 한다.

④ **제어 요소** : 동작 신호를 조작량으로 변환하는 요소로서, 조절부와 조작부로 이루어진다.

⑤ **조작량** : 제어 장치가 제어 대상에 가하는 제어 신호로서, 제어 장치의 출력인 동시에 제어 대상의 입력이 된다.

⑥ **외란** : 제어량의 값을 교란시키려 하는 외적 작용이다.

⑦ **제어량** : 제어를 받는 제어계의 출력량으로서 제어 대상에 속하는 양이다.

4.2 자동 제어의 분류

자동 제어계를 제어대상 제어량의 성질에 따라 나누면 프로세스 제어, 서보기구, 자동조정의 3가지로 나눌 수 있다.

(1) 제어대상, 제어량 성질에 따른 분류

① **프로세스 제어**

프로세스 제어는 온도, 유량, 압력, 액위면, 농도, 밀도 등을 제어량으로 하는 제어로서 플랜트나 생산 공정 중의 상태량을 제어량으로 하는 제어 방법이다.

② **서보기구(Servo-mechanism)**

서보기구는 목표값이 변화할 경우 그 변화를 추종하여 제어하는 방법을 말한다. 즉, 미사일의 추적, 레이더 등과 같이 어떤 물체의 위치, 방위, 자세 등을 제어한다.

③ **자동조정(Automatic regulation)**

자동조정 제어 방식은 전압, 주파수, 회전속도, 힘 등 전기 및 기계적 양을 주로 제어하는 방식이다. 이러한 방식은 정전압 장치, 회전속도제어 등에 이용된다.

(2) 목표값의 성질에 따른 분류

① **정치 제어** - 프로세스 제어, 자동 제어가 해당되며 일정 값을 유지하며 제어

② **추정 제어** - 서보기구 등 목표치를 따라가며 제어

③ **프로그램 제어** - 목표값 변화가 미리 정해져 있는 경우 제어

④ **비율 제어** - 정해진 비율에 의한 제어

4.3 제어요소 및 제어 동작

(1) 제어요소

① **기계적 요소** : 스프링 다이어프램, 벨로스, 노즐 등

② **전기적 요소** : 전자석, 코일, 계전기, 열전대 등

(2) 제어동작에 의한 분류

① **비례 제어(Proportional control)**

"P" 제어라고도 하며 귀환 요소를 비례적으로 제어하는 방식이다. 잔류 편차가 존재하게 된다.

$$X_0 = K_p \cdot X_i$$

특징
- 제어계의 정상편차를 개선
- 안정도가 나빠짐.
- 설정값과 제어 결과, 즉 검출값 편차의 크기에 비례하여 조작부를 제어하는 것으로 정상 오차를 수반한다. 사이클링은 없으나 오프셋을 일으킨다.

② **적분제어(Integral Control)**

"I" 제어라고도 하며 귀환요소를 적분하여 제어한다. 잔류 편차를 억제하기 위한 제어 방식이다.

$$X_0 = \frac{1}{T_I}\int X_i dt$$

(T_I : 적분시간)

특징
- P(비례)제어보다 안정도가 나쁨.
- 오차의 크기와 오차가 발생하고 있는 시간에 둘러싸인 면적, 즉 적분값의 크기에 비례하여 조작부를 제어하는 것으로 오프셋을 소멸시킨다.

③ **미분제어 (Differential Control)**

$$X_0 = T_D \cdot \frac{dX_i}{dt}$$

특징 • 제어 오차가 검출될 때 오차가 변화하는 속도에 비례하여 조작량을 가감하는 동작으로서 오차가 커지는 것을 미연에 방지하며 오프셋을 일으킨다.

④ **PI 제어**

비례적분 제어방식이다. 이 제어방식의 출력 식은 다음과 같다.

$$X_0 = K_p\left(X_1 + \frac{1}{T_I}\int X_i dt\right)$$

$\frac{1}{T_I}$: reset rate라 하며 분당 반복 횟수를 나타낸다.

특징 • 비례 동작에 의해 발생하는 오프셋을 소멸시키기 위해 적분 동작을 부가시킨 제어동작으로서 제어결과가 진동적으로 되기 쉽다.

⑤ **PD 제어**

이 제어 방식은 비례미분 제어 방식이다. 이 제어 방식의 출력 식은 다음과 같다.

$$X_0 = K_p\left(X_i + T_D\frac{dX_i}{dt}\right)$$

특징 • 이 방식은 서보기구의 진상 요소에 적용하며 속응성 개선에 사용된다.
• 제어결과에 빨리 도달하도록 미분 동작을 부가한 동작이다.

⑥ **PID 제어**

이 제어 방식은 비례미분적분 제어 방식이다. 부동작 시간 또는 전달 지연이 있는 프로세서에서도 안전성이 향상되고, 잔류 편차가 제거되며 정상특성과 속응성을 동시에 개선할 수 있다.

특징 • 소비시간이 큰 제어대상인 경우 비례 적분 동작의 제어결과가 진동적으로 되기 쉬우므로 이 결점을 방지하기 위한 것으로 온도 제어, 농도 제어 등에 사용된다.

4.4 블록 선도(block diagram)

블록 선도는 제어계 내의 각 신호의 전달 모양을 표시하는 것이다.

(1) 기호

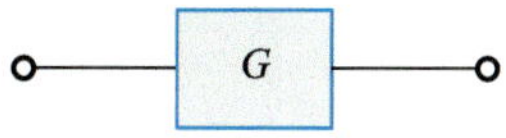

그림 4-3 전달요소

위의 그림의 G는 전달요소로서 입력 신호에 대하여 변환된 출력 신호를 생성하게 한다.

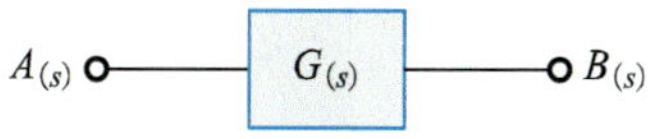

그림 4-4

위의 그림 제어계에서 $A(s)$는 입력 요소이고 $B(s)$는 출력요소, $G(s)$는 전달함수이다. 따라서 이 제어계에서의 출력은

$$B(s)= G(s) \cdot A(s)$$ 가 된다.

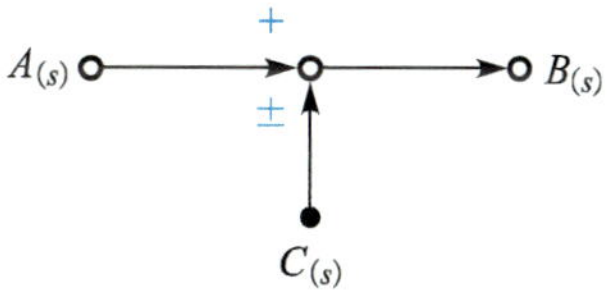

그림 4-5

위의 그림의 출력은 아래 식과 같이 얻어질 수 있다.

$$B(s)= A(s) \pm C(s)$$

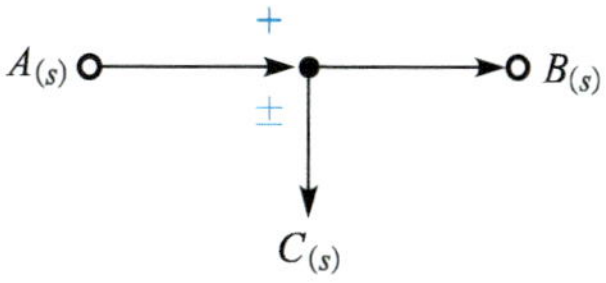

그림 4-6

위의 그림에 대한 출력 수식은 다음과 같이 정해진다.

$$A(s)= B(s) \pm C(s)$$

(2) 전달함수의 직 · 병렬 연결

① 전달함수의 직렬 연결

두 개의 전달함수가 직렬로 연결될 경우 합성전달함수는 다음 식 (4-1)과 같이 표현된다.

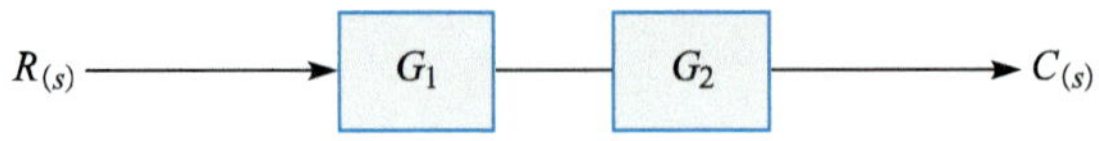

그림 4-7

$$C(s) = R(s) \cdot G(s)$$

$$G(s) = \frac{C(s)}{T(s)} = G_1 \cdot G_2(s) \qquad (4\text{-}1)$$

② 전달함수 병렬 연결

두 개의 전달함수가 병렬로 연결될 경우 합성 전달 함수는 다음 식 (4-2)와 같이 표현된다.

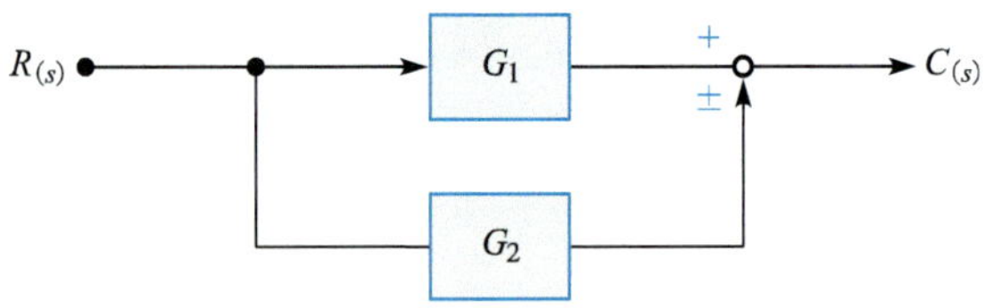

그림 4-8

$$C(s) = R(s) \cdot G(s)$$

$$G(s) = G_1 \pm G_2 \qquad (4\text{-}2)$$

③ **Feedback 요소**

출력요소가 다시 입력으로 돌아오는 제어 방식으로 합성 전달함수는 식 (4-3)과 같이 표현된다.

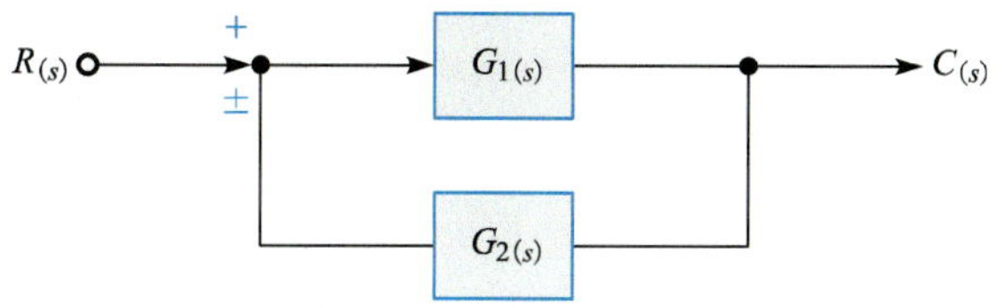

그림 4-9

$$C(s) = R(s) \cdot G_1 \pm C(s) \cdot G_2 \cdot G_1$$

$$R(s) \cdot G_1 = C(s) \mp C(s)G_2G_1 - C(s)(1 \mp G_2G_1)$$

$$G(s) = \frac{C(s)}{R(s)} = \frac{G_1(s)}{1 \mp G_1(s)G_2(s)} \tag{4-3}$$

④ 아래 그림의 블록선도에 대한 합성 선달함수는 식 (4-4)와 같이 정리된다.

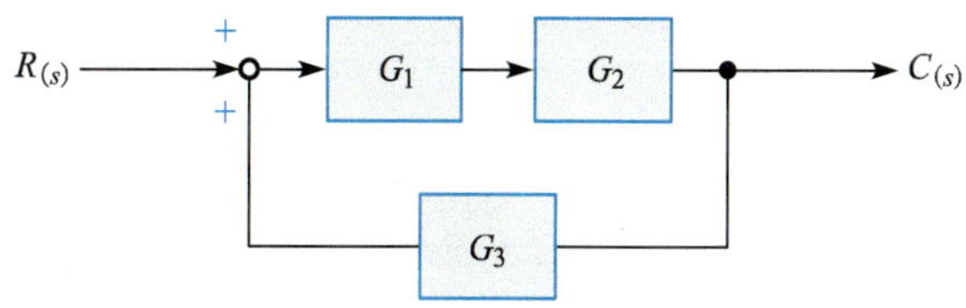

그림 4-10

$$C(s) = R(s) \cdot G_1 \cdot G_2 + C(s) \cdot G_3 \cdot G_1 \cdot G_2$$

$$R(s) \cdot G_1G_2 = C(s)(1 - G_1 \cdot G_2 \cdot G_3)$$

$$G = \frac{G_1 \cdot G_2}{1 - G_1G_2G_3} = \frac{C(s)}{R(s)} \tag{4-4}$$

또한 아래 그림에 대한 전달함수는 식 (4-5)와 같다.

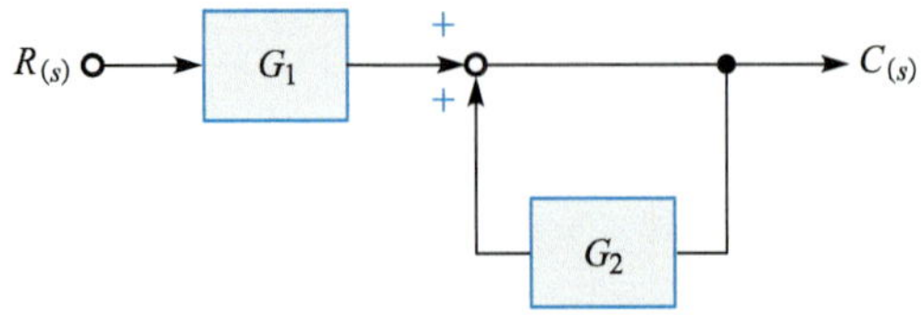

그림 4-11

$$G = \frac{G_1}{1 - G_2} = \frac{C(s)}{R(s)} \tag{4-5}$$

4.5 시퀀스 제어

시퀀스 제어는 미리 정해진 일정한 순서에 의해 제어하는 방식으로서 유접점 논리회로 및 무접점 논리회로를 이용하여 제어된다. 유접점 논리회로는 릴레이 스위치를 이용하여 동작되는데 릴레이 스위치의 동작원리는 다음과 같다.

(1) 릴레이 스위치의 구조

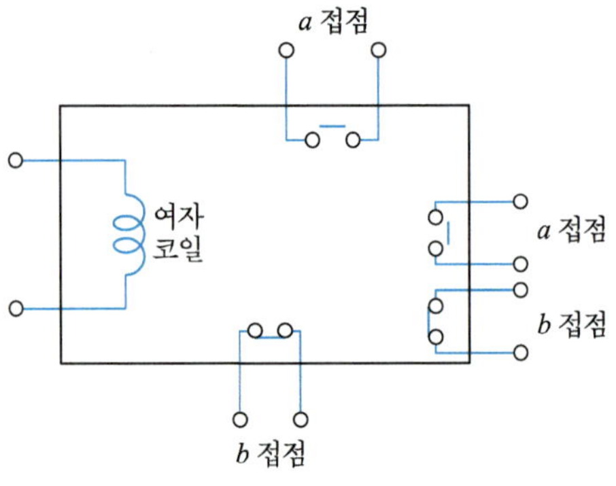

그림 4-12 릴레이 스위치의 구조

릴레이 스위치의 구조는 위의 그림과 같이 여자 코일과 접점으로 이루어져 있으며 여자 코일에 전류를 흘리면 접점이 동작하는 원리이다. 여기서, 시퀀스 제어를 위한 여러 개의 접점의 종류를 알아보도록 한다.

(2) 접점의 종류

명칭	a 접점	b 접점
스위치 명칭		
수동조작 자동복귀접점		
수동조작 수동복귀접점		
한시동작접점		

그림 4-13

(3) 논리 회로(AND, OR, NOT, NAND, NOR, XOR)

다음의 논리 게이트들은 무접점 회로에 이용되는 것으로 각각의 기능과 출력을 확인하여 유접점 회로와의 관계를 이해하여야 한다.

① AND

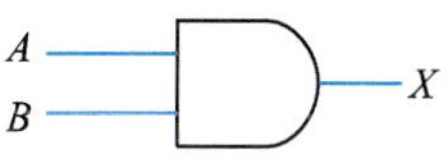

$X = A \cdot B$

진리표

A	B	X
0	0	0
0	1	0
1	0	0
1	1	1

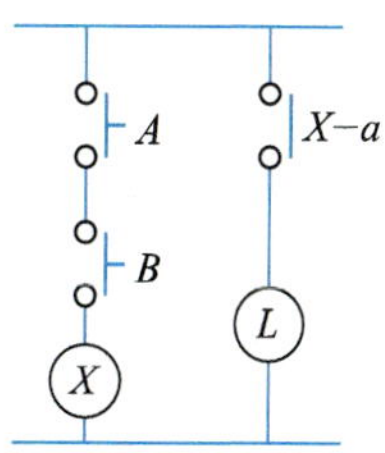

유접점 회로

② OR 회로

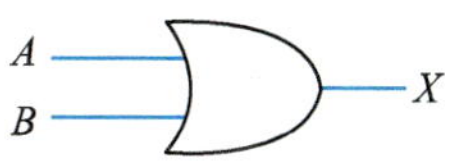

$X = A + B$

A	B	X
0	0	0
0	1	1
1	0	1
1	1	1

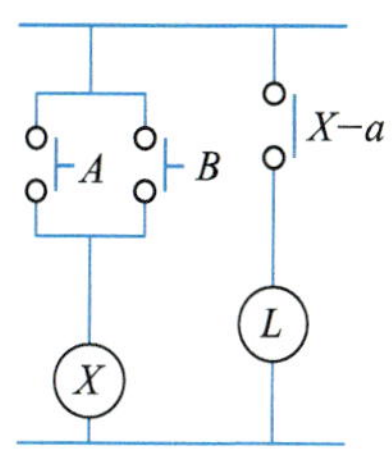

③ NOT 회로

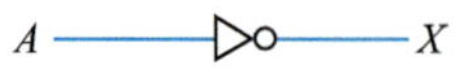

$X=\overline{A}$

A	X
0	1
1	0

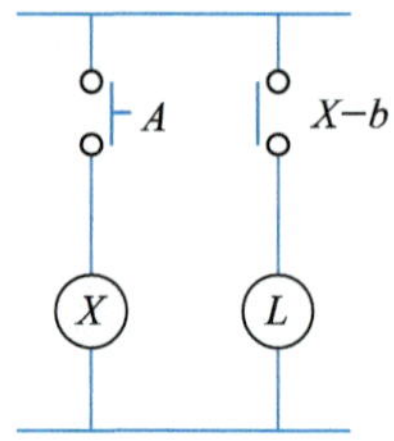

④ NAND

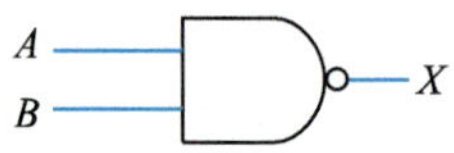

(심볼)

$X=\overline{A \cdot B}$

A	B	X
0	0	1
0	1	1
1	0	1
1	1	0

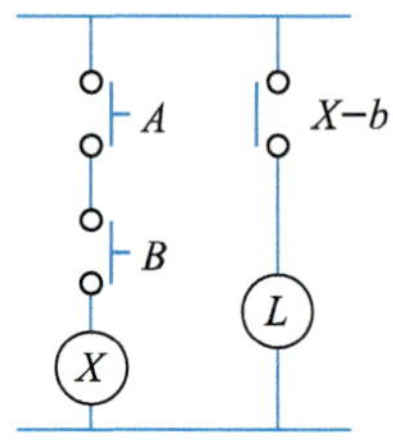

⑤ NOR

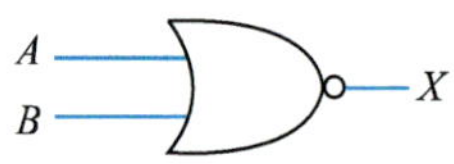

$X=\overline{A+B}$

A	B	X
0	0	1
0	1	0
1	0	0
1	1	0

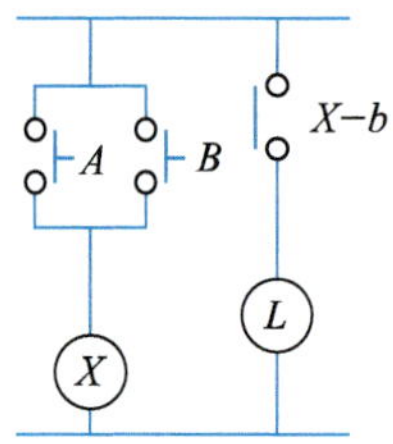

⑥ X−OR
(Exclusive OR)

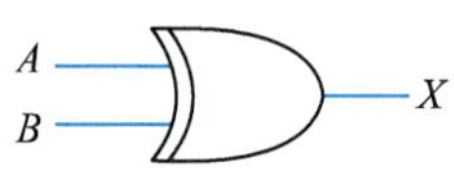

$X=A \oplus B$
$=\overline{A}B+A\overline{B}$

A	B	X
0	0	0
0	1	1
1	0	1
1	1	0

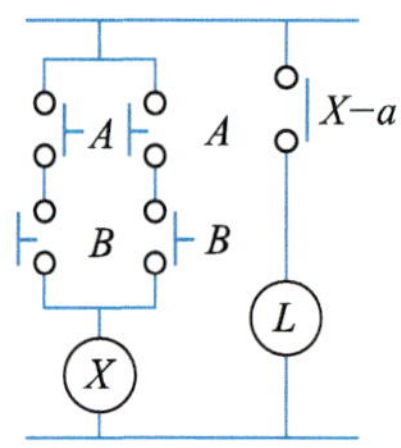

그림 4-14

(4) 불대수의 정리

논리회로 식은 불대수의 정리에 의하여 여러 가지 법칙들이 성립되며 이들의 관계를 이용하여 수식을 간략화하거나 변형시킬 수 있다.

① **교환 법칙** $A+B=B+A$

$A\cdot B=B\cdot A$

② **결합 법칙** $(A+B)+C=A+(B+C)$

$(A\cdot B)\cdot C=A\cdot(B\cdot C)$

③ **분배 법칙** $(A+B)\cdot(C+D)=AC+AD+BC+BD$

$A\cdot(B+C)=A\cdot B+A\cdot C$

④ $A+0=A$ $A\cdot 1=A$

⑤ $A+A=A$ $A\cdot A=A$

⑥ $A+1=1$ $A+\overline{A}=1$

⑦ $A\cdot 0=0$ $A\cdot\overline{A}=0$

⑧ De-Morgan의 법칙

$$\overline{A+B}=\overline{A}\cdot\overline{B} \qquad \overline{A\cdot B}=\overline{A}+\overline{B}$$

⑨ $A+A\cdot B=A$ $A\cdot(A+B)=A$

⑩ $(A+\overline{B})\cdot B=A\cdot B$

$A\cdot\overline{B}+B=A+B$

$$\begin{aligned}(\because A\overline{B}+B(1+A) &= A\cdot\overline{B}+B+A\cdot B\\ &= A(\overline{B}+B)+B\\ &= A+B\end{aligned}$$

⑪ $AB+A\overline{B}=A$

⑫ $(A+B)(A+\overline{B})=A$

⑬ $(A+B)(B+C)(C+A)=AB+BC+CA$

$$\begin{aligned}(\because \{(A+B)-B+(A+B)\cdot C\}(C+A) &= (B+BC+AC)(C+A)\\ &= (B+BC+AC)(C+A)\\ &= (B+AC)(C+A)=AB+BC+CA\end{aligned}$$

▶ 예제 4-1

논리식 $A(\overline{A}+B)$을 최소화하여라.

해답 $A(\overline{A}+B)=(A\overline{A})+(AB)$
$=0+(AB)=AB$

▶ 예제 4-2

그림과 같은 논리회로에서 F의 값은?

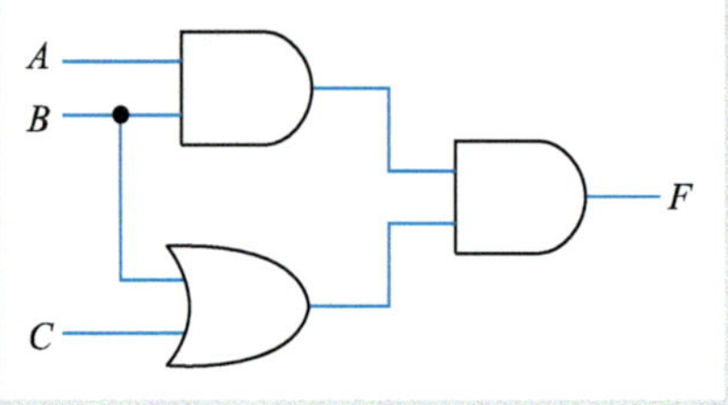

해답 A와 B는 AND이므로 곱하기,
B와 C는 OR이므로 더하기
$F=(A \cdot B)\cdot(B+C)$

CHAPTER 04 자동제어 및 시퀀스 제어 연습문제

1 저압간선에서 그 전선을 보호하기 위하여 무엇을 설치하는가?

가. 영상변류기　　나. 열동계전기　　다. 절연저항계　　라. 과전류차단기

해설

과전류차단기 : 전선보호

정답 라

2 분전반에 주개폐기가 필요할 때에는 어떤 개폐기를 사용하는가?

가. 자동차단기　　나. 배선용차단기　　다. 텀블러스위치　　라. 단로기

해설

배선용차단기(MCCB=MCB=NFB)

정답 나

3 저압옥내전로에 사용되는 배선용차단기의 사용 목적으로 옳은 것은?

가. 누전방지
나. 회로분기
다. 과부하 단락전류에 의한 과열 소손방지
라. 낙뢰 등의 이상 전압에 의한 위험방지

해설

배선용차단기(MCCB=MCB=NFB) 특징

- 과전류, 단락전류의 차단 성능이 우수하다.
- 수명이 길며 기기의 신뢰도가 크다.
- 퓨즈가 필요치 않으며 소형이다.
- 수동으로 복귀가 간단하다.

정답 다

4 과전류가 흐를 때 자동적으로 회로를 끊어서 보호하는 것으로 그 자신에 아무런 손상이 없이 다시 사용 가능한 것은?

가. 퓨즈(fuse)
나. 노퓨즈브레이커(NFB)
다. 계전기(Relay)
라. 나이프스위치(KS)

정답 나

5 소용량의 3상유도전동기의 과부하 보호로 가장 많이 사용되는 것은?

가. 접지계전기　나. 거리계전기　다. 비율차동계전기　라. 열동계전기

해설

열동계전기＝써머릴레이(THR) : 과부하로부터 전동기를 보호하는 계전기

정답 라

6 시퀀스 제어에 관한 설명 중 옳지 않은 것은?

가. 논리회로가 조합 사용된다.
나. 기계적계전기 접점이 사용된다.
다. 전체 시스템에 연결된 접점들이 일시에 동작할 수 있다.
라. 시간지연요소가 사용된다.

해설

시퀀스 제어란 미리 정해놓은 순서에 따라 각 단계별로 차례차례 진행되는 제어 (순차적 제어) ex) 자판기

정답 다

7 자동제어에서 미리 정해 놓은 순서에 따라 각 단계가 순차적으로 진행되는 제어방식은?

가. 프로세스제어　나. 서보제어　다. 프로그램제어　라. 시퀀스제어

정답 라

8 무인 조정되는 소방용 승강기의 자동제어는 어떤 방식을 사용하는가?

가. 추종제어 나. 프로세스제어 다. 프로그램제어 라. 정치제어

해설

프로그램제어 : 목표치가 프로그램대로 변하는 제어(ex. 열차무인제어, 로봇운전제어)

정답 다

9 제어량이 압력, 온도 및 유량 등과 같은 공업량일 경우 제어는?

가. 시퀀스제어 나. 프로세스제어 다. 추종제어 라. 프로그램제어

해설

제어대상, 제어성질에 따라

- 프로세스제어(공정제어) : 온도, 유량, 압력, 농도, 효율, 밀도, 액위 등을 제어(ex. 화학공장, 석유공장, 제지공장 등)
- 서보제어 : 물체의 위치, 자세, 방향 등을 제어(ex. 미사일 유도기구, 인공위성 추적레이더, 대공포의 포신, 자동평행기록계 등)
- 자동조정 : 물리량을 제어하는 제어(ex. 전압, 주파수, 속도 등)

정답 나

10 프로세스제어의 제어량이 아닌 것은?

가. 액위면 나. 유량 다. 온도 라. 물체의 자세

정답 라

11 PID제어에 해당되는 것은?

가. 비례미분제어 나. 비례적분제어 다. 비례적분미분제어 라. 비율제어

해설

조절부의 동작에 의한 분류

- 비례제어 : P
- 비례적분제어 : PI
- 비례미분제어 : PD
- 비례적분미분제어 : PID
- 온-오프제어 : ON-OFF

정답 다

12 잔류 편차가 있는 제어계는?

가. 비례제어계(P제어계)　　나. 적분제어계(I제어계)
다. 비례적분제어계(PI제어계)　　라. 비례적분미분제어계(PID제어계)

해설

잔류 편차(Offset)는 정상 상태에서의 오차를 뜻하며 비례제어계(P제어계)의 경우에 발생한다.

정답 가

13 제어요소의 동작 중 연속동작이 아닌 것은?

가. D 동작　　나. ON-OFF 동작　　다. P+D 동작　　라. P+I 동작

해설

ON-OFF제어는 불연속 제어에 속한다.

정답 나

14 제어장치의 출력인 동시에 제어대상의 입력으로 제어장치가 제어대상에 가하는 제어신호는?

가. 제어량　　나. 조작량　　다. 동작신호　　라. 크레인

해설

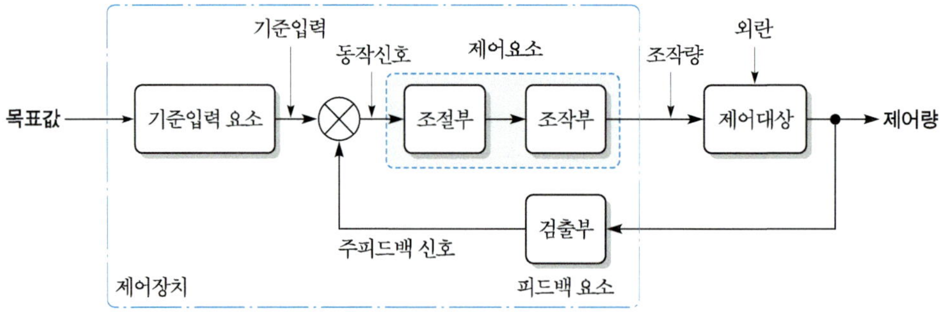

정답 나

15 조작량은 제어요소가 무엇에 주는 양을 말하는가?

가. 조작대상　　나. 제어대상　　다. 측정대상　　라. 입력대상

정답 나

16 다음 중 조작부와 조절부로 구성된 것은?

가. 제어요소　　나. 조작요소　　다. 오차　　라. 제어변수

정답 가

17 제어기의 입력신호에 해당하는 것은?

가. 제어변수　　나. 오차(error)　　다. 설정점(set point)　　라. 외란(disturbance)

해설

비교부=입력신호=오차

※ 입력값=목표값=설정값

정답 나

18 다음 요소 중 피드백 제어계의 제어장치에 속하지 않는 것은?

가. 설정부　　나. 조절부　　다. 검출부　　라. 제어대상

해설

제어장치는 기준입력요소, 제어요소, 검출부로 구성되어 있다.

정답 라

19 시퀀스제어계의 신호전달 계통도이다. 빈칸에 알맞은 용어는?

가. 제어대상　　나. 제어장치　　다. 제어요소　　라. 제어량

정답 가

20 미리 정해진 값을 유지하기 위한 제어는?

가. 추종제어　　나. 정치제어　　다. 비율제어　　라. 프로그램제어

해설

제어목적에 따라 목표값에 의한 분류

- 정치제어 : 제어량을 주어진 일정목표를 유지하기 위한 제어(ex. 프로세스제어, 자동조정)
- 추종제어 : 목표치가 시간에 따라 변하는 제어(ex. 서보제어)
- 프로그램제어 : 목표치가 프로그램대로 변하는 제어(ex. 열차무인제어, 로보트운전제어)
- 비율제어 : 목표값이 다른 것과 일정 비율관계를 가지고 변하는 제어(ex. 보일러 자동연소제어)

정답 나

21 보일러의 자동연소제어가 속하는 제어 방식은?

가. 비율제어　　나. 추치제어　　다. 추종제어　　라. 정치제어

정답 가

22 목표값이 임의의 변화에 추종하도록 구성되어 있는 것을 무엇이라 하는가?

가. 자동조정　　나. 추치제어　　다. 서보기구　　라. 비율제어

해설

서보기구는 물체의 위치, 방위, 자세 등의 기계적 변위를 제어량으로 해서 목표값의 임의 변화에 추종하도록 구성된 제어계를 말한다.
(ex. 미사일유도기구, 인공위성추적레이더, 대공포의 포신, 자동평행기록계 등)

정답 다

23 목표값이 미리 정해진 시간적 변화를 하는 경우 제어량은 그것에 추종시키기 위한 제어는?

가. 추종제어　　나. 정치제어　　다. 비율제어　　라. 프로그램제어

해설

프로그램제어는 목표값의 변화가 미리 정해져 있어 그 정해진 대로 변화하는 것이다. (ex. 열차무인제어, 로봇운전제어)

정답 라

24 피드백제어에서 반드시 필요한 장치는?

가. 구동장치
나. 출력장치
다. 입력측과 출력측을 비교하는 장치
라. 안정도를 좋게 하는 장치

해설

피드백제어＝되먹임제어＝폐루프제어
목적 : 입력 측과 출력 측의 오차를 줄이기 위해서
장점 : 정확도 증가
단점 : 장치가 복잡, 설치비용 고가

정답 다

25 피드백 제어의 특징으로 틀린 것은?

가. 정확도가 증가한다.
나. 대역폭이 크다.
다. 계의 특성변화에 대한 입력대 출력비의 감도가 감소한다.
라. 구조가 단순하고 설치비용이 저렴하다.

정답 라

26 개루프시스템의 주된 장점이 아닌 것은?

가. 원하는 출력을 얻기 위해서 보정을 해줄 필요가 없다.
나. 시스템을 구성하기가 쉽다.
다. 시스템의 구성단가가 낮다.
라. 보수 및 유지관리가 간단하다.

해설

개루프제어의 장점 : 장치가 간단하다. 설치비용이 저렴하다.
단점 : 정확도가 떨어진다.

정답 가

27 자동제어 분류에서 제어량에 의한 분류가 아닌 것은?

가. 프로세스제어　　나. 자동조정　　다. 서보기구　　라. 정치제어

해설

정치제어는 [제어의 목적에 따라]의 분류이다.

정답 라

28 PID동작에 대한 설명으로 옳은 것은?

가. 응답속도는 빨리할 수 있으나 오프셋이 제거되지 않는다.
나. 사이클링과 오프셋이 제거되고 응답속도가 빠르며 안정성이 있다.
다. 사이클링을 제거할 수 있으나 오프셋이 생기게 된다.
라. 오프셋은 제거되나 제어동작에 큰 부동작시간이 있으면 응답이 늦어지게 된다.

해설

PID동작은 안정성이 향상되고 잔류편차가 제거되어 정상특성과 속응성이 동시에 개선된다.

정답 나

29 다음은 시퀀스제어의 약호이다. 잘못 짝지어진 것은?

가. ZCT-영상변류기　　나. CB-차단기
다. KS-단로스위치　　라. THR-열동계전기

해설

KS : 나이프스위치, DS : 단로기

정답 다

30 그림과 같은 논리회로의 출력 X는?

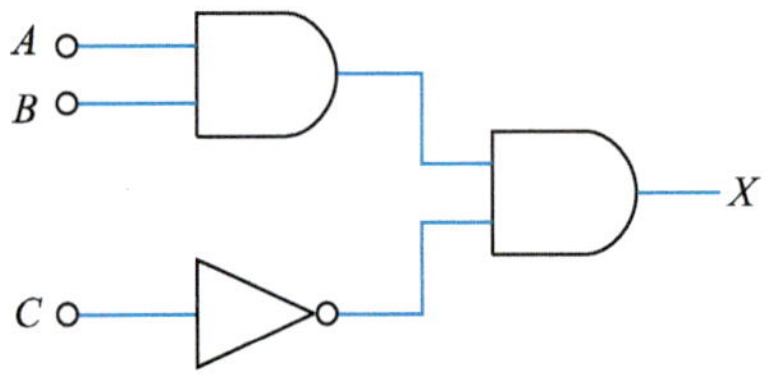

가. $A+B+C$
나. $A \cdot B \cdot C$
다. $C(A+B) \cdot C$
라. $A \cdot B \cdot \overline{C}$

해설

AND GATE: 곱하기, OR GATE: 더하기, NOT GATE: 부정

정답 라

31 그림과 같은 논리회로에서 F 의 값은?

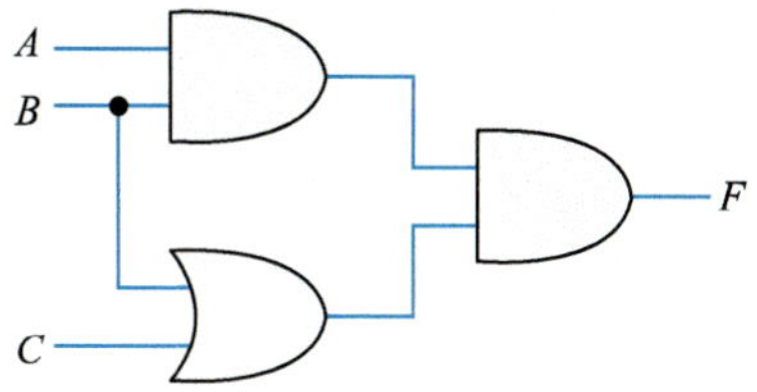

가. $F=A+BC$
나. $F=1$
다. $F=A+B+C$
라. $F=AB(B+C)$

정답 라

32 그림에 표기된 접점은 무슨 접점인가?

가. 계전기 접점
나. 푸시버튼 OFF 접점
다. 열동계전기 접점
라. 한시계전기 접점

정답 다

33 전자접촉기의 보조 a접점에 해당하는 것은?

가.  나.  다.  라. 

정답 다

34 다음 진리표의 게이트는?

입력		출력
X	Y	Z
0	0	1
0	1	1
1	0	1
1	1	0

가. AND
나. OR
다. NAND
라. NOR

정답 다

35 다음 그림과 같은 다이오드의 논리회로의 명칭은?

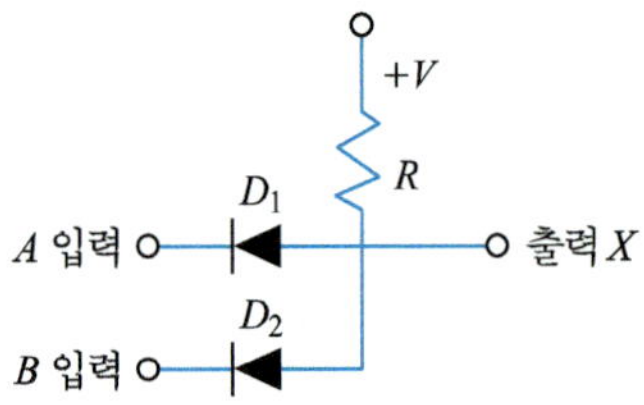

가. NOT회로
나. AND회로
다. OR회로
라. NAND회로

해설

AND GATE: 다이오드의 입력−, OR GATE: 다이오드의 입력+

정답 나

36 다음의 유접점회로를 논리회로로 바꿀 때 가장 적합한 것은?

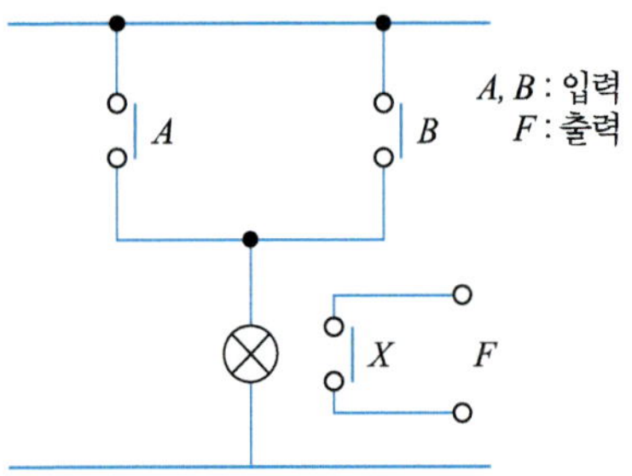

가. 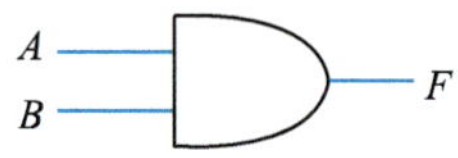

나. 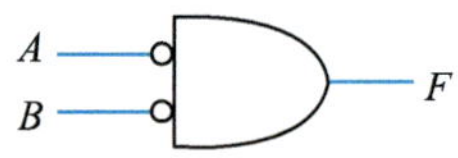

다. 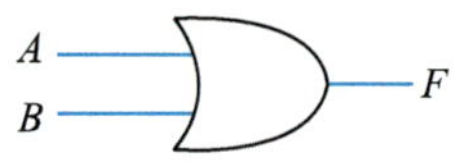

라. 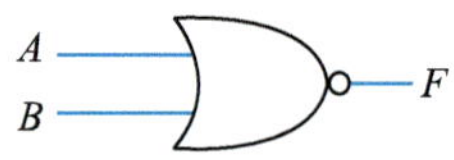

해설

AND GATE: 입력측 직렬, OR GATE: 입력측 병렬

정답 다

37 논리식 $A \cdot (A+B)$를 간단히 하면?

가. A　　나. B　　다. $A \cdot B$　　라. $A+B$

해설

부울대수 중 흡수법칙 $A \cdot (A+B) = A$, $A+(A \cdot B) = A$

정답 가

38 그림과 같이 유접점회로를 논리식으로 표시하면?

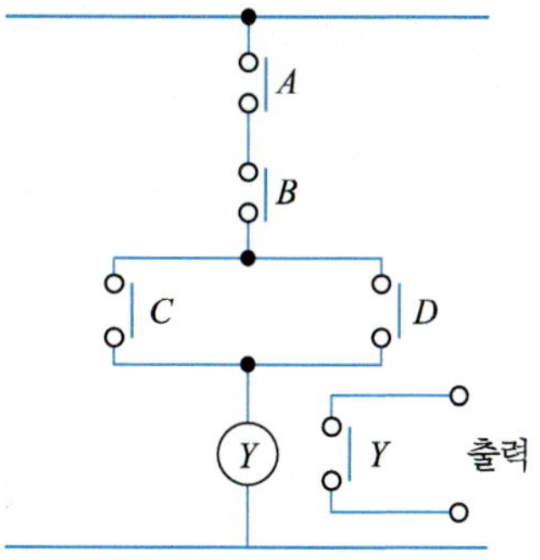

가. $A \cdot B \cdot C \cdot D = Y$
나. $(A+B) \cdot C \cdot D = Y$
다. $A+B+C \cdot D = Y$
라. $A \cdot B \cdot (C+D) = Y$

해설

AND GATE: 곱하기, 직렬. OR GATE: 더하기, 병렬

정답 라

39 그림과 같은 논리회로는?

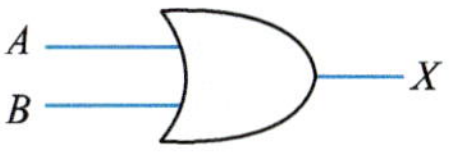

가. NOT회로
나. NAND회로
다. OR회로
라. AND회로

정답 다

40 다음 게이트 중 입력이 1과 0일 때, 출력이 나오지 않는 것은?

가. OR 게이트
나. NAND 게이트
다. NOR 게이트
라. EXCLUSIVE OR 게이트

정답 다

41 그림과 같은 계전기 접점회로의 논리식은?

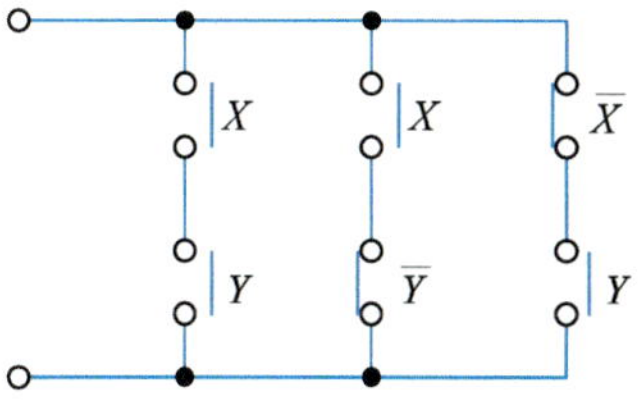

가. $XY + X\overline{Y} + \overline{X}Y$
나. $(XY) + (X\overline{Y})(\overline{X}Y)$
다. $(X+Y)(X+\overline{Y})(\overline{X}+Y)$
라. $(X+Y) + (X+\overline{Y}) + (\overline{X}+Y)$

정답 가

42 그림과 같은 논리회로는?

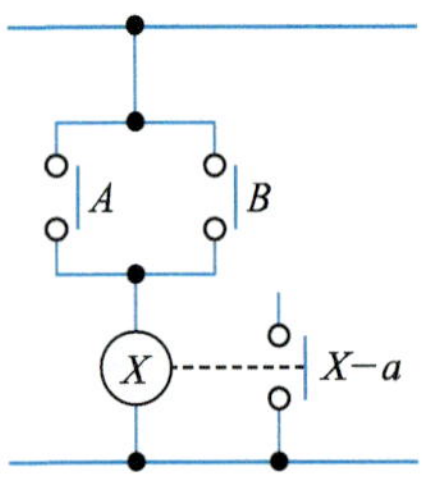

가. OR회로
나. AND회로
다. NOR회로
라. NOT회로

정답 가

43 그림과 같은 회로의 논리기호는?

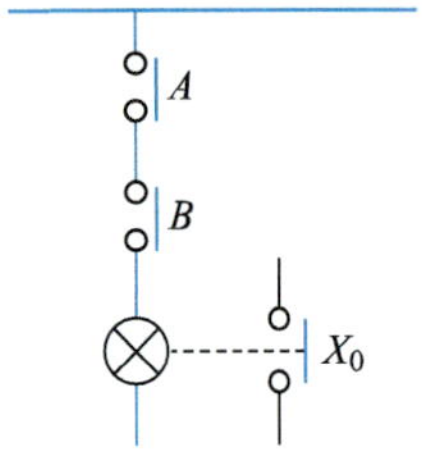

가. AND회로
나. OR회로
다. NOT회로
라. NAND회로

정답 가

44 논리식 $\overline{X}+XY$를 간단히 나타낸 것은?

가. $\overline{X}+Y$　　나. $X+\overline{Y}$　　다. $\overline{X}\,Y$　　라. $X\overline{Y}$

해설

$$\overline{X}+(X\cdot Y)=(\overline{X}+X)\cdot(\overline{X}+Y)=1\cdot(\overline{X}+Y)=\overline{X}+Y$$

정답 가

45 논리식 $(\overline{X+Y})+X$를 간단히 정리한 것으로 맞는 것은?

가. $\overline{X}$　　나. $X+\overline{Y}$　　다. X　　라. $\overline{X}+Y$

해설

$$(\overline{X+Y})+X=(\overline{X}\cdot\overline{Y})+X=(X+\overline{X})\cdot(X+\overline{Y})=1\cdot(X+\overline{Y})=X+\overline{Y}$$

정답 나

46 그림과 같은 릴레이 시퀀스회로의 출력식을 나타내는 것은?

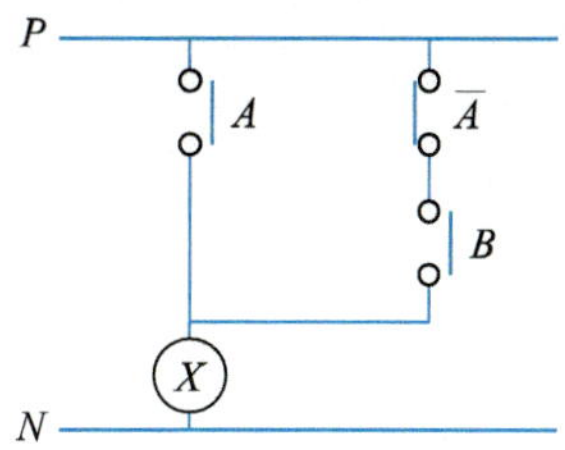

가. AB

나. $\overline{A}+B$

다. AB

라. $A+B$

해설

$$A+(\overline{A}\times B)=(A+\overline{A})\times(A+B)=1\times(A+B)=A+B$$

정답 라

47 그림과 같은 유접점회로의 논리식은?

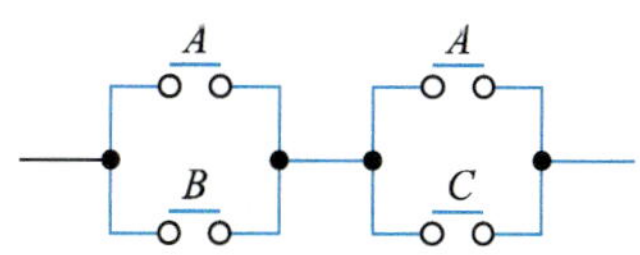

가. $AB+BC$ 나. $A+BC$ 다. $B+AC$ 라. $AB+B$

해설

$$(A+B)\times(A+C)=AA+AC+BA+BC=A+AC+BA+BC$$
$$=A(1+C+B)+BC=A\times1+BC=A+BC$$

정답 나

48 그림과 같은 회로는 어떤 회로인가?

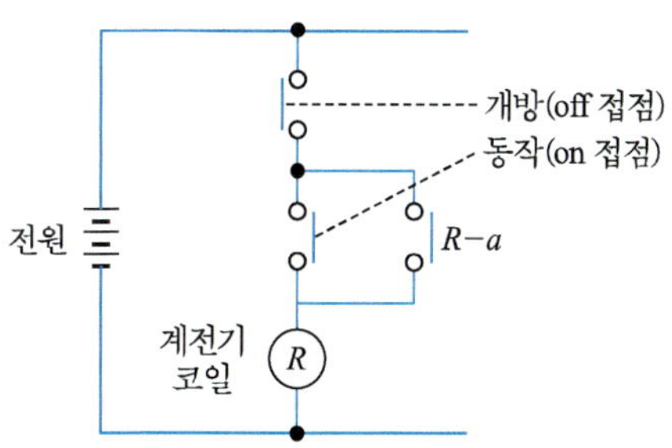

가. 자기유지회로

나. 인터록회로

다. 타이머회로

라. 수동복귀회로

정답 가

49 그림과 같은 회로의 명칭은?

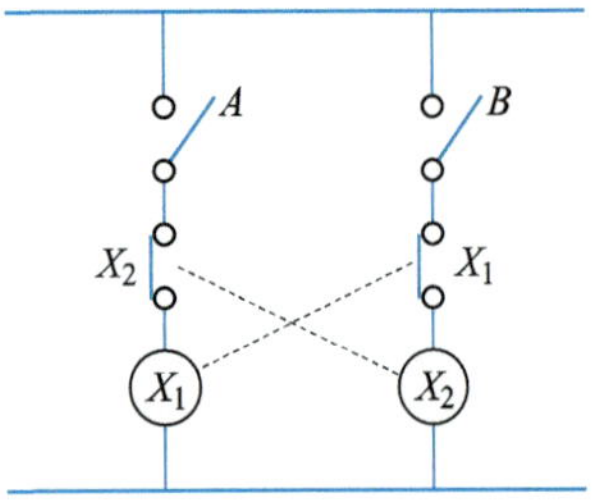

가. 정지우선 자기유지회로
나. 한시접점회로
다. 인터록회로(병렬우선회로)
라. 플립플롭회로

정답 다

50 그림의 Diode OR 게이트의 출력전압은?

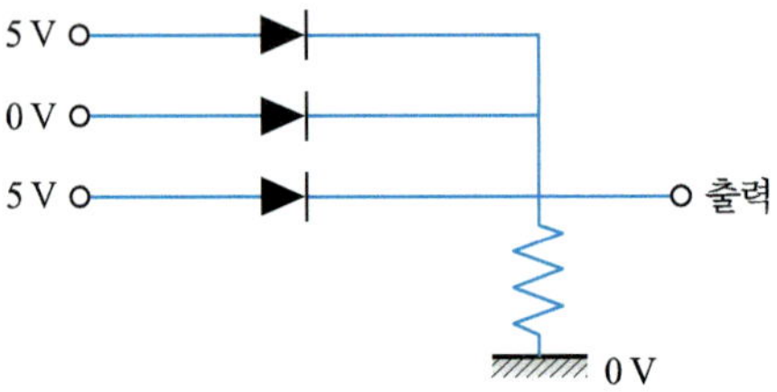

가. 0[V]　　나. 5[V]　　다. 19[V]　　라. −5[V]

정답 나

51 그림에서 전달함수 $G(s)$는?

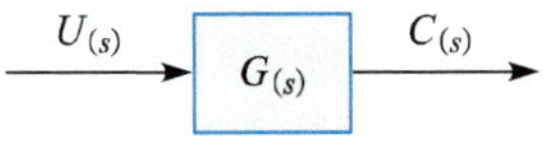

가. $\dfrac{U(s)}{C(s)}$　　나. $\dfrac{C(s)}{U(s)}$　　다. $U(s) \cdot C(s)$　　라. $\dfrac{C^2(s)}{U^2(s)}$

해설

$C(s) = U(s) \cdot G(s)$　　$\therefore G(s) = \dfrac{C(s)}{U(s)}$

정답 나

52 종속으로 접속된 두 전달함수의 종합 전달함수를 구하시오.

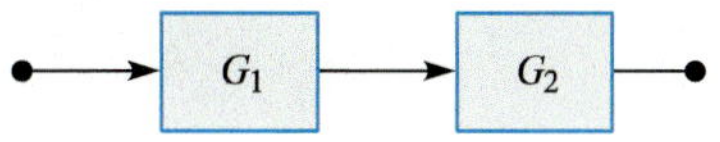

가. G_1+G_2　　나. $G_1\times G_2$　　다. $\frac{1}{G_1}+\frac{1}{G_2}$　　라. $\frac{1}{G_1}+\frac{1}{G_2}$

정답 나

53 그림의 블록선도에서 C/R를 구하면?

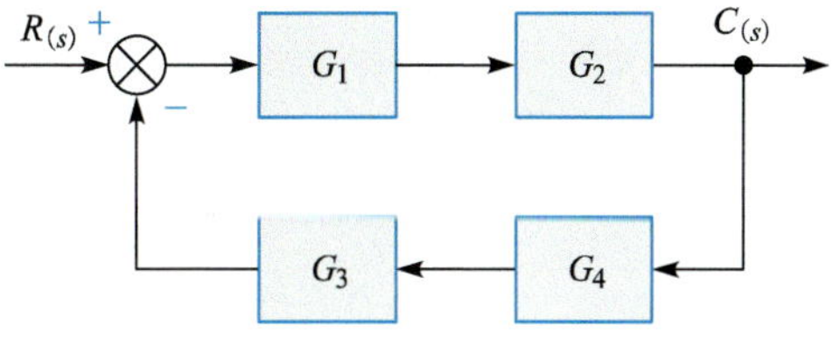

가. $\frac{G_1+G_2}{1+G_1G_2+G_3G_4}$　　나. $\frac{G_1G_2}{1+G_1G_2G_3G_4}$

다. $\frac{G_3G_4}{1+G_1G_2G_3G_4}$　　라. $\frac{G_1G_2}{1+G_1G_2+G_3G_4}$

해설

$C(s)=R(s)G_1G_2-C(s)G_1G_2G_3G_4$

$C(s)+C(s)G_1G_2G_3G_4=R(s)G_1G_2$

$C(s)(1+G_1G_2G_3G_4)=R(s)G_1G_2$　　$\therefore \frac{C(s)}{R(s)}=\frac{G_1G_2}{1+G_1G_2G_3G_4}$

정답 나

54 다음 블록선도의 입·출력비는?

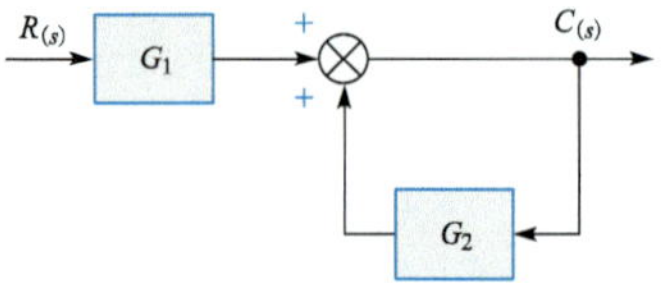

가. $\dfrac{1}{1+G_1G_2}$　　나. $\dfrac{G_1G_2}{1-G_2}$　　다. $\dfrac{G_1}{1-G_2}$　　라. $\dfrac{G_1}{1+G_2}$

해설

$C(s)=R(s)G_1+C(s)G_2$. $C(s)-C(s)G_2=R(s)G_1$

$C(s)(1-G_2)=R(s)G_1$. $\therefore \dfrac{C(s)}{R(s)}=\dfrac{G_1}{1-G_2}$

정답 다

CHAPTER 05

전기기기

CHAPTER
05 전기기기

5.1 직류발전기

(1) 구조

직류발전기는 직류 기전력을 만들어내는 기기로서 아래 그림과 같이 주요 구조부로서 계자, 전기자, 정류자, 브러시 등이 있다. 각 부분의 특징은 다음과 같다.

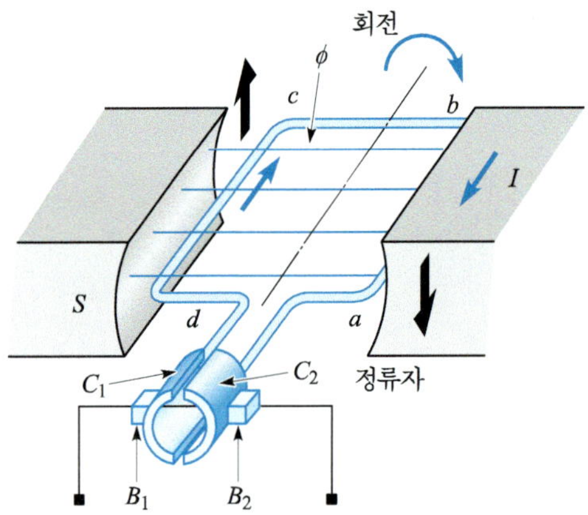

그림 5-1 직류발전기 구조

① **계자** : 자속을 만들어 주는 부분
② **전기자** : 철심과 권선코일로 구성 – 기전력 유기
③ **정류자** : 발생된 교류 전압을 직류로 변환하는 부분
④ **브러시** : 흑연브러시가 많이 쓰임
외부전선과 회전코일의 접촉부분

(2) 유도기전력

발전기에서 발생되는 기전력의 크기는 자속과 회전자의 회전속도에 비례한다. 기전력의 크기는 식 (5-1)과 같이 구할 수 있다.

$$E = K\phi N \text{ [V]} \tag{5-1}$$

위 식에서 비례상수 $K = \dfrac{PZ}{60a}$ 이다.

(a : 전기자 병렬 회로수, P : 극수, Z : 전기자 도체 총수)

(3) 전기자 반작용

전기자 반작용이란 발전기의 전기자 코일에 전류가 흐를 때 이 코일에서 발생되는 자속이 주 자속을 상쇄시키는 방향으로 작용함으로써 기전력을 감소시키는 작용을 하게 되는 것을 말한다. 즉, "전기자 전류 I_a에 의한 자속이 주 자속에 영향을 주는 현상" 을 말하는 것이다. 전기자 반작용의 영향으로는 다음과 같이 몇 가지의 영향이 있을 수 있다.

- 주 자속 감소
- 유도기전력 감소
- 전기적 중성축 이동
- 정류자 사이에 불꽃 발생

이러한 전기자 반작용에 대한 대책으로는 다음과 같은 대책이 있다.

- 보상권선 설치
- 보극 설치
- 계자기자력 강화

(4) 직류발전기 종류

직류발전기는 주 자속을 발생시키는 계자 권선의 전원을 어떻게 하느냐에 따라 타여자 발전기와 자여자 발전기로 나눌 수 있다. 각각에 대한 특징 및 종류는 다음과 같다.

① **타여자 발전기**

타여자 발전기는 다음 그림과 같이 외부의 별도 전원으로 계자 권선에 전류를 흘려 계자 자속을 발생시키는 발전기를 말하며, 전기화학공업용의 저전압 대전류용 및 내압시험전원으로 많이 쓰인다.

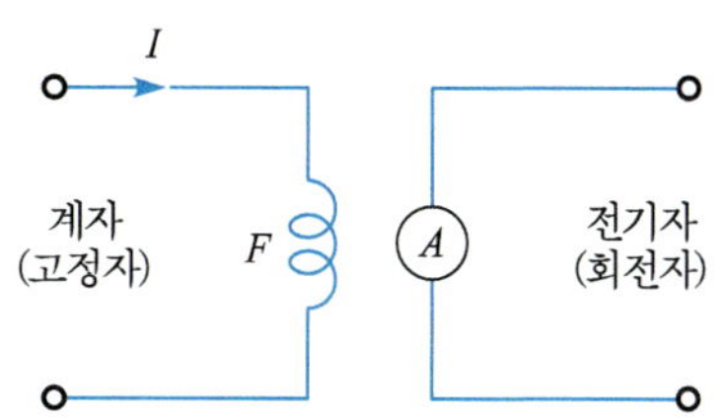

그림 5-2 타여자 발전기

② **자여자 발전기**

발전기 주 자속을 만들기 위한 계자 권선의 전류를 외부에서 얻는 것이 아니고 전 기자에서 발생한 기전력을 이용하는 발전기이다. 이 발전기는 전기자 권선과 계자 권선이 직렬 또는 병렬로 연결되는데 이 연결 방식에 따라 직권, 분권 또는 복권발전기로 구분된다. 아래 그림은 직권발전기의 그림이다.

㉠ 직권발전기는 아래 그림과 같이 전기자와 계자권선이 직렬로 연결되어 있으며 주로 직류승압기용으로 많이 쓰인다.

㉡ 분권발전기는 아래 그림과 같이 전기자와 계자권선이 병렬로 연결되어 있는 구조이며 주로 축전지의 충전용이나 동기기 여자용 또는 일반직류 전원용으로 많이 쓰인다.

㉢ 복권발전기는 직권과 분권의 특징이 결합된 형태로서 아래 그림과 같이 전기자와 계자 전원이 직·병렬로 연결된 구조를 말한다.

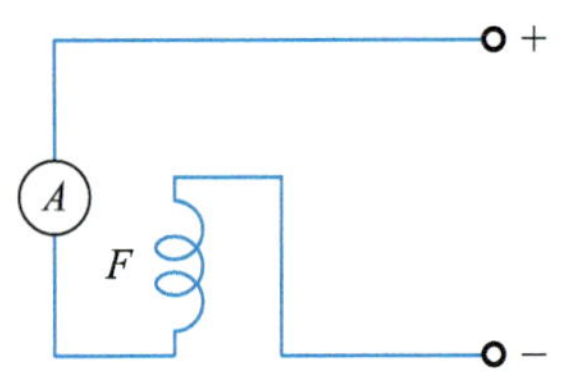

그림 5-3 직권발전기의 구조

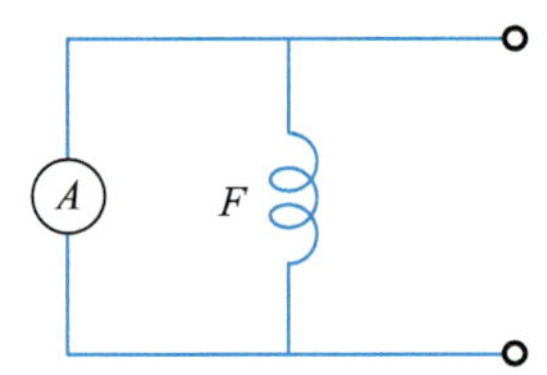

그림 5-4 분권발전기의 구조

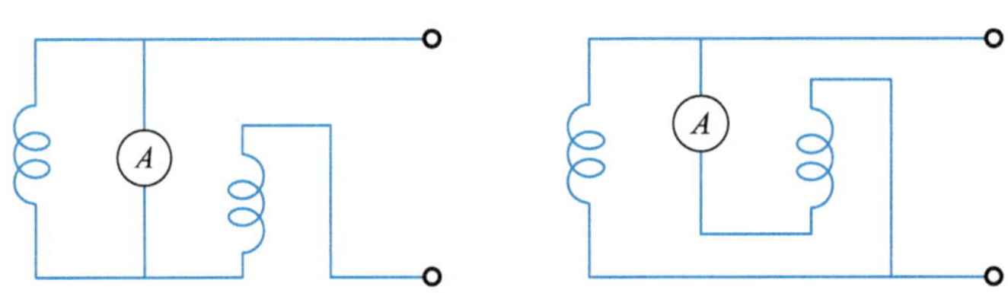

(a) 내분권 (b) 외분권

그림 5-5 복권발전기의 구조

(5) 직류발전기 병렬운전 조건

직류발전기를 여러 대 병렬 연결하여 운전할 경우 다음과 같은 조건이 되어야 한다.

① 각 발전기 정격 단자전압이 같을 것

② 각 발전기 극성이 같을 것

③ 각 발전기의 외부 특성곡선이 일치할 것

5.2 직류전동기

직류전동기는 직류발전기를 역으로 운전하는 것과 같다. 따라서 직류전동기의 종류를 구분할 때도 직류발전기와 마찬가지로 주자속을 형성하는 계자 전류를 어떻게 얻어내는지에 따라 타여자 전동기 또는 자여자 전동기로 구분한다.

다음 그림은 각 전동기의 구조를 그림으로 표현한 것이다.

(1) 종류

각 전동기의 대략적인 용도는 다음과 같이 설명할 수 있다.

① **타여자 전동기** : 압연기, 대형권상기, 크레인, 엘리베이터

② **자여자 전동기**

- 분권전동기 : 선박, 환기용 송풍기
- 직권전동기 : 전차, 권상기, 크레인
- 복권전동기(가동복권기, 차동복권) : 크레인, 엘리베이터, 공작기계, 공기압축기

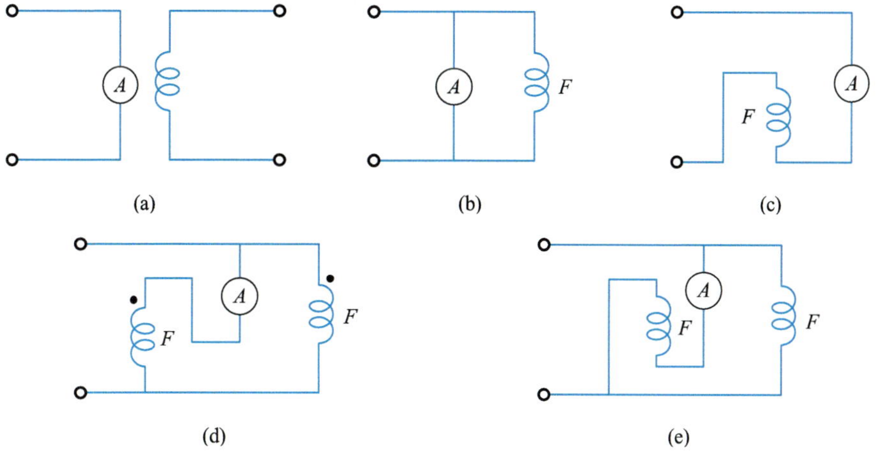

그림 5-6 직류전동기의 종류

(2) 분권전동기

분권전동기의 속도는 다음 식 (5-2)와 같이 표현되며 속도특성은 타여자와 같은 특성을 가지고 있다. 또한 분권전동기는 속도 불변 특성(속도 변동율 : 2~10%)을 가지고 있으며, 토크는 전기자 전류에 비례한다.

$$\text{속도 } N = \frac{V - I_a R_a}{K\phi} \tag{5-2}$$

(3) 직권전동기

직권전동기는 속도 변동율이 크며, 무부하시 회전속도의 과속 위험이 있어 무부하 운전이나 벨트를 연결한 운전은 금지해야 하는 전동기이다. 이 전동기의 속도는 다음 식 (5-3)과 같이 구할 수 있다.

$$N = \frac{V - I_a R_a}{K\phi} \tag{5-3}$$

(4) 직류전동기의 속도제어

직류전동기의 속도제어는 크게 나누어 다음과 같이 3가지의 방법이 있다. 즉, 계자제어, 저항제어, 전압제어 등이 있다.

① **계자제어** : 효율 양호, 정류 불량, 정출력 가변속도
② **저항제어** : 효율 불량/분권 및 타여자는 정속도 특성 감소
③ **전압제어** : 광범위한 속도제어, 정토크 가변속도, 고가

이 방식은 타여자 전동기에 주로 사용되며, 워드레오나드 방식과 일그너 방식이 있다.

(5) 전기제동

전동기를 제동하는 방식에는 기계적인 제동 방식과 전기적 제동 방식이 있다. 전기적 제동방식에는 발전제동, 회생제동, 플러깅 등의 제동 방식이 있다.

① **발전제동** : 부하전류로 역토크를 발생시켜 제동
② **회생제동** : 전력을 전원으로 되돌려 보내면서 제동(유도기전력을 전원보다 크게)
③ **플러깅** : 전기자 접촉을 반대로 하여 회전방향과 반대의 토크 발생
급정지 또는 역전시키는 방법

5.3 유도전동기

유도전동기는 회전자계의 영향을 받아 회전자가 회전하는 방식으로 되어있다. 이 전동기의 종류는 크게 단상 유도전동기와 3상유도전동기로 구분되며, 농형 유도전동기와 권선형 유도전동기로 구분될 수 있다. 또한 이 전동기는 분상형 기동형, 콘덴서 기동형, 반발 기동형, 세이딩 코일형 등으로 구분될 수 있다.

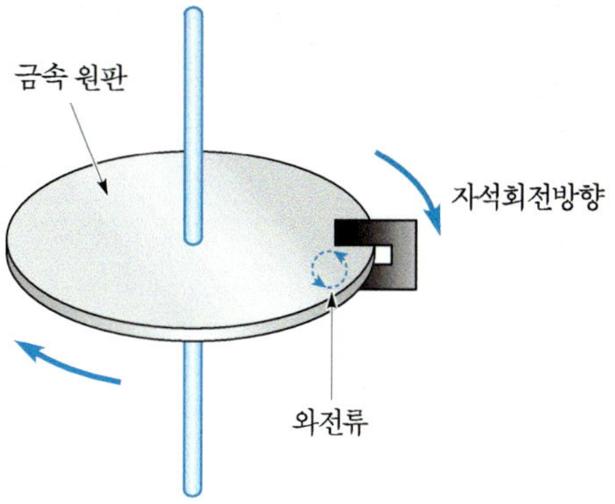

그림 5-7 유도전동기 동작 원리(아라고의 원판 원리)

(1) 유도전동기 동작원리

이 전동기는 아래 그림과 같이 "아라고의 원판의 원리"를 이용한 것으로 자기장이 회전함에 따라 발생하는 와전류와 힘이 원판에 작용하여 회전자인 원판이 회전하는 원리이다.

(2) 유도전동기의 구조는 크게 고정자와 회전자로 구성된다.

- 고정자 –성층 철심
  권선법 : 2층, 중권의 3층 권선
- 회전자 – 농형 회전자, 권선형 회전자

(3) 동기속도와 슬립

유도전동기는 회전 자계의 회전 속도에 의해 회전자가 회전하는 구조로 되어 있으므로 고정자에서 발생하는 회전 자계의 속도가 전동기의 최고 속도가 되며, 이 속도를 동기속도라 한다. 동기속도를 구하는 식은 다음 식 (5-4)와 같다.

$$N_S = \frac{120f}{P}\,[\text{rpm}] \tag{5-4}$$

식 (5-4)의 동기속도와 실제 회전자의 속도는 차이가 발생한다. 따라서 동기속도와 실제 속도와의 비율을 슬립(slip)이라 하며, 다음 식 (5-5)와 같이 구할 수 있다.

$$S = \frac{N_s - N}{N_s} \tag{5-5}$$

$\therefore$ 회전자의 속도 $N=(1-s)N_s$

따라서 회전자가 정지할 때는 슬립이 '1'의 값을 갖게 되고, 회전자가 동기속도로 회전하면 슬립은 '0'이 될 것이다. 즉,

회전자 정지 시 : $S=1$
회전자 동기속도 : $S=0$
회전자 정상속도 : $0<S<1$

(4) 유도전동기 기동 및 운전

유도전동기를 기동하는 방법은 전동기의 용량에 따라 기동전류가 달라질 수 있으므로 기동시의 문제점을 해결할 수 있는 방법으로 기동 방식을 정하여야 하고, 전전압 기동법, $Y-\Delta$ 기동법, 기동 보상기법 등이 주로 사용된다.

① **전전압기동** : 5kW 이하의 소용량
② **$Y-\Delta$ 기동** : 10~15kW 기동전류 및 기동토크 감소
③ **기동보상기법** : 15kW 이상–고압전동기에 적용

(5) 속도제어

유도전동기의 속도제어는 다음과 같이 주파수를 변환하는 방법과 극수를 변환하는 방법 및 2차 저항 제어법 등이 있다.

① **전원주파수 및 극수 변환법**
유도전동기의 속도는 아래 식과 같이 정해지므로 이 식에서 주파수 또는 극수를 변환하여 속도를 제어할 수 있다.

$$N = N_s(1-S) = \frac{120f}{P}(1-S)$$

② **2차 저항 제어법** : 권선형의 비례추이 원리를 이용한 제어법으로 큰 기동토크를 발생시킬 수 있으며, 기동전류를 억제시키는 특징이 있다.

③ **정역운전** : 3상 유도전동기의 회전 방향을 바꾸기 위해서는 전동기에 입력되는 3상 전원 3선 중 2선을 서로 바꾸면 회전 방향이 바뀌어진다.

④ **제동** : 유도전동기의 제동 방식에는 회생제동, 발전제동, 역상제동 및 단상제동 등의 방식이 있다.

(6) 전동기의 용량 선정

전동기에 공급하는 전기배선·차단기·보호설비를 설치하기 위해서는 전동기 용량을 적정하게 산정하여야 한다. 다음은 용도별로 전동기 용량을 산정할 수 있는 식을 나타낸다.

① 펌프용 전동기

$$P = \frac{9.8\,KQH}{\eta}\ [\mathrm{kW}]$$

Q : 양수량[m^3/sec] H : 양수길이[m]

K : 계수(1.1~1.2) η : 펌프 효율

② 송풍기의 전동기

$$P = \frac{9.8\ KQHW}{\eta}\ [\mathrm{kW}]$$

Q : 풍량[m^3/sec] H : 풍압[mmHg]

W : 기체밀도[kg/m^3] K : 계수(1.1~1.5)

η : 송풍기 효율

③ 권상기용 전동기

$$P = \frac{WV}{6.1\eta}$$

W : 권상하중[ton] V : 권상속도[m/min]

η : 권상기 효율

④ 엘리베이터용 전동기

$$P = \frac{LVK}{4500\eta} \times 0.746\ [\mathrm{kW}]$$

L : 적재하중[kg]

V : 운행속도[m/min]

K : 평행추 계수(승용 : 0.6, 화물용 : 0.5)

η : 권상기 효율(기어유 : 0.4~0.55, 기어무 : 0.8~0.85)

▶ **예제 5-1**

2극, 60[Hz], 300[kW]인 유도전동기에서 회전자계의 회전속도는 몇 [rpm]인가?

해답 $N_s = \dfrac{120f}{P}[\text{rpm}] = \dfrac{120 \times 60}{2} = 3600[\text{rpm}]$

▶ **예제 5-2**

유량 1[m³/sec], 양정 10[m]인 소화전 펌프에 사용되는 전동기의 용량은 최소 몇 [kW]가 필요한가? (단, 펌프효율은 0.85이고, 전달계수는 1.21이다)

해답 $P = \dfrac{9.8QHK}{\eta}[\text{kW}] = \dfrac{9.8 \times 1 \times 10 \times 1.21}{0.85} \fallingdotseq 135\,[\text{kW}]$

5.4 변압기

(1) 변압기 원리

변압기는 아래의 그림과 같이 1차 권선과 2차 권선으로 이루어져 있으며, 1차 권선에 전류가 흐를 경우 이 권선에서 발생되는 자속이 2차 권선에 전달되어 기전력을 유도시키는 전자 유도 현상을 이용한 원리를 적용한 것이다. 두 권선 간의 권선비에 의해 출력 전압비 및 전류비가 결정된다.

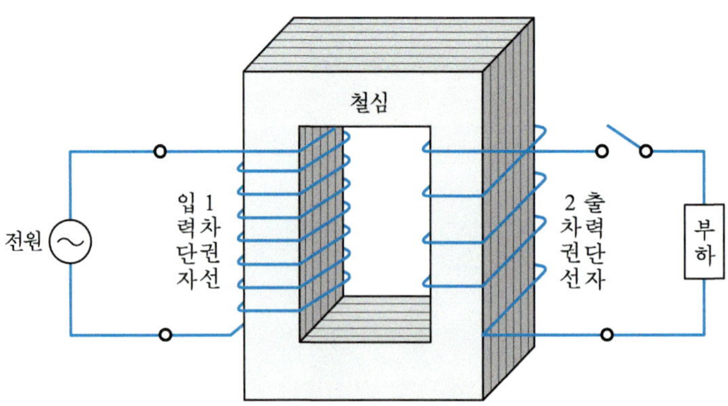

그림 5-8 변압기 원리 및 구조

변압기의 권선비는 다음 식 (5-6)과 같이 구해질 수 있다.

$$권선비\ a = \frac{E_1}{E_2} = \frac{N_1}{N_2} = \frac{I_2}{I_1} \quad (5-6)$$

또한 권선에 유도되는 유기 기전력은 다음 식 (5-7)과 같이 구해진다.

$$E = 4.44K\Phi N \quad (5-7)$$

(2) 전압변동율

변압기의 전압변동율은 다음 식 (5-8)과 같이 구할 수 있으며 대략 정격 전압의 1~3% 정도의 범위를 갖는다.

$$E - \frac{V_{20} - V_{2n}}{V_{2n}} \quad (5-8)$$

V_{20} : 무부하 2차전압　　　V_{2n} : 정격 2차전압

(3) 종류

변압기의 종류는 권선과 철심의 위치 및 구조에 따라 내철형과 외철형 및 권철심형 등으로 구분할 수 있으며 다음과 같은 특징이 있다.

① **내철형** : 철심이 안쪽, 권선이 안쪽 철심에 있다.
② **외철형** : 권선이 안쪽에 있고 철심이 권선을 둘러쌈
③ **권철심형** : 냉간압연 강대를 감아서 만든 것

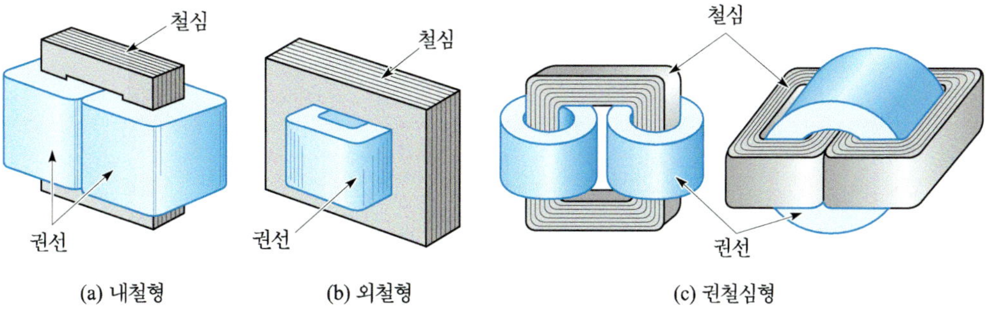

그림 5-9 변압기 종류

(4) 결선

단상 변압기 3대를 이용하여 3상 전압을 변환하는 경우 Y결선 또는 Δ결선의 방식으로 변압기를 결선변압기를 결선하여야 한다.

이때 변압기 1차 측과 2차 측의 결선방법에 따른 특징이 다음과 같이 정리된다.

① $\Delta-\Delta$결선 방식 : 30kV 이하 배선용에 사용
② $Y-Y$ 결선 방식 : 통신선에 유도장애 - 송전 전용으로 사용
③ $\Delta-Y$결선 방식 : 발전기의 승압용
④ $Y-\Delta$결선 방식 : 수전단 변전소용

(5) 변압기 병렬운전 조건

① 1차, 2차 정격 전압 및 극성이 같을 것
② 임피던스 전압이 같을 것
③ 저항과 누설 리액턴스 비가 같을 것
④ 다음과 같은 경우는 변압기 병렬운전이 불가능하다.
- 병렬운전 불가능 : $\Delta-\Delta$와 $\Delta-Y$, $Y-Y$와 $\Delta-Y$

▶ 예제 5-3

권수비가 그림과 같은 변압기의 1차측에 220[V], 60[Hz]의 교류 전압을 인가할 때 2차측 개방전압은 몇 [V]인가?

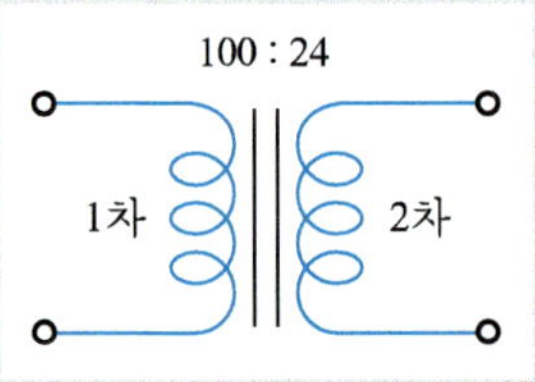

그림 5-10

해답 $a=\dfrac{V_1}{V_2}=\dfrac{N_1}{N_2}=\dfrac{I_2}{I_1}$

$\dfrac{220}{V_2}=\dfrac{100}{24}$ $V_2=52.8[\text{V}]$

5.5 예비 전원설비

소방용 예비 전원설비는 크게 축전지 설비와 자가 발전설비로 구분된다. 소방용에서 축전지 설비는 주로 경보설비 및 피난 유도설비 등과 같은 저전력 사용 부하에 많이 사용되며 소방용 펌프 구동 등과 같은 소화설비 등의 대전력 사용 부하에는 자가 발전설비가 설치된다.

(1) 축전지 설비

2차 전지인 축전지는 크게 납축전지와 알칼리 축전지의 2가지로 구분되며 각각의 특징은 다음과 같다.

① **종류**

㉠ 연축전지 : 기전력 2.05~2.08[V], 공칭전압 2[V], 충전시간이 길다. 축전지 셀 수가 적다. 기계적 강도가 약하다.

㉡ 알칼리 축전지 : Ni-Cd 전지가 대표적이다. 기전력 1.32[V], 공칭전압 1.2[V], 충전시간이 짧고 기계적 강도가 강하다. 과방전, 과전류에 강하다.

② **축전지 용량**

축전지의 용량은 다음 식 (5-9)와 같이 구할 수 있다.

$$C = \frac{1}{L}KI \qquad = \frac{1}{L}\left[K_1 I_1 + K_2(I_2 - I_1) + K_3(I_3 - I_2)\cdots\right] \tag{5-9}$$

또한 축전지 허용 최저전압은 다음 식 (5-10)과 같이 구할 수 있다.

$$\text{허용 최저전압 } V = \frac{V_a + V_b}{n} \tag{5-10}$$

V_a : 부하허용 최저전압

V_b : 축전지와 부하 간 전압 강하

n : 직렬접속 축전지수)

③ **충전방식**

㉠ 보통충전 : 필요할 때마다 표준 시간율로 충전한다.

㉡ 급속충전 : 보통충전의 약 2배 전류로 충전한다.

㉢ 부동충전 : 자기 방전량만 보충하는 방식으로 소방에서 가장 많이 사용한다. 전지의 수명을 연장시키고 축전지 용량이 작아도 되며, 방전 전압을 일정하게 유

지시키고 보수가 용이하다.

㉣ 균등충전 : 전위차 보정

㉤ 세류충전 : 자기 방전량만 충전

(2) 자가발전 설비

① 발전기 정격용량

$$P_n > \left(\frac{1}{\Delta V} - 1\right) X_L \cdot P \qquad (5\text{–}11)$$

위 식에서 P_n은 발전기 용량, X_L은 과도 리액턴스로서 25~30%의 값을 갖는다. ΔV는 허용 전압강하로서 20~25%의 값을 갖는다. P는 기동용량[kVA]을 뜻한다.

② 발전기용 차단기 용량

발전기의 차단기 용량은 다음 식 (5–12)와 같이 구할 수 있다.

$$P_s > \frac{1.25P_n}{X_L}[\text{kVA}] \qquad (5\text{–}12)$$

위 식에서 1.25는 여유율을 의미한다.

③ 발전기 기동용량

발전기의 기동용량은 다음 식 (5–13)과 같이 구할 수 있다.

$$P = \sqrt{3} \times V \times I \times 10^{-3}\ [\text{kVA}] \qquad (5\text{–}13)$$

▶ 예제 5–4

비상용 축전지 설비의 축전지로서 니켈–카드뮴 전지를 사용하고 있다. 축전지의 필요한 용량은 몇 [Ah]인가? (단, 보수율 0.8, 용량환산시간 0.7, 전류 1.3[A]이다)

해답 $C = \frac{1}{L}KI = \frac{1}{0.8} \times 0.7 \times 1.3 = 1.137[\text{A}]$

CHAPTER 05 전기기기 연습문제

1 삼상유도전동기의 정격속도를 변화시키려고 한다. 옳은 방법은?

가. 삼상유도전동기의 극수를 바꾼다.
나. 삼상유도전동기의 공급전압을 바꾼다.
다. 삼상유도전동기의 공급되는 전원의 상을 바꾼다.
라. 삼상유도전동기의 입력 전압단자에 콘덴서를 삽입한다.

해설

$$N_s = \frac{120f}{P}[\text{rpm}],\ S = \frac{N_s - N_r}{N_s} \times 100,\ N_r = \frac{120f}{P} \times [1-S][\text{rpm}]$$

$S=0$일 때 동기속도, $S=1$일 때 회전자속도 정지

※ N_s[rpm]: 동기속도(이론적 속도), N_r[rpm]: 회전자속도(실제적 속도),
S[%]: 슬립, P[극]: 극수

정답 가

2 4극, 60[Hz], 10[kW]인 유도전동기에서 회전자계의 회전속도는 몇 [rpm]인가?

가. 900 나. 1200 다. 1800 라. 2400

해설

$$N_s = \frac{120f}{P}[\text{rpm}] = \frac{120 \times 60}{4}[\text{rpm}] = 1800[\text{rpm}]$$

정답 다

3 전기기기에 생기는 손실 중 권선의 저항에 의하여 생기는 손실은?

가. 철손 나. 동손 다. 저항손 라. 유전체손

해설

- 동손 : 권선 저항에 생기는 손실
- 철손 : 기기 철심 내에 소비되는 손실

정답 나

4 직류분권전동기의 부하로 가장 적당한 것은?

가. 환기용 송풍기　　나. 권상용 엘리베이터　　다. 전동차　　라. 크레인

해설

직류 ① 분권전동기 : 계자권선이 전기자에 병렬
ex) 엘리베이터, 펌프, 공작기계, 환기용 송풍기
② 직권전동기 : 계자권선이 전기자에 직렬
ex) 전동차, 권상기, 기중기, 전동차, 크레인
③ 복권전동기 : 직권+분권
ex) 펌프, 공기압축기

정답 가

5 단상유도전동기의 기동방식이 아닌 것은?

가. 분상기동　　나. 반발기동　　다. 콘덴서기동　　라. 스타델타기동

해설

- 단상유도전동기 : 분상기동, 반발기동, 콘덴서기동, 셰이딩코일형기동
- 농형유도전동기 : 직입기동(전전압기동), 리액터기동, 스타-델타기동, 기동보상기, 기동저항기

정답 라

6 15[kW] 이상의 농형유도전동기에 가장 많이 이용되는 기동방식은?

가. $Y-\Delta$기동기　　나. 기동저항기　　다. 기동보상기　　라. 직접기동

해설

농형유도전동기
- 직입기동(전전압기동) : 3.7[kW] 미만에 사용되는 전동기
- 스타-델타기동 : 5[kW]~15[kW] 미만에 사용되는 전동기이며, 기동전류를 1/3로 줄이기 위하여 채택되는 기동
- 기동보상기 : 15[kW] 이상에 사용되는 전동기
- 기동저항기
- 리액터기동기

정답 다

7 농형유도전동기의 기동 방법으로 옳지 않은 것은?

가. 전전압 기동
나. 스타델타 기동
다. 리액터 기동
라. auto transformer 기동

해설

- 단상유도전동기 : 분상기동, 반발기동, 콘덴서기동, 셰이딩코일형기동
- 농형유도전동기 : 직입기동(전전압기동), 리액터기동, 스타-델타기동, 기동보상기, 기동저항기

정답 라

8 펌프나 송풍기와 같이 부하 토크가 기동할 때는 작고, 가속하는데 따라 느는 이러한 부하에 동력을 공급하기 위해 3상 농형유도전동기를 사용한다면 어떤 기동법이 가장 효과적인가?

가. $Y-\Delta$ 기동법
나. 리액터 기동법
다. 전전압 기동법
라. 기동보상 기동법

정답 라

9 다음 중 기동토크가 가장 큰 것은?

가. 보통 농형유도전동기
나. 권선형 유도전동기
다. 분상 기동형 유도전동기
라. 반발 기동형 유도전동기

해설

- 기동토크가 가장 큰 것은 반발 기동형이다.
- 기동토크가 가장 작은 것은 셰이딩코일형이다.

정답 라

10 전동기 등의 정격전류의 합계가 50A 이하일 때 그 저압옥내간선에 사용할 수 있는 전선의 허용전류는 전동기 등의 합계 전류의 몇 배 이상으로 하여야 하는가?

가. 1.1
나. 1.25
다. 3
라. 5

해설

$$허용전류 = 전부하전류 \times \frac{1}{허용전류감소(or\ 보정)계수} \times 1.1\,(or\ 1.25)$$

정격전류 50(A) 이하 : 1.25, 정격전류 50(A) 초과 : 1.1

정답 나

11 2대의 발전기를 병렬 운전할 때 같아야 되는 조건이 아닌 것은?

가. 주파수 나. 전압 다. 위상 라. 용량

정답 라

12 유도전동기의 회전력은?

가. 단자전압의 1승에 비례한다.
나. 단자전압의 1/2승에 비례한다.
다. 단자전압의 2승에 비례한다.
라. 단자전압의 3승에 비례한다.

해설

유도전동기의 회전력(토오크) $\tau = \dfrac{P}{1.026N_S} = \dfrac{\frac{V^2}{R}}{1.026N_S} = \dfrac{V^2}{1.026N_S R}$

$\therefore \tau \propto V^2$

정답 다

13 권수비가 그림과 같은 변압기의 1차측에 100[V], 60[Hz]의 교류전압을 인가할 때 2차측 개방전압은 몇 [V]인가?

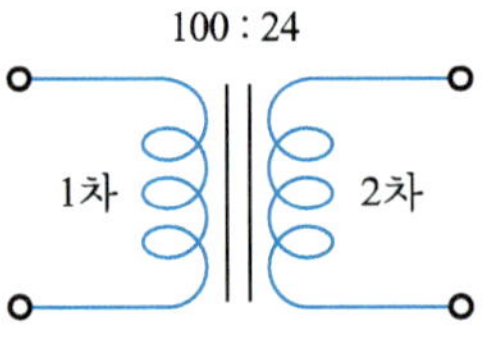

가. 24 나. 48 다. 100 라. 200

해설

$$a = \frac{V_1}{V_2} = \frac{N_1}{N_2} = \frac{I_2}{I_1} = \sqrt{\frac{Z_1}{Z_2}} \Rightarrow \frac{V_1}{V_2} = \frac{N_1}{N_2} \Rightarrow \frac{100}{V_2} = \frac{100}{24} \Rightarrow V_2 = 24[\mathrm{V}]$$

정답 가

14 변압기의 정격1차전압이란?

가. 전부하를 걸었을 때의 1차전압 나. 정격2차전압에 권수비를 곱한 것
다. 무부하시의 1차전압 라. 정격2차전압을 권수비로 나타낸 것

해설

$$a = \frac{V_1}{V_2} = \frac{N_1}{N_2} \Rightarrow V_1 = \frac{V_2 N_1}{N_2} \quad [\mathrm{V}]$$

정답 나

15 변압기 기름의 요구 특성이 아닌 것은?

가. 인화점이 높을 것 나. 점도가 클 것
나. 절연내력이 클 것 라. 응고점이 낮을 것

해설

변압기 기름은 점도가 작고 냉각효과가 클 것

정답 나

16 변압기의 온도 시험을 하는데 가장 좋은 방법은?

가. 진공법 나. 등가부하법 다. 단락법 라. 고조파 억제법

해설

실부하법, 등가부하법, 3권선변압기 온도 상승 시험법, 반환부하법

정답 나

17 다음은 변압기의 효율을 나타낸 것이다. 이 중 틀리게 표현된 것은 어떤 것인가?

가. $\text{전부하효율} = \dfrac{\text{변압기 용량} \cdot \text{부하역률}}{\text{변압기 용량} \cdot \text{부하역률} + \text{철손} + \text{동손}} \times 100[\%]$

나. $\text{전부하효율} = \dfrac{\text{변압기 출력}}{\text{변압기 출력} + \text{무부하손} + \text{부하손}} \times 100[\%]$

다. $\text{전부하효율} = \dfrac{\text{변압기 용량} \cdot \text{부하역률} \cdot \text{부하손}}{\text{변압기 용량} \cdot \text{부하역률} + \text{무부하손}} \times 100[\%]$

라. $\text{전부하효율} = \dfrac{\text{출력}}{\text{출력} + \text{손실}} \times 100[\%]$

정답 다

18 3상 유도전압조정기의 1차 권선은 보통 어디에 감는가?

가. 정류자　　나. 고정자　　다. 회전자　　라. 전기자

해설

1차권선 : 고정자, 2차권선 : 회전자

정답 나

19 200[kVA]의 비상발전기용 차단기의 차단용량은 얼마인가? (단, 발전기 과도리액턴스는 0.25이다)

가. 0.8[MVA]　　나. 1[MVA]　　다. 10[MVA]　　라. 25[MVA]

해설

발전기차단용량(KVA)

$$= \frac{\text{발전기출력(KVA)}}{\text{과도리액턴스}} \times 1.25 = \frac{200}{0.25} \times 1.25 = 1000[\text{KVA}] \times 10^{-3} = 1[\text{MVA}]$$

정답 나

20 그림은 비상시에 대비한 예비전원의 공급회로이다. 직류 전압을 일정하게 유지하기 위하여 콘덴서를 설치한다면 그 위치로 적당한 것은?

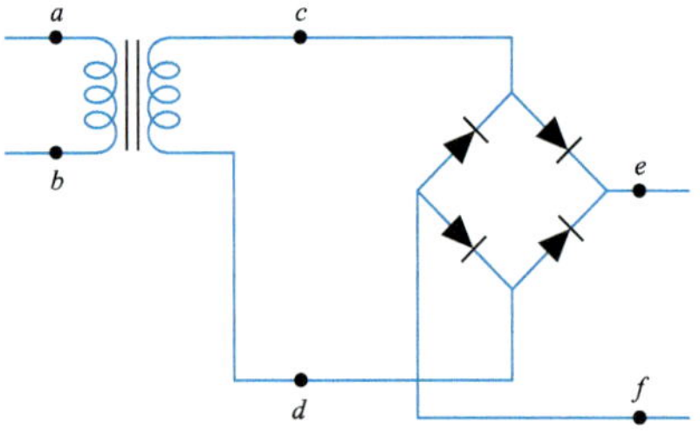

가. a와 b 사이　　나. c와 d 사이　　다. e와 f 사이　　라. a와 c 사이

정답 다

CHAPTER 06

옥내간선 및 배선

CHAPTER 06 옥내간선 및 배선

6.1 간선

(1) 간선의 종류

간선이란 전원에서 변압기 또는 배전반 사이를 접속하는 배전선로 및 배전반에서 각 수용 장소에 설치된 전등 분전반 또는 동력 제어반에 이르는 배전 선로를 전력간선 또는 간선이라고 한다. 간선의 종류를 구분하는 것은 몇 가지 기준으로 구분할 수 있다.

① **목적에 따른 분류**

간선을 사용 목적에 따라 분류하면 동력간선 및 전등간선 그리고 특수 목적의 간선이 있다.

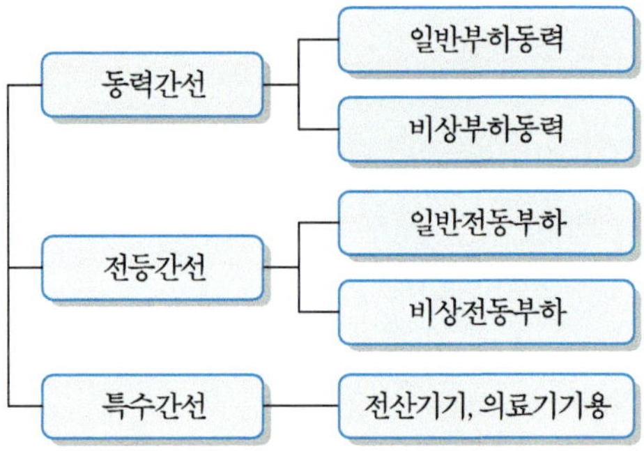

그림 6-1

② **전압에 따른 분류**

저압 간선을 전압에 따라 분류하면 다음과 같이 분류된다.

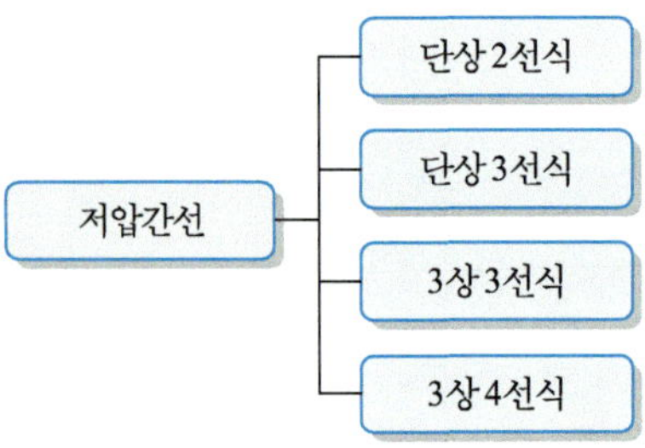

그림 6-2

(2) 간선용량

간선의 용량은 다음과 같이 전력부하의 총 용량과 수용률과의 곱으로 구해진다. 즉,

$$\text{간선의 용량} = \text{전력부하 합계용량} \times \text{수용률}$$

여기서,

$$\text{수용률} = \frac{\text{최대 수용전력}}{\text{설비용량}}$$

으로 구해질 수 있다.

일반적으로 적용되는 건물의 수용률은 다음과 같다.

- 주택, 여관, 호텔, 병원 – 50%
- 학교, 사무실, 은행 – 70%

(3) 간선의 배선방식

간선의 배선방식은 크게 3가지로 나눌 수 있는데 나뭇가지형, 나뭇가지 평행형, 평행형 등이다.

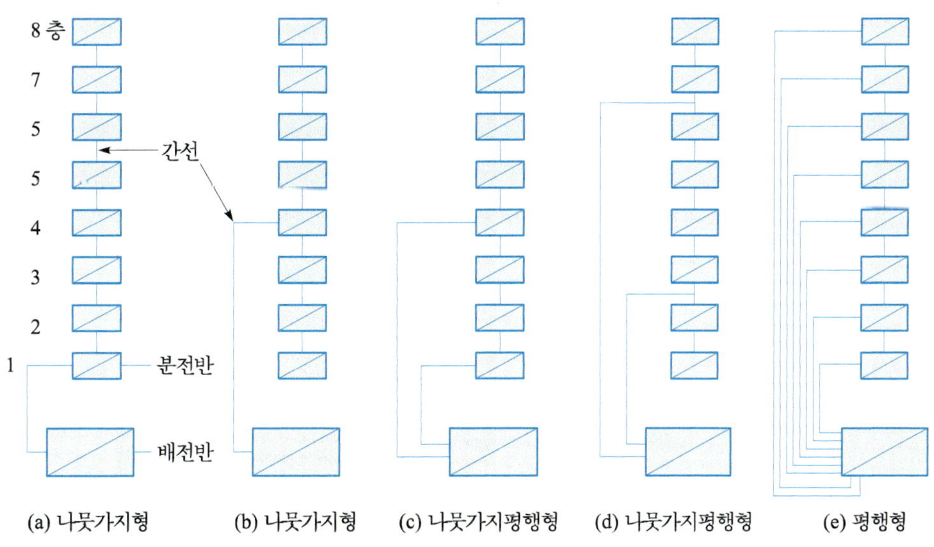

그림 6-3 간선 배선방식의 구분

(4) 배전

① 배전전압의 구성

종류	직류	교류
저압	1,500[V] 이하	1,000[V] 이하
고압	1,500[V] 초과 7,000[V] 이하	1,000[V] 초과 7,000[V] 이하
특별고압	7,000[V] 초과	7,000[V] 초과

② 전압강하

일반적으로 전선은 일정한 저항값을 가지고 있으므로 전류가 흐를 때 전선에서는 전압강하가 발생한다. 이때 전선에서의 전압강하를 구하는 방법은 다음과 같다.

㉠ 직류 2선식(동선의 고유저항율 적용)

$$e = \frac{35.6LI}{1,000 \times A}$$

(e[V]: 전압강하 , L[m] : 전선의 길이, I[A] : 전류, A[mm^2] : 전선의 단면적)

▶ 예제 6-1

수신기에서 100[m] 떨어진 장소의 감지기가 작동하였다. 이때 감지기회로에 소비된 전류가 500[mA]라고 하면 이 경우의 전압강하는 몇 [V]인가? (단, 전선 굵기는 2.5[mm^2])

해답 직류 2선식 및 단상 2선식 전압강하는

$$e = \frac{35.6LI}{1,000 \times A} = \frac{35.6 \times 100 \times 500 \times 10^{-3}}{1000 \times 2.5} = 0.712[\text{V}]$$

6.2 옥내배선 및 배선공사

(1) 전선의 종류

① 케이블

- EV : 폴리에틸렌 절연비닐 외장 케이블 - 전기적 특성 우수, 저압에서 특고압까지 사용
- CV : 가교폴리에틸렌 - 대표적 전력 케이블, 저압에서 고압까지 사용
- CNCV : 동심 중성선 가교폴리에틸렌 - CV케이블 사용이 곤란한 중성선 다중접지방식에 사용
- BH : 부틸 고무 절연 클로로프렌 외장 케이블 - 내열성이 우수
- RN : 고무 절연전선, 클로로프렌 외장 케이블 기계적 특성이 우수
- VV : 비닐절연 외장케이블 - 600V 이하 저압옥내배선

② 절연전선

- OW : 옥외용 비닐절연전선 - 저압배전선로
- DV : 인입용 비닐절연전선 - 저압인입선
- IV : 600V비닐절연전선 - 옥내배선
- RB : 600V고무절연전선 - 특수한 경우
- HIV : 600V내열비닐절연전선 - 내열선 요구 시
- NRI : 300/500V 기기배선용 단심비닐절연전선 90℃-내화, 내열선 요구 시

③ 전선 굵기

전선의 굵기를 결정하기 위한 3요소는 다음과 같다.

- 전선의 허용 전류, 전압 강하, 전선의 기계적 강도

(2) 배선기호

그림 6-4

(3) 배관공사

① 금속관 공사 – 후강 전선관, 박강 전선관

금속관 공사는 기계적 강도가 강하고, 단락, 접지사고 시 화재 발생 위험이 적고 관의 크기를 표시하는 기준으로 후강 전선관과 박강 전선관으로 구분한다.

㉠ 후강 전선관 : 내경에 가까운 짝수로 표시

㉡ 박강 전선관 : 외경에 가까운 홀수로 표시

② 합성 수지관

합성 수지관 공사에 사용되는 합성 수지관은 대부분 경질 비닐 전선관을 사용하며, 금속관 공사에 비해 가벼워 시공이 용이하고, 절연성이 있어 누전의 우려가 없어 접지 공사가 필요 없으며 내식성이 있어 부식성 가스가 체류하는 장소에 적합하다. 반면 열에 약하며 기계적 충격 및 압력, 외력에 약한 단점이 있다. 이 전선관의 크기는 내경에 가까운 짝수를 굵기로 표시한다.

③ 가요 전선관

㉠ 1종 : 플렉시블관 – 아연도금한 연강대를 사용, 건조하고 전개된 장소 및 은폐 장소에 설치한다.

㉡ 2종 : 플리커 튜프라고도 하며, 굴곡부가 많은 장소의 콘크리트 내 매입용으로 사용

(4) 자재(금속관 공사에 사용하는 자재)

금속관 공사에 사용하는 재료는 다음 표와 같다.

표 6-1 금속관 배관공사용 자재용도

배선재료	용법(용도)	배선재료	용법(용도)
 후강 전선관	공장 등의 배관에서 특히 강도를 필요로 하는 경우 또는 폭발성 가스나 부식성 가스가 있는 장소. 관의 호칭은 안지름의 근사치를 짝수로 표시한다.	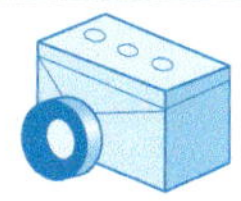 터미널 캡 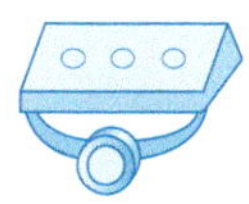 엔트런스 캡	저압 가공 인입선에서 금속관 공사로 옮겨지는 곳 또는 금속관으로부터 전선을 뽑아 전동기 단자부분에 접속할 때 전선을 보호하기 위해서 관 끝에 취부한다.
 박강 전선관	일반적인 장소 관의 호칭은 바깥지름의 근사치를 홀수로 표시한다.	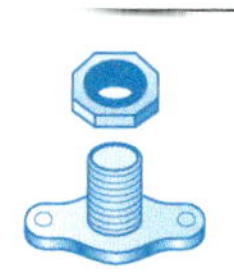 픽스쳐 스터드 (노 볼트형)	무거운 조명기구를 박스에 취부할 때 사용하는 것이며, 박스 밑면의 중심에 있는 녹아웃 구멍에 꽂고 록 너트로 죈다.
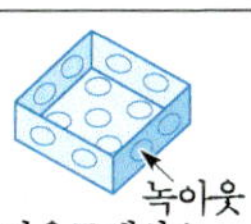 아웃트랫박스 (4각 얕은 형) 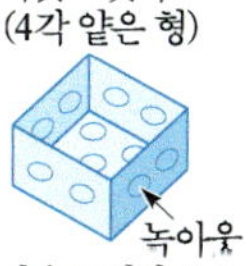 아웃트랫박스 (4각 깊은 형)	전선 접속, 조명기구, 콘센트 등의 취부에 사용한다.	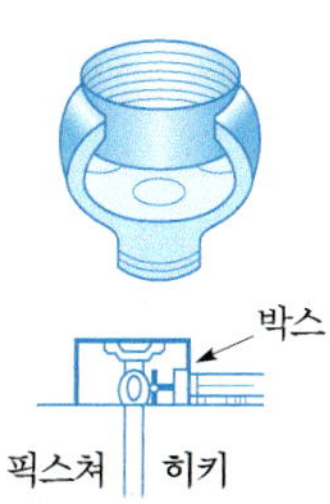 픽스쳐 히키	기구를 파이프로 매달 때 스탠드와 기구 파이프 사이에 취부하고 옆 구멍으로부터 전선을 파이프 속에 넣을 수 있게 되어 있다.
 새들	노출 배관공사나 점검할 수 있는 은폐 배관공사 등에서 전선관을 조영재에 고정할 때 사용한다.	 접지 크램프  어스 클립	금속관과 접지선 사이의 접속에 사용한다.

배선재료	용법(용도)	배선재료	용법(용도)
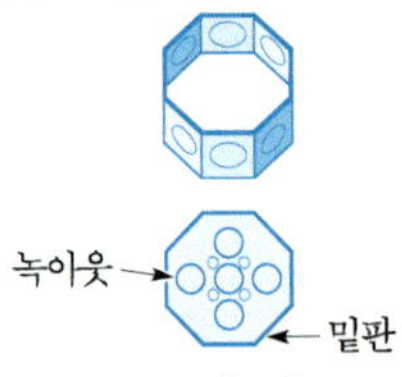 콘크리트박스 (8각 깊은 형)	콘크리트 내의 매입 배선용으로 아우트렛 박스와 같은 목적으로 사용되지만, 밑판을 뗄 수 있으므로 슬래브 배관의 경우 천장면에 박스나 관을 취부하기가 용이함.	 커플링 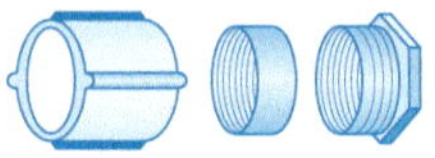 유니온 커플링	금속관 사이를 접속할 때 사용한다. 전선관에 나사를 내고 접속하는 것과 나사를 내지 않고 접속하는 커플링(no thread coupling)이 있다.
 록너트	박스에 금속관을 고정할 때, 커플링으로 관 상호 간을 접속할 때 커플링이 도는 것을 방지하기 위해서 사용된다. 6각형과 톱니형 두 가지가 있다.	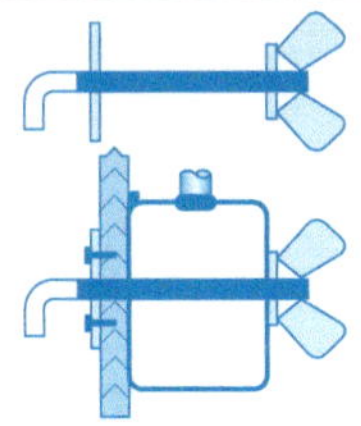 패널 박스 고정용 철물	패널을 벽에 고정할 때 사용한다.
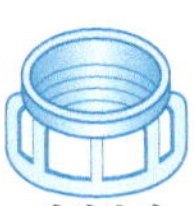 절연부싱  부싱	전선의 절연 피복을 보호하기 위해서 금속관의 관 끝에 취부한다. 절연 부싱은 강제 부싱의 안쪽을 절연물로 피복하였기 때문에 안전성이 높다. 합성수지제 부싱도 많이 사용된다.	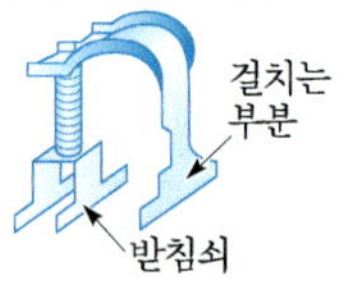 표면죔 C새들 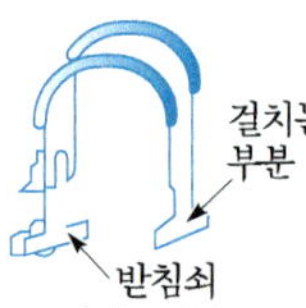 표면죔 C새들	빌딩 내의 배관에 사용하는 철판제 새들이다. C새들은 전선관 바깥지름에 맞추어 반원형으로 굽혀져 있어 관 고정 작업이 용이하다.
 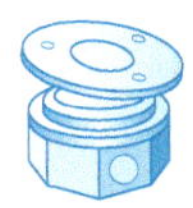	바닥 밑으로 매입 배선을 할 때 콘센트 기타 바닥에 취부하는 기구를 취부할 때 또는 배선을 뽑을 때 사용한다.	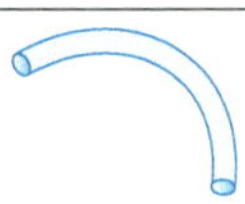 노멀밴드	배관이 직각으로 굽는 곳에서 사용한다.
		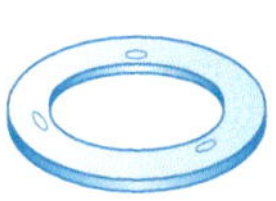 링레듀서	금속관을 아우트렛 박스 등의 녹아웃(knockout)에 취부할 때 녹아웃의 지름이 관의 지름보다 큰 관계로 록너트만으로는 고정할 수 없을 때 보조적으로 사용한다.

CHAPTER 06 옥내간선 및 배선 연습문제

1 전선 재료 중에서 구비하여야 할 조건은?

가. 전기저항이 클 것
나. 기계적 강도가 작을 것
다. 인장강도가 작을 것
라. 가요성이 풍부할 것

해설

전선 재료의 구비조건
① 도전율이 클 것
② 접속이 쉬울 것
③ 인장 강도가 클 것
④ 가요성이 클 것
⑤ 선, 판 등으로 가공이 쉬울 것
⑥ 내식성이 클 것
⑦ 가격이 싸고 구입이 쉬울 것
⑧ 전기저항이 작을 것

정답 라

2 다음 중 접지공사를 실시하는 목적으로 옳지 않은 것은?

가. 기기의 절연물이 열화 또는 손상되었을 때 흐르는 누설전류로 인한 감전 방지
나. 1, 2차 혼촉사고가 발생하였을 때 인축에 위험을 주는 전류를 대지로 흘려 감전 방지
다. 뇌해를 방지
라. 송전선, 배전선, 고전압 모선 등에서 지락사고가 발생하였을 경우 계전기의 동작 방지

해설

접지목적 : 감전 방지
- 제1종 접지: 고압기기용
- 제2종 접지: [특]고압과 저압의 혼촉방지(ex. 변압기)
- 제3종 접지: 400[V] 미만용(ex. 비상콘센트 설비)
- 특별3종 접지: 400[V] 이상용

정답 라

3 변압기, 차단기, 유입개폐기, 계기용 변성기 등 고압기기의 철대, 금속제 케이스에 시행하는 접지공사의 종류는?

가. 제1종　　나. 제2종　　다. 제3종　　라. 특별3종

해설

제1종 접지 : 고압기기용

정답 가

4 220[V], 3ϕ, 7[kW]인 제연용 배풍기 모터 외함의 접지공사 종류로 옳은 것은?

가. 제1종 접지공사　　나. 제2종 접지공사　　다. 제3종 접지공사　　라. 특별제3종 접지공사

해설

제3종 접지 : 400(V) 미만

정답 다

5 400[V]를 넘는 저압용 기기의 철대, 금속제 케이스, 금속관, 덕트 등에 시행하는 접지공사의 종류는?

가. 제1종　　나. 제2종　　다. 제3종　　라. 특별제3종

해설

특별3종접지 : 400(V) 이상

정답 라

6 옥내배선의 전선의 굵기를 결정하는 요소는?

가. 허용전류, 전압강하, 절연저항　　나. 절연저항, 통전시간, 전압강하
다. 허용전류, 전압강하, 기계적 강도　　라. 절연저항, 전압강하, 기계적 강도

해설

전선 굵기 3요소 : 전압강하, 허용전류, 전선의 기계적 강도

정답 다

7 굴곡장소가 많은 경우나 승강기 배선에 적당한 옥내배선공사 방법은?

가. 금속관공사　　나. 가요전선관공사　　다. 금속덕트공사　　라. 경질비닐관공사

해설

가요전선관 공사는 굴곡 부분이 많은 장소 또는 승강기 배선이나 공장 등의 전동기에 이르는 짧은 배선에 사용되며 콘크리트에 매설하여서는 안 된다. 즉, 잘 휘어지는 전선관

정답 나

8 변압기의 내부고장을 보호하는 용도로 사용되는 계전기는?

가. 과전압 계전기　　나. 과전류 계전기　　다. 저전압 계전기　　라. 비율차동 계전기

해설

변압기 내부고장을 보호하는 계전기: 비율차동계전기, 브흐-홀쯔계전기

정답 라

9 발전기 권선의 층간 단락보호에 가장 적합한 계전기는?

가. 과부하계전기　　나. 접지계전기　　다. 차동계전기　　라. 온도계전기

정답 다

10 직류 2선식 선로의 전압강하와 관계가 없는 것은 다음 중 어느 것인가?

가. 전선로의 전선 단면적　　나. 전선로의 길이
다. 전선로를 흐르는 저항　　라. 부하의 역률

해설

직류2선식 전압강하 $e = \dfrac{35.6LI}{1000A}$[V], $e = 2IR$[V]

※ e[V]: 전압강하, L[m]: 전선의 길이, I[A]: 전류, A[mm^2]: 전선 단면적(굵기)

정답 라

11 방재반에서 200[m]떨어진 곳에 델류지밸브(deluge valve)가 설치되어 있다. 델류지밸브에 부착되어 있는 솔레노이드 밸브에 전류를 흘리어 밸브를 작동시킬 때 선로의 전압 강하는 몇 [V]가 되겠는가? (단, 선로의 굵기는 5.5[mm^2],솔레노이드 작동전류 1[A]이다)

가. 1.29　　나. 2.29　　다. 3.29　　라. 4.29

해설

$$e=\frac{35.6LI}{1000A}[\mathrm{V}]=\frac{35.6\times 200\times 1}{1000\times 5.5}=1.29[\mathrm{V}]$$

정답 가

CHAPTER
07

전기계측과 스위칭소자

CHAPTER
07 전기계측과 스위칭소자

7.1 전기계측

(1) 계측기의 분류

일반적으로 계측기는 크게 교류용과 직류용으로 구분할 수 있다. 교류와 직류용은 각각 동작원리가 다음과 같이 다르므로 각각의 동작원리 별로 구분할 수 있다.

① **가동코일형** : 영구 자석과 가동코일의 전류에 의한 토크를 이용(직류 전용)
② **가동철편형** : 전류가 흐르는 고정코일 내의 철편의 자기력을 토크로 이용(교류 전용)
③ **전류력계형** : 고정코일과 가동코일의 전류간의 전류력에 의한 토크 이용
(교류, 직류 겸용)
④ **정류형** : 다이오드로 정류하여 가동 코일형 기기로 측정(교류 전용)
⑤ **유도형** : 유도전류와 이동자계사이의 전자력을 토크로 이용(교류 전용)

7.2 전압, 전류 측정

(1) 직류 전압, 전류 측정-가동코일형 계기

① **전압 측정** : 전압을 측정하기 위해서는 아래 그림 (a)와 같이 측정부하와 병렬 접속시켜 측정한다. 이때 직류인 경우 극성을 일치시켜야 한다. 또한 대전압의 경우는 배율기를 사용하여 측정할 수도 있다.
② **전류 측정** : 전류를 측정하기 위해서는 그림 (b)와 같이 측정 회로 및 부하에 대하여 직렬로 접속하여야 한다. 직류전류인 경우는 극성을 일치시키고, 대전류는 분류기를 사용할 수 있다.

대전류를 측정할 때는 계기용 변류기(CT)를 사용하여 측정하고, 대전압을 측정할 때는 계기용 변압기(PT)를 사용하여 측정할 수 있다.

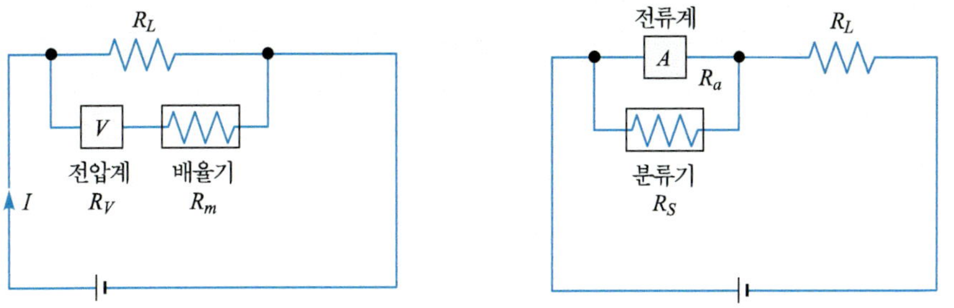

(a) 배율기 $m=1+\frac{R_m}{R_V}$ (b) 분류기 $m=1+\frac{R_a}{R_S}$

그림 7-1 전압, 전류 측정방법 및 배율기, 분류기 결선

7.3 저항 및 절연저항 측정

(1) 저항 측정

저항을 측정하는 방법은 소형 저항인 경우 저항에 표시된 색 표시를 읽으면 알 수 있으며, 멀티테스터를 이용하여 저항을 측정할 수 있다. 또한 정밀 저항을 측정하기 위해서는 휘트스톤 브리지를 이용하여 측정할 수 있는데 휘스톤 브리지의 원리는 아래 그림과 같은 브리지 회로에서의 평형 조건을 이용한 것이다.

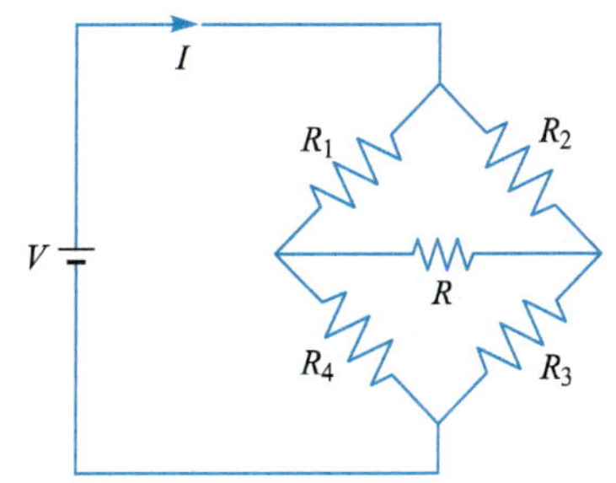

그림 7-2 브리지 회로

위의 그림과 같은 브리지 회로에서 평형 조건은 다음 식 (7 1)과 같다.

$$R_1 \times R_3 = R_2 \times R_4 \qquad (7\text{-}1)$$

(2) 절연저항 측정

① **절연저항** : 전기기기나 전선 등의 절연정도를 나타내는 저항

[MΩ] 단위로 표시 : 메거테스터, 절연저항계를 이용하여 측정

절연저항 시험전압 : 100[V], 250[V], 500[V], 1,000[V]

절연저항 값 : 0.1MΩ, 5MΩ, 20MΩ, 50MΩ

표 7-1 절연저항값

400V 이하	대지전압 150V 이하인 경우	0.1[MΩ]
	기타의 경우	0.2[MΩ]
400V 초과 시		0.4[MΩ]

7.4 전력 측정

(1) 전력

① 단상교류 전력 측정-단상전력계 이용

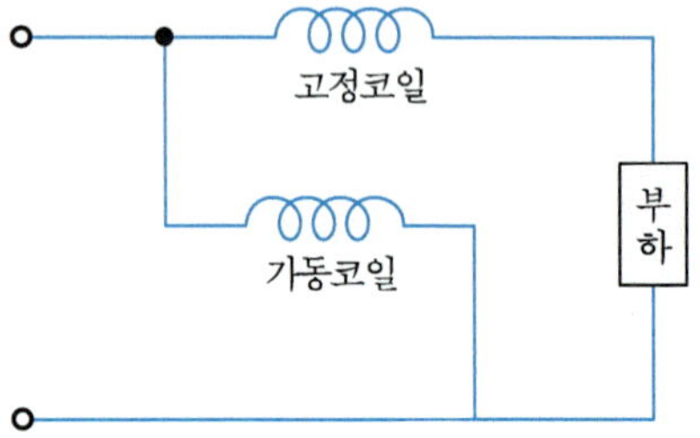

그림 7-3 단상 교류 전력계 결선

② 3상 교류 전력 측정

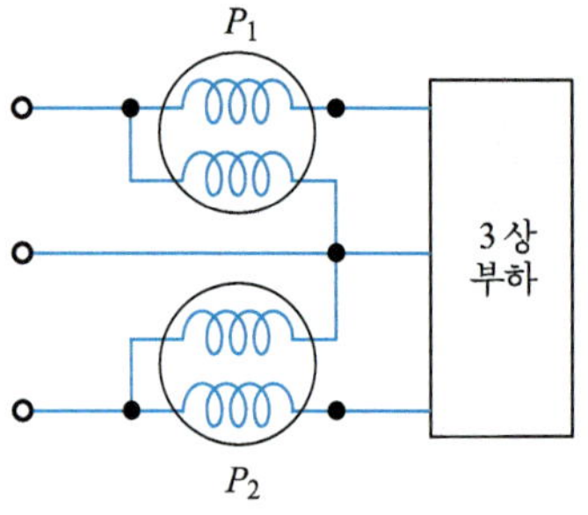

그림 7-4 3상 교류전력 측정법

위의 그림에서 3상 전력 $P = P_1 + P_2$이다.

(2) 전력량 측정

전력량은 전력에 시간을 곱한 것으로 전력량계(watt-hour meter)를 이용하여 전력량을 측정한다.

$$W = P \cdot t = V \cdot i \cdot t = i^2 \cdot R \cdot t \ \text{[Ws]}$$

7.5 스위칭소자

① **정류다이오드**

PN접합구조 한쪽 방향으로만 전류를 흘림.

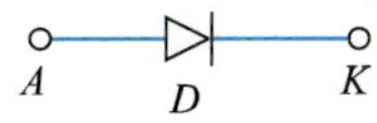

그림 7-5 정류다이오드

② **제너다이오드**

일정 전압 이상일 때 역방향 전류가 급격히 상승

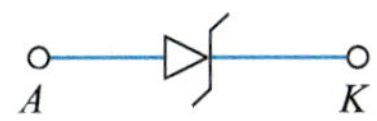

그림 7-6 제너다이오드

③ **발광다이오드**

전기신호를 빛으로 변환

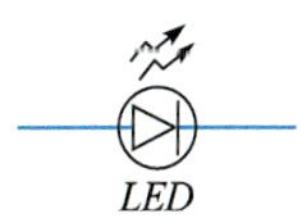

그림 7-7 발광 다이오드

④ **트랜지스터**

PNP형과 NPN형으로 구분하고,

스위칭 동작과 증폭 작용을 한다.

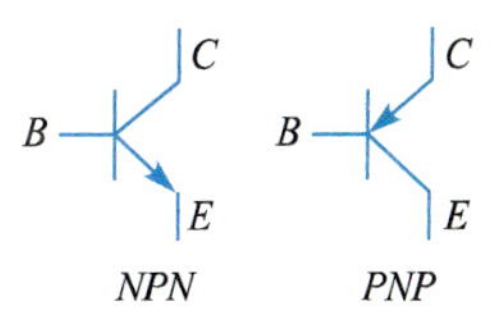

그림 7-8 트랜지스터

⑤ **바리스터(Varistor)**

인가전압에 따라 전압이 비직선적으로 변화하는 소자로서 서지전압보호용으로 쓰임.

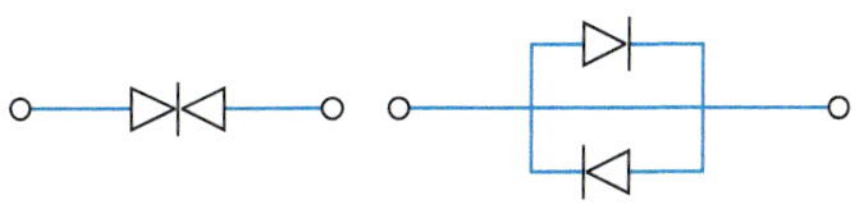

그림 7-9 바리스터

⑥ **서미스터(Thermistor)**

온도 상승과 함께 저항값 변화, 온도 보상용 및 열 감지기 센서 등으로 활동됨.

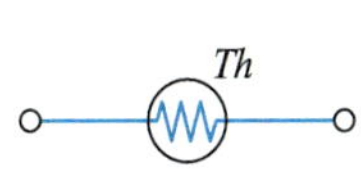

그림 7-10 서미스터

⑦ **사이리스터(Thyristor, SCR=silicon controlled rectifier)**

단방향 대전류 스위칭 소자

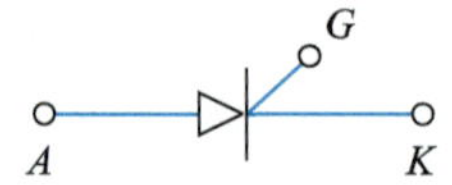

그림 7-11 사이리스터

⑧ **트라이악(TRIAC)**

양방향 스위치 소자

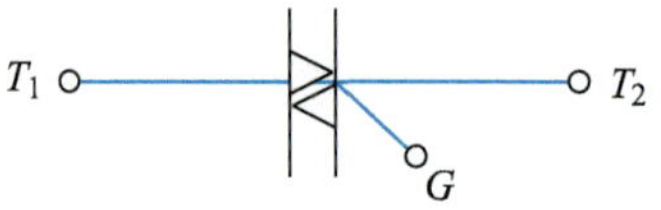

그림 7-12 트라이악

⑨ **PUT**

SCR과 유사한 특성을 가지고 있으며

게이트 레벨보다 애노드가 높아지면 동작

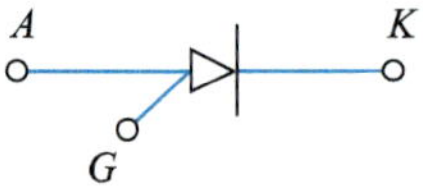

그림 7-13 PUT

⑩ **기타** : Photo-Tr, UJT, DIAC, GTO 등의 스위칭 소자들이 있다.

CHAPTER 07 전기계측 및 스위칭소자 연습문제

1 다음은 부하 전압과 전류를 측정하기 위한 방법이다. 옳은 것은?

가. 전압계 : 부하와 병렬, 전류계 : 부하와 직렬
나. 전압계 : 부하와 병렬, 전류계 : 부하와 병렬
다. 전압계 : 부하와 직렬, 전류계 : 부하와 직렬
라. 전압계 : 부하와 직렬, 전류계 : 부하와 병렬

정답 가

2 회로시험기로 직접 측정이 불가능한 것은?

가. 저항　　나. 역률　　다. 전압　　라. 전류

해설

회로시험기(멀티테스터기) : 전압, 전류, 저항 측정

정답 나

3 메거(megger)로 측정하는 저항은?

가. 절연저항　　나. 접지저항　　다. 전지의 내부저항　　라. 회로저항

해설

- 저저항측정(1Ω 미만) : 캘빈더블 브릿지법, 전위차법, 전압강하법
- 중저항측정(1Ω 이상 $10^6\Omega$ 미만) : 휘트스톤 브릿지법
- 고저항[절연저항] 측정($10^6\Omega$ 이상) : 절연저항계법(메거법)
- 접지저항 : 어스테스터기법, 코울라쉬브릿지법
- 전지내부저항 측정 : 코울라쉬브릿지법

정답 가

4 계측방법이 잘못된 것은?

가. 훅크온 메타에 의한 전류 측정
나. 회로시험기에 의한 저항 측정
다. 메거에 의한 접지저항 측정
라. 전류계, 전압계, 전력계에 의한 역률 측정

해설

고저항[절연저항] 측정($10^6\Omega$ 이상) : 절연저항계법(메거법)

정답 다

5 단상 교류회로에 연결되어 있는 부하의 역률을 측정하고자 한다. 이때 필요한 계측기의 구성으로 옳은 것은?

가. 전압계, 전력계, 회전계
나. 저항계, 전력계, 전류계
다. 전압계, 전류계, 전력계
라. 전류계, 전압계, 주파수계

해설

$P = VI\cos\theta \Rightarrow \cos\theta = P/VI$

정답 다

6 저항치가 $10^6[\Omega]$ 이상인 고저항의 측정법은?

가. 캘빈더블브릿지법
나. 휘트스톤브릿지법
다. 전위차계법
라. 메거에 의한 법

정답 라

7 미소 전류를 검출하는데 사용되는 것은?

가. 맥스웰브릿지
나. 셰링브릿지
다. 검류계
라. 전위차계

정답 다

8 다음 중 축전지의 내부저항을 측정하는데 적합한 것은?

가. 휘트스톤 브릿지 나. 콜라우시 브릿지
다. 미끄럼줄 브릿지 라. 캘빈더블 브릿지

정답 나

9 전선의 전류를 측정하는데 사용되는 계기는?

가. 메거 나. 휘트스톤브릿지 다. 훅온미터 라. 역률계

해설

훅온미터 : 전류 측정

정답 다

10 지시계전기의 일반적인 구성요소가 아닌 것은?

가. 가열장치 나. 구동장치 다. 제어장치 라. 제동장치

해설

전기계측 3대 구성요소
① 구동장치(구동토크)
② 제동장치(제동토크) : 공기식, 전자식, 액체식
③ 제어장치(제어토크) : 스프링제어, 중력제어, 와전류제어, 비율제어

정답 가

11 전기 계기에서 측정하려는 전기적인 양에 비례하는 구동토크를 일으키는 장치로서 가동부분을 동작시키는 장치는?

가. 구동장치 나. 제어장치 다. 제동장치 라. 반발장치

정답 가

12 지시계기의 구비조건으로 해당되지 않는 것은?

가. 정확도가 높고, 측정회로에 영향이 적을 것
나. 과부하에 견디는 양이 적을 것
다. 응답속도가 좋을 것
라. 구조가 간단하고, 취급이 쉬울 것

해설

지시계기는 정확도가 높고 과부하에 견디는 양이 클 것

정답 나

13 지시계기의 흔들림 읽기를 취하는 측정법을 무엇이라고 하는가?

가. 편위법　　나. 영위법　　다. 보상법　　라. 치환법

해설

측정방법

① 직접측정 : 피측정량과 같은 종류의 기준량을 직접 비교하여 그 양을 측정하는 방법 ex) 길이를 자로 재는 경우, 전압계로 전압을 측정하는 경우

② 간접측정 : 피측정량과 일정한 관계가 있는 다른 양을 측정하여 계산으로 구하는 경우 ex) 직류전력을 측정할 때 전압과 전류를 각각 측정하여 이들의 곱으로 구하는 경우

③ 절대측정 : 많은 물리적인 양은 길이, 질량, 시간 등 3개의 기본량에 의하여 이루어져 있으므로, 측정하려고 하는 양을 길이, 질량, 시간의 측정으로서 결정하는 경우는 이에 해당한다.

④ 비교측정 : 미지량을 이것과 같은 종류의 기지량과 비교하여 측정하는 방법

- 편위법 : 지시계기의 지침의 편위로 측정량을 구하는 방식으로서 직편법이라고도 한다(감도가 좋지 않으나 간단하고 신속하게 측정할 수 있는 이점이 있어 가장 많이 사용된다). ex) 전압계, 전류계, 다이얼게이지
- 영위법 : 측정량과 별도로 크기를 조정할 수 있는 표준량을 준비하고, 이것을 표준량과 평행시켜 표준량의 크기로부터 측정량을 구하는 방식이다.
  ex) 휘트스톤브릿지, 전위차계, 양팔저울
- 보상법 : 영위법의 영역에 속하는 것으로서 측정량에서 기지의 일정한 양을 뺀 나머지 양에 대해 측정하는 방식이다.
- 치환법 : 높은 확도를 필요로 할 때 측정량과 표준량을 치환하여 비교하는 방식으로 치환전과 치환 후를 비교해 봄으로써 높은 확도가 얻어진다.
  ex) 버니어캘리퍼스

정답 가

14 측정량과 표준량이 종류나 성질이 서로 다른 경우에 3개의 기본량인 길이, 질량, 시간 등을 측정함으로써 구하고자 하는 측정량을 얻어내는 방법은?

가. 직접측정 나. 간접측정 다. 비교측정 라. 절대측정

정답 라

15 측정량과 별도로 크기를 조정할 수 있는 표준량을 준비하고 이것을 표준량과 평행시켜 표준량으로부터 측정량을 구하는 방법으로 감도가 좋고 정밀측정에 적합한 측정방법은?

가. 편의법 나. 직편법 다. 영위법 라. 반경법

정답 다

16 어떤 측정계기의 지시값을 M, 참값을 T 라 할 때 보정율은?

가. $\dfrac{T-M}{M}$ 나. $\dfrac{M}{M-T}$ 다. $\dfrac{T-M}{T}$ 라. $\dfrac{T}{M-T}$

해설

- 오차백분율 $\epsilon = \dfrac{M-T}{T} \times 100[\%]$
- 보정백분율 $\alpha = \dfrac{T-M}{M} \times 100[\%]$

※ T : 참값, M : 측정값(지사값)

정답 가

17 참값이 4.8[A]인 전류를 측정하였더니 4.65[A]이었다. 이때의 보정률은 약 몇 [%]인가?

가. +1.6 나. −1.6 다. +3.2 라. −3.2

해설

보정백분율 $\alpha = \dfrac{T-M}{M} \times 100 = \dfrac{4.8-4.65}{4.65} \times 100 = +3.2[\%]$

정답 다

18 백분율 오차가 +12.0[%]일 때 보정백분율은?

가. +9.7[%]　　나. −9.7[%]　　다. +10.7[%]　　라. −10.7[%]

해설

$$\alpha = \frac{T-M}{M} \times 100 = \frac{T-1.12T}{1.12T} \times 100 = -10.7[\%]$$

$$\epsilon = \frac{M-T}{T} \times 100 \Rightarrow 12 = \frac{M-T}{T} \times 100 \Rightarrow 100(M-T) = 12T \qquad \therefore M = 1.12T$$

정답 라

19 2전력계법을 써서 3상전력을 측정하였더니 각 전력계가 +500[W],+300[W]를 지시하였다. 전 전력[W]은?

가. 800　　나. 200　　다. 500　　라. 300

해설

$$P = P_1 + P_2 = 500 + 300 = 800[\text{W}]$$

정답 가

20 그림과 같은 회로에서 전압계 3개로 단상 전력을 측정하고자 할 때의 유효전력은?

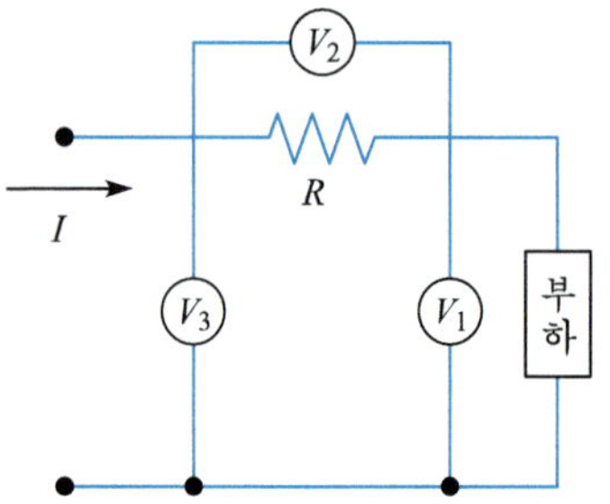

가. $\frac{1}{2R}(V_3^2 - V_1^2 - V_2^2)$

나. $\frac{1}{2R}(V_3^2 - V_1^2)$

다. $\frac{R}{2}(V_3^2 - V_1^2 - V_2^2)$

라. $\frac{R}{2}(V_2^2 - V_1^2 - V_3^2)$

정답 가

21 다음 중 직류전압을 측정할 수 없는 계기는?

가. 가동코일형 나. 정전형 다. 유도형 라. 열전형

해설

- 직류 측정 : (영구자석)가동코일형-평균값 지시
  가동지침형
  전해형
- 교류측정 : 유도형-아라고원판 원리 이용했고, 잠동 현상이 발생하며 적산전력계 응용
  정류형-실효값 지시
- 직ˎ교류 : 전류력계형-동일(같은) 눈금으로 되어있어 편리하다.
  가동철편형
  열전형
  정전형-전압계만 응용

정답 다

22 다음 중 동일 눈금형으로 사용되는 AC, DC양용 계기는?

가. 가동철판형 나. 전류력계형 다. 가동선륜형 라. 유도형

정답 나

23 정류기형계기의 눈금이 지시하는 것은?

가. 최댓값 나. 실효값 다. 평균값 라. 순시값

정답 나

24 가동코일형 측정계기로 맥동하는 전류를 측정할 경우 지시하는 값은?

가. 최소값 나. 최댓값 다. 실효값 라. 평균값

정답 라

25 잠동이 발생하는 계기는?

가. 역률계　　나. 전압계　　다. 전류계　　라. 적산전력계

정답 라

26 지시계기에 대한 동작 원리가 옳지 않은 것은?

가. 열전대형 계기 – 정전작용
나. 유도형 계기 – 회전 자장 및 이동자장
다. 전류력계형 계기 – 코일의 자계
라. 열선형 계기 – 열선의 팽창

해설

열전대형 계기– 열기전력 작용

정답 가

27 다음과 같은 회로에서 분류기의 배율은? (단, 전류계 A의 내부저항은 R_a이며, R_s는 분류기 저항이다)

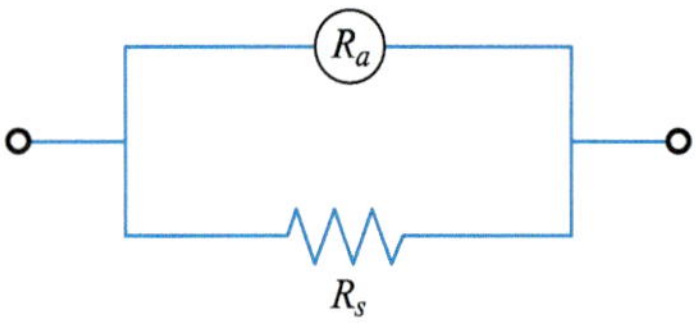

가. $\dfrac{R_a}{R_a+R_s}$　　나. $\dfrac{R_s}{R_a+R_s}$　　다. $\dfrac{R_a+R_s}{R_s}$　　라. $\dfrac{R_a+R_s}{R_a}$

해설

- 전압계 측정범위 확대(전압계는 회로와 직렬접속)

$$m=\frac{V}{V_V}=1+\frac{R_m}{R_V}$$

- 전류계 측정범위 확대(전류계는 회로와 병렬접속)

$$m=\frac{V}{I_a}=1+\frac{R_a}{R_s}$$

정답 다

28 내부저항 0.5[Ω], 최대측정범위 10[A]인 전류계에 0.5[Ω]의 분류기를 병렬로 연결하여 최대 몇 [A]의 전류를 측정할 수 있는가?

가. 5　　나. 10　　다. 15　　라. 20

해설

전류계 측정범위 확대(전류계는 회로와 병렬접속)

$$m = \frac{I}{I_a} = 1 + \frac{R_a}{R_s} \Rightarrow \frac{I}{10} = 1 + \frac{0.5}{0.5} \Rightarrow I = 20[\mathrm{A}]$$

정답 라

29 최대 눈금 100[mV], 저항 20[Ω]인 직류전압계에 10[kΩ]의 배율기를 접속하면 몇 [V]까지 측정이 가능한가?

가. 50　　나. 60　　다. 500　　라. 600

해설

전압계 측정범위 확대(전압계는 회로와 직렬접속)

$$m = \frac{V}{V_V} = 1 + \frac{R_m}{R_V} \Rightarrow \frac{V}{100 \times 10^{-3}} = 1 + \frac{10 \times 10^3}{20} \Rightarrow V = 50[\mathrm{V}]$$

정답 가

30 내부저항이 200[Ω]이며 직류 120[mA]인 전류계를 6[A]까지의 전류계로 사용하고자 한다. 그 때의 방법을 바르게 설명한 것은?

가. 2.08[Ω]의 저항을 직렬로 연결한다.
나. 2.08[Ω]의 저항을 병렬로 연결한다.
다. 4.08[Ω]의 저항을 병렬로 연결한다.
라. 4.08[Ω]의 저항을 직렬로 연결한다.

해설

전류계 측정범위 확대(전류계는 회로와 병렬접속)

$$m = \frac{I}{I_a} = 1 + \frac{R_a}{R_s} \Rightarrow \frac{6}{120 \times 10^{-3}} = 1 + \frac{200}{R_s} \Rightarrow R_s = 4.08[\Omega]$$

정답 다

31 어떤 전압계의 측정범위를 5[배]로 하려면 배율기의 저항을 전압계 내부저항의 몇 [배]로 하면 되는가?

가. 5　　나. 9　　다. 10　　라. 4

해설

전압계 측정범위 확대(전압계는 회로와 직렬접속)

$$m = 1 + \frac{R_m}{R_V} \Rightarrow 5 = 1 + \frac{R_m}{R_V} \Rightarrow \frac{R_m}{R_V} = 4[\text{배}]$$

정답 라

32 계기용 변류기의 2차측 표준전류는 몇 [A]인가?

가. 3　　나. 5　　다. 10　　라. 20

해설

계기용 변압기[PT] : 2차전압 110[V], 계기용변류기[CT] : 2차전류 5[A]

정답 나

33 다음 중 도체는 어느 것인가?

가. 규소　　나. 공기　　다. 구리　　라. 유리

해설

- 도체(양도체) : 전기가 잘 통하는 물질[ex. 금속, 대지, 인체, 산과 염기 등]
- 반도체 : 전기가 통할수도 있고 통하지 않을 수 있는 물질[ex. 탄소 C, 셀렌 Se, 실리콘=규소 Si, 게르마늄 Ge, 아산화구리(동) CuO]
- 부도체(절연체, 유전체) : 전기가 잘 통하지 않는 물질[ex. 종이, 플라스틱, 섬유, 운모 등]

정답 다

34 반도체물질이 아닌 것은?

가. 셀렌　　나. 규소　　다. 리튬　　라. 게르마늄

정답 다

35 다음 중 온도가 상승함에 따라 저항이 감소하는 것은?

가. 탄소선 나. 니크롬선 다. 텅스텐선 라. 망가닌선

해설

반도체의 특징 : 부(−)의 온도계수[부성(−) 저항]를 갖는다. 즉, 저항과 온도는 반비례이다. [ex. 탄소 C, 셀렌 Se, 실리콘=규소 Si, 게르마늄 Ge, 아산화구리(동) CuO]

정답 가

36 도너(donor)란?

가. P형 반도체를 만든다.
나. n형 반도체를 만든다.
다. 3가원소
라. 가전자가 1개 모자라는 불순물

해설

- 진성반도체(순수반도체)
  4가원소(ex. 탄소 C, 셀렌 Se, 실리콘=규소 Si, 게르마늄 Ge, 아산화구리(동) CuO)
- 불순물반도체
  ① P형 반도체(억셉터) : 정공에 의하여 이루어진 불순물 반도체(3가원소 ex. B, Al, Ga)
  ② n형 반도체(도우너) : 과잉전자에 의하여 이루어진 불순물 반도체(5가원소 ex.P, As, Sb)

정답 나

37 브리지 정류회로에서 다이오드 한 개가 단락되었을 때 출력전압은?

가. 입력전압의 1/4크기이다.
나. 입력전압의 3/4크기이다.
다. 반파 정류전압이다.
라. 출력전압은 0이다.

해설

단상반파정류는 다이오드가 한 개 단락되어 있다.

정답 다

38 그림과 같은 정류회로에서 부하 R에 흐르는 직류 전류의 크기는 약 몇 [A]인가? (단, $V=200$[V], $R=20\sqrt{2}$[Ω]이다)

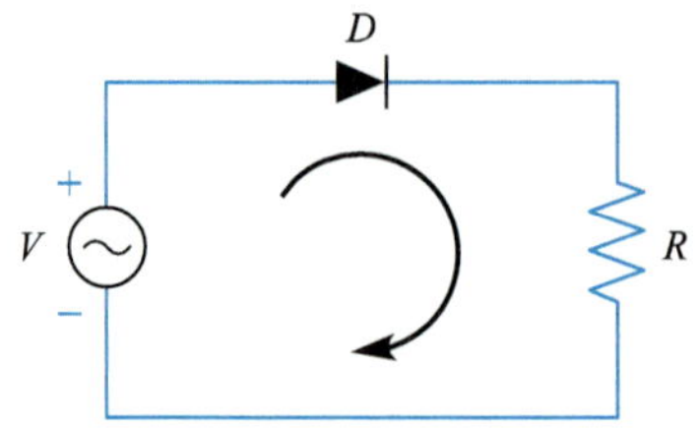

가. 5.4　　　나. 4.4　　　다. 3.8　　　라. 3.2

해설

단상반파정류회로 $I_0=0.45I=0.45\times7.07=3.2$[A]

$I=\dfrac{V}{R}=\dfrac{200}{20\sqrt{2}}=7.07$[A]

정답 라

39 다음 중 터널 다이오드의 작용이 아닌 것은?

가. 정류작용　　　나. 증폭작용　　　다. 발진작용　　　라. 스위칭작용

해설

- 터널다이오드
  ① 증폭작용, 발진작용, 스위칭작용
  ② 다이내트론 현상 이용
  ③ 고속스위치에 쓰인다.

정답 가

40 주로 정전압 회로용으로 사용되는 소자는?

가. 터널 다이오드　　　나. 포토 다이오드
다. 제너 다이오드　　　라. 매트릭스 다이오드

해설

제너다이오드(정전압다이오드)란 역바이어스전압이 어느 값에 달했을 때 역방향 전류가 급격히 증가하는 현상(항복현상)으로 정전압회로용(전원전압을 안정하게 유지)으로 사용된다.

정답 다

41 트랜지스터의 특성에 대한 설명으로 적당하지 못한 것은?

가. 수명이 길다.
나. 저전압, 소전력으로 동작한다.
다. 고온에 잘 견디며, 온도 특성이 양호하다.
라. 소형이다.

해설

일반적인 전자소자는 고온에 약하며 온도 특성이 양호하지 않다.

정답 다

42 펄스발생기로 성능이 우수하게 사용되는 것은?

가. MOS-FET　나. thyristor　다. varactor　라. UJT

해설

- MOS-FET : 트랜지스터의 일종
- 실리콘제어정류소자=사이리스터=SCR
  - NPNP(PNPN) 4층 구조로 안쪽 P층에 게이트라고 불리는 제어용 전극이 있다.
  - OFF상태에서 효율이 우수하다.
  - 작은 전류로 큰 전류를 제어할 수 있다.
  - 무접점스위치 및 대전력용 정류기에 사용된다.
  - 부성저항 갖는다.
- 가변용량다이오드=평행판콘덴서=버리캡=버랙터다이오드
  - TV나 FM등의 자동주파수제어(AFC) 또는 주파수체배기 등에 사용된다.
- 단접합트랜지스터=2중베이스다이오드=UJT
  - 스위칭회로, 펄스발생소자, 발진 등에 사용

정답 라

43 다음 ㉠, ㉡에 들어갈 다이오드는?

- 전류를 흘려보내면 빛을 내는 전자소자(㉠)
- 빛을 닿으면 전류를 흘려보내는 전자소자(㉡)

가. ㉠ : 제너다이오드　㉡ : 버랙터다이오드
나. ㉠ : 버랙터다이오드　㉡ : 제너다이오드
다. ㉠ : 발광다이오드　㉡ : 포토다이오드
라. ㉠ : 포토다이오드　㉡ : 발광다이오드

정답 다

44 다음 반도체소자 중 부성저항 특성을 갖지 않은 것은?

가. 정류 DIODE　　나. TRIAC　　다. UJT　　라. THYRISTOR

해설

정류형 다이오드: 정류작용(교류를 직류로 변환작용) 소자이다.

정답 가

45 다이오드를 사용한 정류회로에서 과대한 부하전류에 의하여 다이오드가 파손될 우려가 있을 경우의 적당한 방지책은?

가. 다이오드를 직렬로 추가한다.
나. 다이오드를 병렬로 추가한다.
다. 다이오드 양단에 적당한 값의 저항을 추가한다.
라. 다이오드 양단에 적당한 값의 콘덴서를 추가한다.

해설

- 과전압 보호장치 : 다이오드를 직렬로 추가
- 과전류 보호장치 : 다이오드를 병렬로 추가

정답 나

46 SCR과 동일한 스위칭소자는 어느 것인가?

가. 전계효과 트랜지스터　　나. 사이리스터
다. 터널 다이오드　　라. 양극성 트랜지스터

해설

실리콘제어정류소자=사이리스터=SCR

정답 나

47 SCR의 양극전류가 10[A]일 때 게이트 전류를 2[배]로 늘리면 양극전류는 몇 [A]인가?

가. 0　　나. 10　　다. 20　　라. 40

해설

게이트 전류와 관계없이 양극전류는 변화하지 않는다.

정답 나

48 소형이면서 대전력용 정류기로 사용하는데 적당한 것은?

가. 게르마늄 정류기 나. CdS 다. 셀렌 정류기 라. SCR

정답 라

49 도전상태에 있는 SCR을 차단상태로 하기 위한 방법으로 적당한 것은?

가. 전압의 극성을 바꾸어 준다.
나. 게이트에 역방향 바이어스를 인가해 준다.
다. 양극전압을 더 높게 올려준다.
라. 게이트 전류를 차단시켜준다.

정답 가

50 바리스터의 주된 용도는?

가. 온도 보상
나. 출력전류의 조절
다. 전압 증폭
라. 서지전압에 대한 회로 보호

해설

- 서미스터(더미스터)
  - 열을 감지하는 소자로서 온도 보상(보정)용으로 사용된다.
  - 종류 : NTC, PTC, CTR
- 바리스터(배리스터) : 인가전압의 변화에 따라서 저항값이 비직선적으로 바뀌는 소자로서 서지전압에 대한 회로보호용, 불꽃잡음 흡수회로용으로 사용된다.

정답 라

51 저항체의 일종으로 온도 보정용으로 사용되는 소자는?

가. 제너다이오드 나. 다이리스터 다. 더미스터 라. 트라이액

정답 다

52 인가전압의 변화에 따라서 저항값이 비직선적으로 바뀌는 회로소자는?

가. 바리스터　나. 더미스터　다. 트랜지스터　라. 다이오드

정답 가

53 계전기 접점과 불꽃을 소거할 목적으로 사용하는 반도체소자는?

가. 바리스터　나. 더미스터　다. 바랙터 다이오드　라. 터널 다이오드

정답 가

54 한 조각의 실리콘 속에 여러 개의 트랜지스터, 다이오드, 저항 등을 넣고 상호배선을 하여 하나의 회로로서의 기능을 갖게 한 것을 무엇이라 하는가?

가. 포토 트랜지스터　나. 더어미스터　다. 바리스터　라. IC

해설

집약회로=집적회로=IC회로

정답 라

55 이미터 접지 증폭기에서 $\beta=60$, $I_{CO}=0.1$[mA], $I_B=0.25$[mA]일 때 컬렉터 전류는 몇 [mA]인가?

가. 10.2[mA]　나. 21.1[mA]　다. 32.4[mA]　라. 40.5[mA]

해설

$I_C=\beta I_B+(1+\beta)I_{CO}=60\times0.25+(1+60)\times0.1=21.1$[mA]

※ β : 전류증폭률, I_{CO} : 컬렉터 차단전류, I_B : 베이스전류

정답 나

부 록

부 록 실전문제

제1회차

1 그림과 같은 회로에 전압 100[V]를 가할 때 10[Ω]의 저항에 흐르는 전류는 몇 [A]인가?

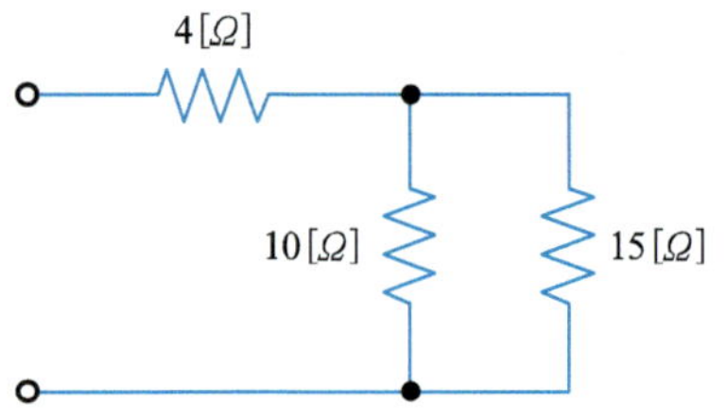

가. 2[A] 나. 4[A] 다. 6[A] 라. 8[A]□

2 주어진 콘덴서 회로의 AB 간 정전용량은 몇 [μF]인가?

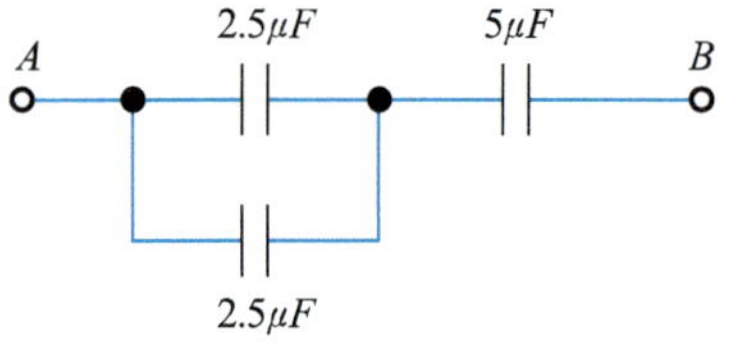

가. 2.5[μF] 나. 5.0[μF] 다. 7.5[μF] 라. 10[μF]

3 값이 같은 3개의 저항을 그림과 같이 접속하고 12[V]를 가할 때 3[A]가 흐르면 R 값은 몇 [Ω]인가?

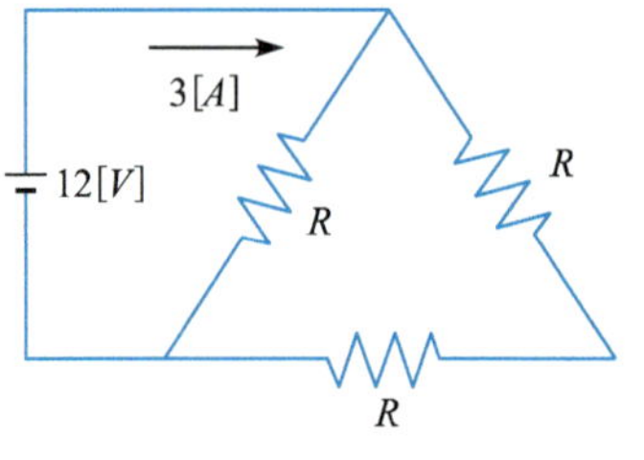

가. 4[Ω] 나. 6[Ω] 다. 8[Ω] 라. 12[Ω]

4 4가 원자의 순수한 결정에 3가인 불순물을 넣어서 전자가 뛰어나간 빈자리인 정공(hole)을 만드는 반도체는?

가. N형 반도체　　나. P형 반도체　　다. PN 접합 다이오드　　라. SCR

5 교류의 크기를 표시할 때 실효값에 $\sqrt{2}$ 배를 하면 어떤 값이 되는가?

가. 파고값　　나. 평균값　　다. 실효값　　라. 최댓값

6 도체의 단면에 150[C]의 전하가 1분 동안 통과하였다면 이 도체에 흐른 전류의 크기는 몇 [A]인가?

가. 2.5[A]　　나. 5.0[A]　　다. 4500[A]　　라. 9000[A]

7 정격전압에서 500[W] 전력을 소비하는 저항에 90%의 전압을 가할 때의 전력은 몇 [W]인가?

가. 405[W]　　나. 450[W]　　다. 490[W]　　라. 550[W]

8 그림에서 분류기의 배율은? (단, 전류계 A의 내부저항은 R_a, R_s는 분류기저항)

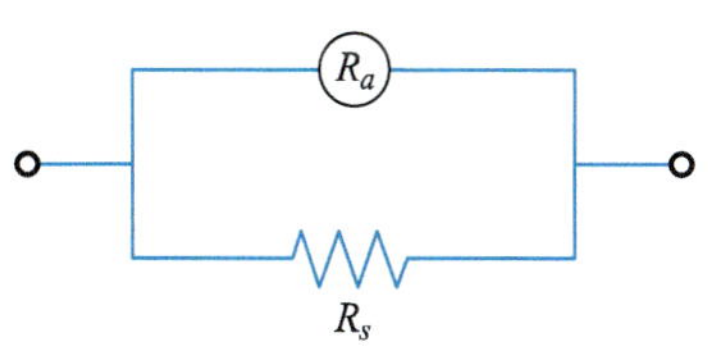

가. $\frac{R_a}{R_a+R_s}$　　나. $\frac{R_s}{R_a+R_s}$　　다. $\frac{R_a+R_s}{R_s}$　　라. $\frac{R_a+R_s}{R_a}$

9 정전기로 인한 화재를 막기 위한 조치로 옳은 것은?

가. 비전도성 가연성액체 위험물 저장탱크를 접지시킨다.
나. 전기 동력 배선과 가스관과의 절연을 크게 한다.
다. 스위치를 끊거나 넣을 때 생기는 스파크를 막기 위해 차단기류를 방폭 구조로 만든다.
라. 전기콘센트에 문어발식으로 플러그를 삽입 사용하지 않는다.

10 전기장 E[V/m] 내에 작용하는 전자 e에 작용하는 힘의 크기와 종류는?

가. 크기는 e^2E이며, 반발력　　나. 크기는 e^2E이며, 흡인력
다. 크기는 eE이며, 반발력　　라. 크기는 eE이며, 흡인력

11 다음의 함수 $f(t)=A\sin\omega t$를 라플라스(Laplace) 변환하면?

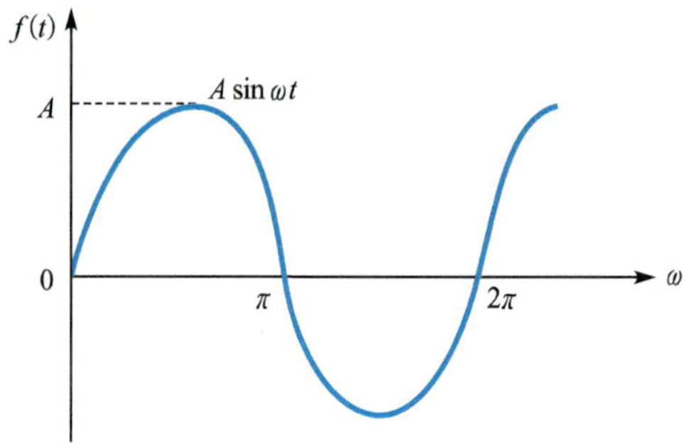

가. $\frac{A\omega}{s^2+\omega^2}$　　나. $\frac{A}{s^2+\omega^2}$　　다. $\frac{As}{s^2+\omega^2}$　　라. 냈$\frac{1}{s^2+\omega^2}$

12 다음 중 검출용 스위치가 아닌 것은?

가. 온도스위치　　나. 토글스위치　　다. 압력스위치　　라. 유량스위치

13 다음 중 시퀀스 제어의 용어에 대한 설명으로 옳지 않은 것은?

가. 자기유지란 계전기가 여자 된 후 동작기능이 계속 유지되는 것
나. 인터록회로란 하나의 계전기가 작동하면 다른 계전기는 작동하지 않도록 하는 것
다. 소자란 계전기 코일에 전류가 투입되면 자화성질을 잃게 되는 것
라. 타임차트란 시퀀스의 내용을 신호와 같이 그림으로 나타내는 것

14 서지전압에 대한 회로보호를 목적으로 주로 사용되는 것으로 가장 알맞은 것은?

가. 바리스터　　나. 제너다이오드　　다. 서미스터　　라. SCR

15 가정에서 사용하는 전등선에 100[V]의 교류가 흐른다. 이때 100[V]는 교류전압의 무엇을 나타내는가?

가. 순시값　　나. 평균값　　다. 실효값　　라. 최댓값

16 정전용량 2[μF]의 콘덴서를 직류 3000[V]로 충전할 때 이것에 축적되는 에너지는 몇 [J]인가?

가. 6[J]　　나. 9[J]　　다. 12[J]　　라. 18[J]

17 기계적 추치제어계로 그 제어량이 위치, 각도 등인 것은?

가. 자동조정　　나. 정치제어　　다. 프로그래밍 제어　　라. 서보기구

18 10[kVA]의 변압기 2대로 공급할 수 있는 최대의 3상 전력은 약 몇 [kVA]인가?

가. 14.1[kVA]　　나. 17.3[kVA]　　다. 28.3[kVA]　　라. 34.6[kVA]

19 정류기형 계기의 눈금이 지시하는 것은?

가. 최댓값　　나. 실효값　　다. 평균값　　라. 순시값

20 변압기의 정격 1차 전압이란?

가. 전부하를 걸었을 때의 1차 전압
나. 정격 2차 전압에 권수비를 곱한 것
다. 무부하시의 1차 전압
라. 정격 2차 전압을 권수비로 나눈 것

제2회차 실전문제

1 그림에서 A, B 사이의 합성저항은 몇 [Ω]인가?

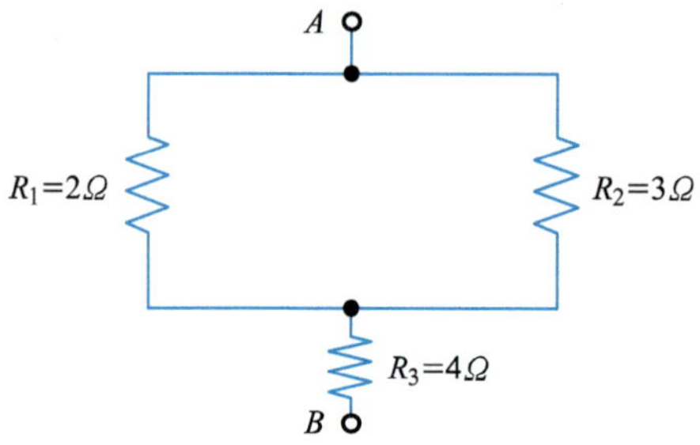

가. 3.5[Ω]　　나. 4.5[Ω]　　다. 5.2[Ω]　　라. 9[Ω]

2 논리식 $A(A+B)$를 가장 간단히 하면?

가. A　　나. B　　다. $A+B$　　라. AB

3 그림의 블록선도에서 전달함수 $\dfrac{C}{R}$는?

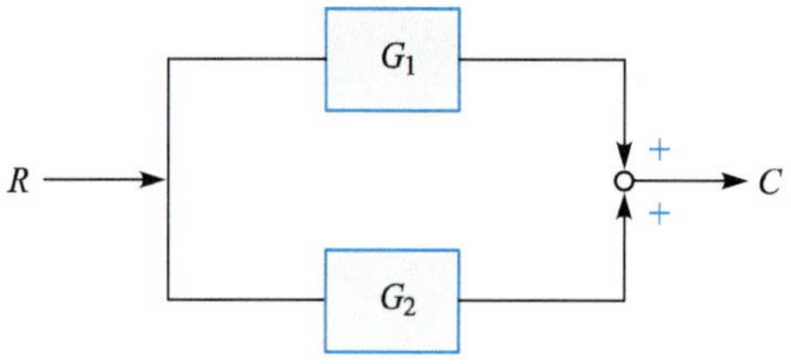

가. $\dfrac{G_1}{G_2}$　　나. G_1+G_2　　다. $G_1 \cdot G_2$　　라. G_1-G_2

4 다음 중 강 자성체에 속하지 않는 것은?

가. Cu　　나. Fe　　다. Ni　　라. Co

5 100[V], 1[kW]의 전열기를 90[V]에 사용할 때 소비전력은 몇 [kW]인가?

가. 0.41[kW] 나. 0.51[kW] 다. 0.81[kW] 라. 0.90[kW]

6 맥동률이 가장 적은 정류 방식은?

가. 단상 반파식 나. 단상 전파식 다. 3상 반파식 라. 3상 전파식

7 다음 중 실리콘 다이오드를 쓰는 정류기의 특성을 나타낸 것으로서 옳지 않은 것은?

가. 전류밀도가 크다.
나. 온도에 의한 영향이 작다.
다. 효율이 높다.
라. 소용량 정류기로만 쓸 수 있다.

8 직류발전기의 단자전압을 조정하려면 다음 중 어느 것을 조정하는가?

가. 전기자저항 나. 가동저항 다. 방전저항 라. 계자저항

9 다음 중 직 · 교류 겸용 계기가 아닌 것은?

가. 정전형 나. 유도형 다. 전류력계형 라. 열전형

10 $i = I_m \sin\left(\omega t - \frac{\pi}{4}\right)$와 $v = V_m \sin\left(\omega t - \frac{\pi}{6}\right)$와의 위상차는 얼마인가?

가. $\frac{1}{3}\pi$ 나. $\frac{1}{6}\pi$ 다. $\frac{1}{12}\pi$ 라. $\frac{7}{12}\pi$

11 회전운동계의 각속도를 전기적인 요소로 변환하면?

가. 정전용량 나. 컨덕턴스 다. 전류 라. 인덕턴스

12 실리콘제어정류기(SCR)에 대한 설명 중 맞지 않는 것은?

가. pnpn의 4층 구조이다.
나. 스위칭 소자이다.
다. 직류 및 교류의 전력제어용으로 사용된다.
라. 쌍방향성 사이리스터이다.

13 다음 중 원자 하나에 최외각 전자가 4개인 4가의 전자(four valence elctrons)로서 가전자대의 4개의 전자가 안정화를 위해 원자끼리 결합한 구조로 일반적인 반도체 재료로 쓰이는 것은?

가. Si　　나. P　　다. As　　라. Ga

14 가동코일형 계기의 지시값은?

가. 평균값　　나. 실효값　　다. 파형값　　라. 파고값

15 3[μF]의 콘덴서를 4[kV]로 충전하면 저장되는 에너지는 몇 [J]인가?

가. 4 [J]　　나. 8[J]　　다. 16[J]　　라. 24[J]

16 평행한 두 도체에 같은 방향의 전류를 흘렸을 때 두 도체 사이에 작용하는 힘은?

가. 반발한다.　　나. 힘이 작용하지 않는다.
다. 흡인한다.　　라. $\frac{I}{2\pi r}$의 힘이 작용한다.

17 교류 정현파회로에서 코일에 축적되는 평균에너지에 관한 설명 중 옳지 않은 것은? (단, 이상적인 코일이라 가정한다)

가. 인덕턴스를 크게 하면 축적에너지는 커진다.
나. 코일에 흐르는 실효치 전류를 크게 하면 축적에너지는 커진다.
다. 코일에 인가하는 실효치 전압을 크게 하면 축적에너지는 커진다.
라. 순시전력을 적분한 후 평균을 취하면 축적에너지를 구할 수 있다.

18 자기인덕턴스 L_1, L_2가 각각 4[mH], 16[mH]인 두 코일이 이상적으로 결합되었을 경우 상호인덕턴스 M[mH]은?

가. 6[mH]　　나. 8[mH]　　다. 10[mH]　　라. 12[mH]

19 그림과 같은 논리회로의 명칭은?

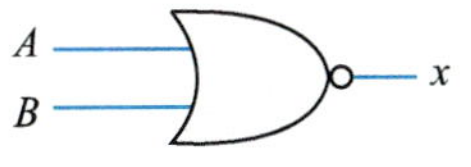

가. NOR
나. NAND
다. NOT
라. OR

20 1대의 용량 7[kVA]인 변압기 2대를 가지고 V결선으로 하면 3상 평형부하에 약 몇 [kVA]의 전력을 공급할 수 있는가?

가. 5.77[kVA]　　나. 8.66[kVA]　　다. 10[kVA]　　라. 12.12[kVA]

제3회차 실전문제

1 그림에서 20[Ω]의 저항에 흐르는 전류는?

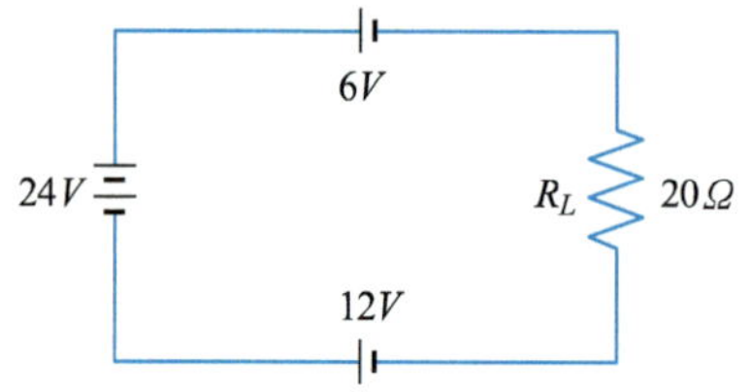

가. 0.3[A] 나. 0.9[A] 다. 1.5[A] 라. 2.1[A]

2 제어장치가 제어대상에 가하는 제어신호로서 제어장치의 출력인 동시에 제어대상의 입력은?

가. 조작량 나. 제어량 다. 목표량 라. 이득량

3 다음 중 지시계기의 3대 요소에 포함되지 않는 것은?

가. 가속 장치 나. 구동 장치 다. 제어 장치 라. 제동 장치

4 정전압 다이오드라고 하며 항복전압 이상으로 전압을 점점 증가시켜도 다이오드에 걸리는 전압은 더 이상 증가하지 않고 일정한 상태가 유지되는 성질을 이용하여 기기를 보호하기 위해 만든 다이오드는?

가. 터널다이오드 나. 제너다이오드 다. 포토다이오드 라. 발광다이오드

5 다음 그림과 같은 블록선도의 전달 함수는?

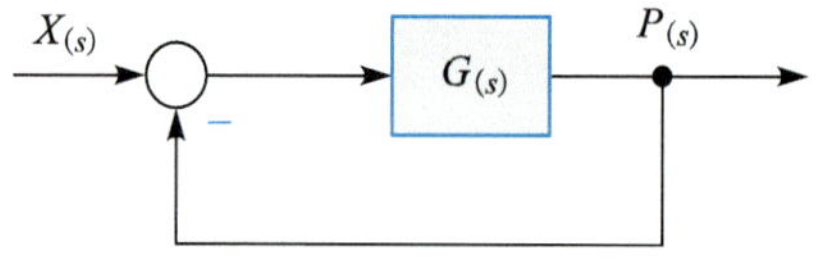

가. $1+\frac{1}{G}$ 나. $\frac{G}{1+G}$ 다. $\frac{G}{1-G}$ 라. G

6 다음 논리식 중 옳지 않은 것은??

가. $A+1=1$　　나. $(A+B)A=A$

다. $A+\overline{A}=0$　　라. $AB+A=A$

7 유도 결합되어 있는 한 쌍의 코일이 있다. 1차측 코일의 전류가 매초 5[A]의 비율로 변화하여 2차측 코일 양단에 15[V]의 유도기전력이 발생하고 있다면 두 코일 사이의 상호 인덕턴스 M은 몇 [H]인가?

가. 0.33[H]　　나. 3[H]　　다. 20[H]　　라. 75[H]

8 그림과 같은 회로의 역률은 약 얼마인가?

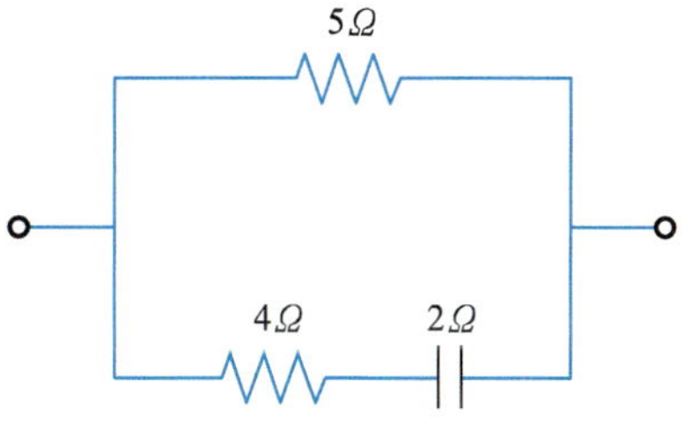

가. 0.67　　나. 0.76　　다. 0.89　　라. 0.97

9 다음 그림과 같은 회로에서 $C_1=C_2=C_3=20[\mu F]$일 때 합성 정전용량은 몇 [μF]인가?

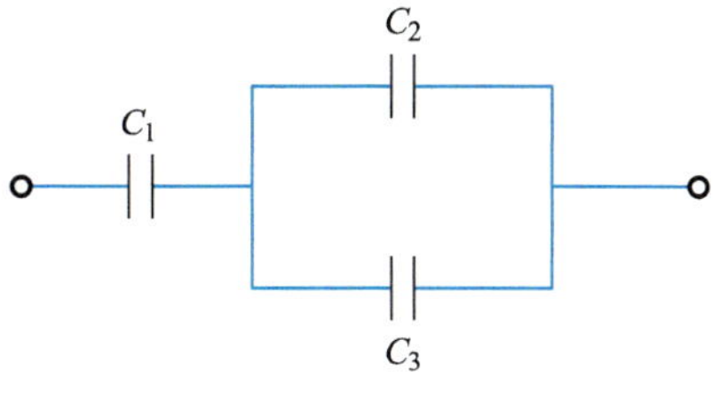

가. 0.67[μF]　　나. 1.31[μF]　　다. 13.3[μF]　　라. 19.9[μF]

10 60[Hz] 교류의 위상차가 $\frac{\pi}{6}$[rad]이다. 이 위상차를 시간으로 표시하면 몇 [sec]인가?

가. $\frac{1}{30}$[sec]　　나. $\frac{1}{60}$[sec]　　다. $\frac{1}{360}$[sec]　　라. $\frac{1}{720}$[sec]

11 권선비가 20:1인 변압기의 1차전압이 220[V], 1차전류가 15[A]이면 2차전압과 2차전류는 각각 얼마가 되는가?

가. 2차전압 : 11[V], 2차전류: 300[A]
나. 2차전압 : 11[V], 2차전류: 200[A]
다. 2차전압 : 4400[V], 2차전류: 300[A]
라. 2차전압 : 4400[V], 2차전류: 200[A]

12 0.1[H]인 코일의 리액턴스가 377[Ω]일 때 주파수는 약 몇 [Hz]인가?

가. 60[Hz] 나. 120[Hz] 다. 360[Hz] 라. 600[Hz]

13 다이오드에서 PN 접합 양단에 가해지는 전압의 방향에 따라 전류를 흐르거나 흐르지 못하게 하는 작용은?

가. 정류작용 나. 증폭작용 다. 발진작용 라. 트리거링작용

14 바리스터(varistor)의 주된 용도는?

가. 전압증폭
나. 온도보상
다. 출력전류의 조절
라. 서지전압에 대한 회로 보호

15 다음 중 양방향성 소자가 아닌 것은?

가. GTO(Gate Turn-Off thyristor)
나. triac(triode ac switch)
다. diac(diode ac switch)
라. RCT(Reverse-Conduction Thyristor)

16 도체의 단면에 10[C]의 전하가 4초 동안 통과하였다면 이 도체에 흐른 전류의 크기는?

가. 2.5[A] 나. 14[A] 다. 40[A] 라. 160[A]

17 다음 자동제어기구의 기본 번호 중 전자접촉기로 알맞은 것은?

가. 3　　나. 49　　다. 88　　라. 89

18 어떤 부하에 전압을 10[%] 줄이면 전력은 몇 [%] 줄어드는가?

가. 10[%]　　나. 15[%]　　다. 19[%]　　라. 27[%]

19 5[μF]의 콘덴서를 4[kV]로 충전하면 정전에너지는?

가. 10[J]　　나. 20[JJ]　　다. 40[J]　　라. 80[J]

20 다음 중 간선의 전선 굵기를 결정할 때 고려하여야 하는 사항으로 거리가 먼 것은?

가. 전압의 종별　　나. 허용전류　　다. 전압강하　　라. 기계적 강도

제4회차 실전문제

1 유도전동기에 인가되는 전압과 주파수를 동시에 변환시켜 직류 전동기와 동등한 제어성능을 얻을 수 있는 방식은?

가. 가변전압 가변주파수 제어　　나. 교류 귀환 제어
다. 교류 1단 제어　　라. 교류 2단 제어

2 이미터 접지 증폭기에서 $\beta=60$, $I_{CO}=0.1$mA, $I_B=0.25$mA일 때 컬렉터 전류는 몇 [mA]인가?

가. 10.2[mA]　　나. 21.1[mA]　　다. 32.4[mA]　　라. 40.5[mA]

3 브리지 정류회로에서 다이오드 1개가 개방되었을 때 출력 전압은?

가. 입력전압의 $\frac{1}{4}$ 크기이다.　　나. 입력전압의 $\frac{3}{4}$ 크기이다.
다. 반파 정류전압이다.　　라. 출력전압은 0이다.

4 전기계측 계기의 일반적인 구성요소가 아닌 것은?

가. 내압장치　　나. 구동장치　　다. 제어장치　　라. 제동장치

5 논리식 Y = (A+B)(A+C)와 등가인 것은?

가. B(A+C)　　나. C(A+B)　　다. B+AC　　라. A+BC

6 동선의 길이를 2배로 고르게 늘리니 전선의 단면적이 $\frac{1}{2}$로 되었다. 이때 저항은 처음의 몇 배가 되는가? (단, 체적은 일정하다)

가. 2배　　나. 4배　　다. 8배　　라. 16배

7 같은 규격의 축전지 2개를 병렬로 연결한 경우 전압과 용량의 변화에 대한 설명으로 알맞은 것은?

가. 전압과 용량이 모두 2배가 된다.
나. 전압과 용량이 모두 처음 것의 $\frac{1}{2}$로 된다.
다. 전압은 불변이고 용량은 2배가 된다.
라. 전압은 2배가 되고 용량은 불변이다.

8 계전기 접점의 불꽃을 소거할 목적으로 사용하는 것은?

가. 바리스터 나. 서미스터 다. 바랙터다이오드 라. 터널다이오드

9 권수비가 그림과 같이 100/24인 변압기의 1차측에 100V 60Hz의 교류전압을 인가하면 2차측 전압은 몇 [V]인가?

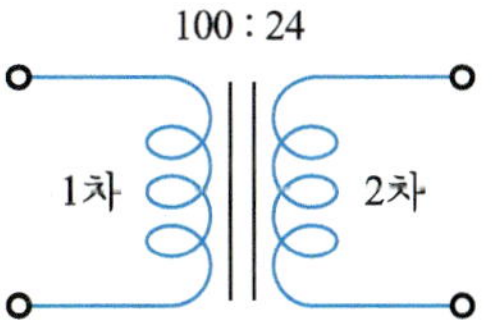

가. 24[V] 나. 48[V] 다. 100[V] 라. 240[V]

10 입력 A가 1이고, B가 0일 때 출력 X가 1로 되지 않는 게이트는?

가. NAND 게이트 나. OR 게이트
다. NOR 게이트 라. EXCLUSIVE OR 게이트

11 다음 설명 중 옳지 않은 것은?

가. 정전 유도에 의하여 작용하는 힘은 반발력이다.
나. 정전용량이란 콘덴서가 전하를 축적하는 능력이다.
다. 콘덴서에 전압을 가하는 순간 단락 상태가 된다.
라. 같은 부호의 전하끼리는 반발력이 생긴다.

12 저항체의 일종으로 온도 보정용으로 사용되는 소자는?

가. 제너다이오드　　나. 사이리스터　　다. 서미스터　　라. 트라이악

13 목표값이 시간에 관계없이 항상 일정한 값을 가지는 제어는?

가. 정치제어　　나. 추종제어　　다. 비율제어　　라. 프로그램제어

14 시퀀스 제어의 문자기호와 용어가 옳지 않은 것은?

가. ZCT-영상변류기　　나. CB-차단기　　다. 역률계　　라. THC-열동계전기

15 부하 전압과 전류를 측정하기 위한 연결방법으로 옳은 것은?

가. 전압계 : 부하와 병렬, 전류계 : 부하와 직렬
나. 전압계 : 부하와 병렬, 전류계 : 부하와 병렬
다. 전압계 : 부하와 직렬, 전류계 : 부하와 직렬
라. 전압계 : 부하와 직렬, 전류계 : 부하와 병렬

16 비율차동계전기의 사용 목적으로 가장 알맞은 것은?

가. 과부하 및 단락사고 검출
나. 저전압 검출
다. 발전기나 변압기의 내부고장 검출
라. 과전압 검출

17 일정한 직류 전원에 저항 $R[\Omega]$을 접속하여 I[A]가 흐르는 회로가 있다. 이 회로에 흐르는 전류값을 20% 증가시키기 위해서는 저항값을 약 얼마로 하여야 하는가?

가. $1.25R[\Omega]$　　나. $1.2R[\Omega]$　　다. $0.83R[\Omega]$　　라. $0.73R[\Omega]$

18 무효전력이 0이 되는 부하는?

가. 용량리액턴스만의 부하
나. 저항만의 부하
다. 유도리액턴스만의 부하
라. 용량리액턴스와 유도리액턴스만으로 구성된 부하

19 주위온도가 15℃일 때 저항이 0.25Ω이 되는 구리선이 있다. 화재로 인하여 주위온도가 75℃로 될 때 구리선의 저항은 약 몇 [Ω]으로 되는가? (단, 구리선의 α_0는 0.0043이다)

가. 0.06[Ω]　　나. 0.10[Ω]　　다. 0.31[Ω]　　라. 1.25[Ω]

20 서보기구를 이용한 제어에 해당하는 것은?

가. 추적용 레이더 장치　　나. 정전압 장치
다. 전기로 온도제어 장치　　라. 발전기의 조속기

제5회차 실전문제

1 그림의 단자 A와 B 사이에 몇 [V]의 전압을 인가하면 축적되는 총 전하가 50μC이 되겠는가?

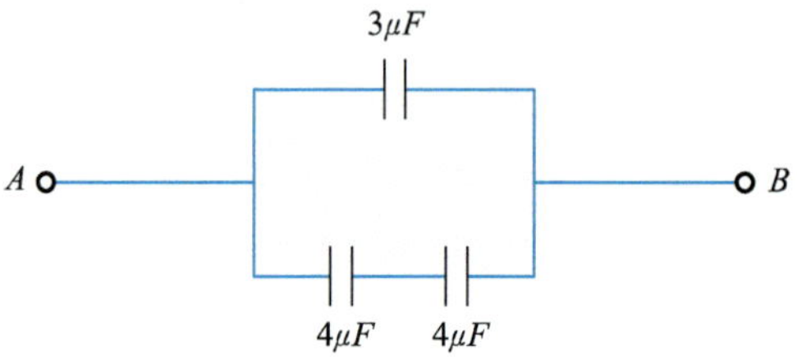

가. 4.5[V]　　나. 10[V]　　다. 11.5[V]　　라. 22.9[V]

2 공기 중에 100A의 전류가 흐르는 도체와 직선거리로 0.5m 떨어진 곳에서의 자기장의 세기는 약 몇 [AT/m]인가?

가. 31.8[AT/m]　　나. 25[AT/m]　　다. 50[AT/m]　　라. 63.7[AT/m]

3 최대눈금 1V, 내부저항이 20Ω의 직류전압계에 1kΩ의 배율기를 접속하면 몇 [V]까지 측정할 수 있는가?

가. 50[V]　　나. 51[V]　　다. 500[V]　　라. 501[V]

4 그림에서 c, d점 사이의 전위차[V]는?

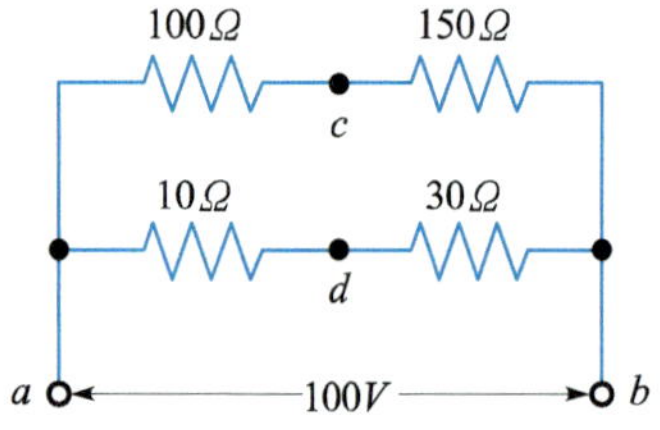

가. 6.25[V]　　나. 15[V]　　다. 25[V]　　라. 50[V]

5 반지름 5cm, 권수 200회인 원형 코일에 2A의 전류를 흘릴 때 코일 중심의 자기장의 세기[AT/m]는?

가. 200[AT/m] 나. 400[AT/m] 다. 2000[AT/m] 라. 4000[AT/m]

6 그림과 같은 회로에서 누전되고 있다면 누설전류 I_g는? (단, T는 변압기, ZCT는 영상변류기, L은 부하 표시임)

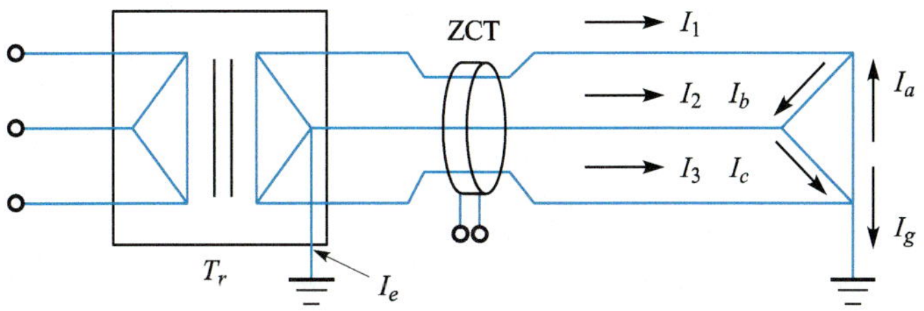

가. $I_g = I_3 - I_a - I_c$ 나. $I_g = I_3 + I_a + I_c$

다. $I_g = I_1 + I_2 - I_3$ 라. $I_g = I_1 + I_2 + I_3$

7 평균값이 100V인 정현파 교류전압의 실효값은 약 몇 [V]인가?

가. 70.7[V] 나. 111.1[V] 다. 141.4[V] 라. 157.1[V]

8 어떤 교류회로에서 임피던스가 100Ω이고, 저항이 60Ω일 때 이 회로의 역률은?

가. 0.4 나. 0.6 다. 0.8 라. 1

9 열동 계전기(Thermal Relay)의 설치 목적은?

가. 전동기의 과부하 보호 나. 감전사고 예방

다. 자기 유지 라. 인터록 유지

10 자기저항에 대한 설명으로 옳은 것은?

가. 전압의 제곱에 비례한다.
나. 극판간격에 비례한다.
다. 가우스 정리에 의해 직접 계산된다.
라. 전기저항에 대응하는 것으로 자기회로의 길이에 비례하고, 단면적과 투자율에 반비례한다.

11 피드백제어계 중 물체의 위치, 방위, 자세 등의 기계적 변위를 제어량으로 이용하는 것은?

가. 서보기구　　나. 시퀀스제어　　다. 자동보정　　라. 프로그램제어

12 3분 간에 876,000J의 일을 할 때 전력은 약 몇 [kW]인가?

가. 4.9[kW]　　나. 7.3[kW]　　다. 73[kW]　　라. 292[kW]

13 PID 동작에 해당되는 것은?

가. 응답속도를 빨리할 수 있으나 오프셋은 제거되지 않는다.
나. 사이클링은 제거할 수 있으나 오프셋이 생긴다.
다. 사이클링과 오프셋이 제거되고 응답속도가 빠르며, 안정성이 있다.
라. 오프셋은 제거되나 제어동작에 큰 부동작 시간이 있으면 응답이 늦어진다.

14 Δ결선한 변압기의 1대가 고장으로 V결선으로 할 때 공급할 수 있는 전력과 고장 전의 전력에 대한 비 [%]는?

가. 57.7[%]　　나. 66.6[%]　　다. 75.0[%]　　라. 86.6[%]

15 DC 출력전압을 일정하게 유지하지 위해서 주로 사용되는 다이오드는?

가. 터널다이오드　　나. 제너다이오드　　다. 바랙터다이오드　　라. 바리스터

16 LC발진회로에서 L이 약 200μH이고, C가 200pF인 경우 발진 주파수 f_0는 약 몇 [kHz]인가?

가. 400[kHz]　　나. 600[kHz]　　다. 800[kHz]　　라. 1256[kHz]

17 제어량에 의하여 자동제어장치의 종류를 분류할 경우 프로세스 제어에 속하지 않는 것은?

가. 회전속도　　나. 온도　　다. 농도　　라. 유량

18 광기전력의 효과에 의해 태양의 빛에너지를 전기에너지로 변환하는 반도체 소자는?

가. 광전다이오드　　나. LED　　다. 태양전지　　라. SCR

19 다음과 같은 그림기호의 개폐접점의 명칭은?

가. 전자릴레이 수동복귀 접점(계전기)
나. 기계적 접점
다. 수동조작개폐기 자동복귀 접점(푸쉬용)
라. 한시릴레이 한시동작 접점

20 제어요소의 동작 중 연속동작이 아닌 것은?

가. P 동작　　나. PD 동작　　다. PI 동작　　라. ON-OFF 동작

제6회차 실전문제

1 10A의 전류가 5분간 도체에 흘렀을 때 도체 단면을 지나가는 전기량은 몇 C인가?

가. 3 나. 3000 다. 300 라. 30

2 전선을 접속할 때 주의하여야 할 사항으로 잘못된 것은?

가. 접속부는 노출시켜 확인이 가능하도록 할 것
나. 접속부분의 절연성능은 타 부분과 동등이상이 되도록 할 것
다. 접속점의 전기저항이 증가하지 않도록 할 것
라. 전선의 세기를 20% 이상 감소시키지 말 것

3 그림과 같은 블록선도에서 $C(s)$는?

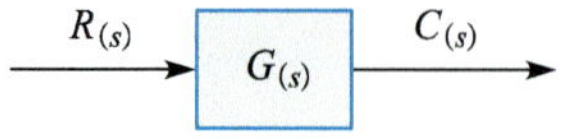

가. $G(s)$ 나. $G(s)R(s)$ 다. $\frac{R(s)}{G(s)}$ 라. $\frac{G(s)}{R(s)}$

4 다음이 설명하고 있는 법칙은?

> "두 자극 사이에 작용하는 자력의 크기는 두 자극의 세기의 곱에 비례하고, 두 자극 사이의 거리의 제곱에 반비례한다."

가. 쿨롱의 법칙 나. 줄의 법칙
다. 패러데이의 법칙 라. 비오사바르의 법칙

5 단상 유도전동기의 기동방식으로 잘못된 것은?

가. 분상기동 나. 반발기동 다. 콘덴서기동 라. $Y-\Delta$기동

6 그림은 자기유지 등 전자개폐기를 이용한 제어회로의 일부이다. ㉮ OFF스위치와 ㉯ 계전기 보조 b접점은?

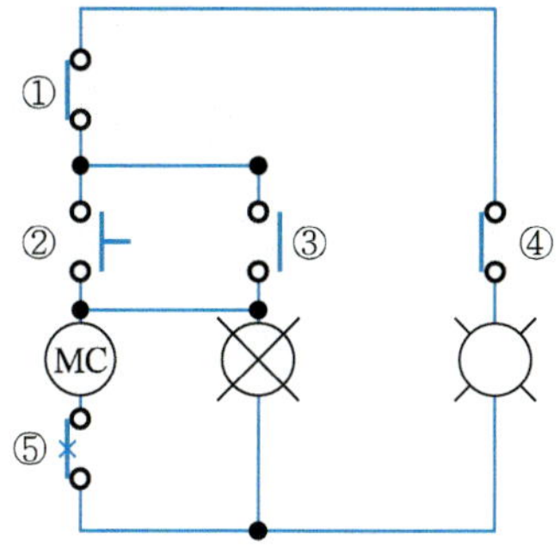

가. ㉮: ①, ㉯: ④　　　나. ㉮: ①, ㉯: ③
다. ㉮: ②, ㉯: ③　　　라. ㉮: ②, ㉯: ④

7 저임피던스 부하에서 고전류 이득을 얻으려고 할 때 사용되는 증폭방식은?

가. 컬렉터접지　　나. 이미터접지　　다. 베이스접지　　라. 바이패스접지

8 그림과 같은 회로에서 a, b 사이의 전압 Vab[V]는?

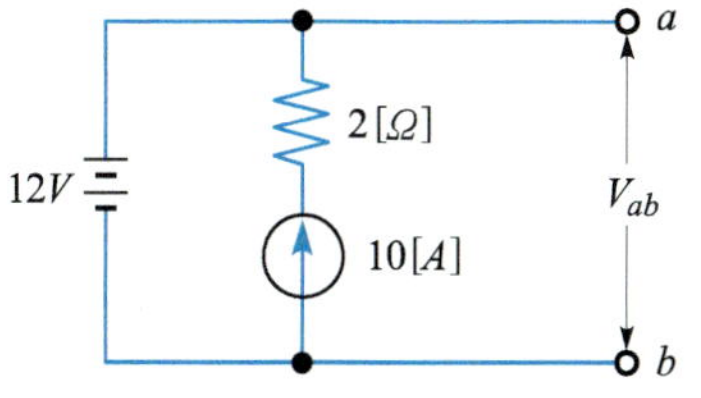

가. 8[V]　　나. 12[V]　　다. 20[V]　　라. 32[V]

9 60Hz의 교류의 위상차가 $\frac{\pi}{6}$[rad]이다. 이 위상차를 시간[sec]으로 표시하면?

가. 31.4[sec]　　나. 62.8[sec]　　다. $\frac{1}{377}$[sec]　　라. $\frac{1}{720}$[sec]

10 직접회로의 특징이 아닌 것은?

가. 대량생산 가능　　나. 동작속도가 빠름
다. 신뢰도 저하　　라. 전자기기의 소형화, 경량화

11 온도 변화에 따라 저항값이 변하는 성질을 이용하여 온도감지장치에 사용되는 소자는?

가. 다이오드　　나. 트랜지스터　　다. 콘덴서　　라. 서미스터

12 R-L직렬회로세어 100v, 60Hz의 전압을 가했더니 위상이 30° 뒤진 20A의 전류가 흘렀다. 이때 유도리액턴스[Ω]는?

가. 0.5[Ω]　　나. 2.5[Ω]　　다. 5.0[Ω]　　라. 7.5[Ω]

13 내부저항이 117Ω인 직류 전류계의 최대 측정범위는 150mA이다. 분류기를 접속하여 전류계를 6A까지 확대하여 사용하고자 하는 경우 분류기의 저항[Ω]은?

가. 2.9[Ω]　　나. 3.0[Ω]　　다. 5.8[Ω]　　라. 6.0[Ω]

14 어느 전동기가 회전하고 있을 때 전압 및 전류의 실효값이 각각 50V, 3A이고 역률이 0.6이라면 무효전력은?

가. 18[Var]　　나. 90[Var]　　다. 120[Var]　　라. 210[Var]

15 60Hz에서 3Ω의 용량 리액턴스를 갖는 콘덴서의 정전용량은 약 몇 [μF]인가?

가. 564[μF]　　나. 651[μF]　　다. 884[μF]　　라. 996[μF]

16 100V의 전압에서 2A의 전류가 흐르는 전열기를 10시간 사용했을 때의 소비전력량[kWh]은?

가. 1[kWh]　　나. 2[kWh]　　다. 10[kWh]　　라. 20[kWh]

17 그림과 같은 논리기호는?

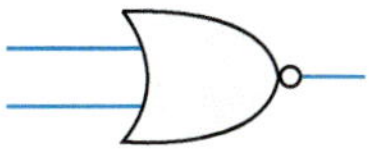

가. OR 게이트
나. AND 게이트
다. NOT 게이트
라. NOR 게이트

18 온도, 유량, 압력 등의 공업프로세스 상태량을 제어량으로 하는 제어계는?

가. 서보기구　　나. 자동제어　　다. 정치제어　　라. 프로세스제어

19 온도를 임피던스로 변환시키는 요소는?

가. 측온저항　　나. 광전지　　다. 광전다이오드　　라. 전자석

20 대칭3상 Δ결선에서 선전류 I_l과 상전류 I_P와의 관계는?

가. $I_l = I_P$　　나. $I_l = \frac{1}{\sqrt{3}} I_P$　　다. $I_l = \frac{1}{3} I_P$　　라. $I_l = \sqrt{3} I_P$

제7회차 실전문제

1 빛이 닿으면 전류가 흐르는 다이오드로 광량의 변화를 전류값으로 대치하므로 광센서에 주로 사용하는 다이오드는?

가. 제너다이오드　　나. 터널다이오드
다. 발광다이오드　　라. 포토다이오드

2 60[Hz], 220[V]의 교류전압을 어떤 콘덴서에 가할 때 3[A]의 전류가 흐른다면 이 콘덴서의 정전용량은 약 몇 [μF]인가?

가. 23.1[μF]　　나. 26.5[μF]　　다. 36.1[μF]　　라. 37.7[μF]

3 다이오드를 사용한 정류회로에서 과대한 부하전류에 의하여 다이오드가 파손될 우려가 있을 경우의 적당한 대책은?

가. 다이오드를 직렬로 추가한다.
나. 다이오드를 병렬로 추가한다.
다. 다이오드의 양단에 적당한 값의 저항을 추가한다.
라. 다이오드의 양단에 적당한 값의 콘덴서를 추가한다.

4 다음 설명 중 옳지 않은 것은?

가. 양전하를 가진 물질은 음전하를 가진 물질보다 전위가 높다.
나. 전류의 흐름 방향은 전자의 이동 방향과 같다.
다. 전위차를 갖는 대전체에 도체를 연결하면 전류가 흐른다.
라. 전위차가 클수록 전류가 흐르기 쉽다.

5 60[Hz]의 3상전압을 전파 정류하면 맥동주파수는 몇 [Hz]인가?

가. 60[Hz]　　나. 120[Hz]　　다. 240[Hz]　　라. 360[Hz]

6 정전유도는 대전체의 가까이에 대전체와 다른 종류의 정전기가 물체에 발생하는 것으로 이는 전기화재의 원인이 되는 요소 중의 하나이다. 이때 정전유도에 의해 작용하는 힘은?

가. 흡인력　　나. 반발력　　다. 기전력　　라. 응력

7 그림과 같은 릴레이 시퀀스회로의 출력 식을 나타내는 것은?

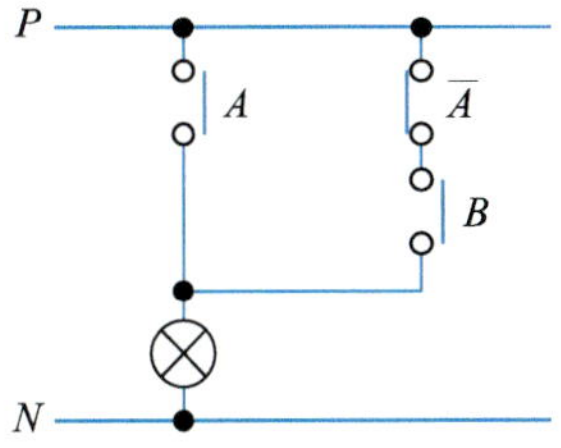

가. AB　　나. $A+B$　　다. AB　　라. $A+B$

8 실리콘 제어 정류소자의 성질로 옳지 않은 것은?

가. pnpn의 구조를 하고 있다.
나. 온도가 상승하면 피크(peak) 전류도 증가한다.
다. 특성곡선에 부저항부분이 있다.
라. 게이트 전류에 의하여 방전개시전압을 제어할 수 있다.

9 피측정량과 일정한 관계가 있는 몇 개의 서로 독립된 값을 측정하고 그 결과로부터 계산에 의하여 피측정량을 구하는 방법은?

가. 편위법　　나. 직접측정법　　다. 영위법　　라. 간접측정법

10 전기로의 온도를 1000[℃]로 일정하게 유지시키기 위하여 열전온도계의 지시값을 보면서 전압조정기로 전기로에 대한 인가전압을 조절하는 장치가 있다. 이 경우 열전온도계는 어느 부분에 해당되는가?

가. 조작부　　나. 검출부　　다. 제어량　　라. 조작량

11 다음 중 영상변류기(ZCT)를 사용하는 계전기는?

가. 과전류 계전기　나. 접지 계전기　다. 차동 계전기　라. 과전압 계전기

12 역률 65[%], 용량 120[kW]의 부하를 역률 100[%]로 개선하기 위한 콘덴서 용량은 약 몇 [kVA]인가?

가. 130[kVA]　나. 140[kVA]　다. 150[kVA]　라. 160[kVA]

13 $v = V_m \sin(\omega t + 60°)$와 $i = I_m \cos(\omega t - 70°)$의 위상차는?

가. 10°　나. 40°　다. 60°　라. 90°

14 반지름이 1[m]인 원형코일에 중심점에서의 자계의 세기가 1[AT/m]라면 흐르는 전류는 몇 [A]인가? (단, 코일의 권수는 1)

가. 1[A]　나. 2[A]　다. 3[A]　라. 4[A]

15 15층 건물에 설치하는 스프링클러 설비에 필요한 소화펌프에 직결하는 전동기의 용량은 약 몇 [kW]인가? (단, 펌프의 효율은 0.6이고 정격 토출량은 2.4[m^3/min], 전양정은 54[m], 전달계수는 1.1이다)

가. 4　나. 12　다. 39　라. 86

16 다음 중 3상 유도전동기에 속하는 것은?

가. 권선형 유도전동기　나. 세이딩코일형 전동기
다. 분상기동형 전동기　라. 콘덴서기동형 전동기

17 다음 중 이동식 전기기기의 감전사고를 막기 위한 것은?

가. 인터록장치　나. 방전코일 설치
다. 직렬리액터 설치　라. 접지설비

18 최고 눈금 50[mA], 저항 100[Ω]인 직류전압계에 1.2[MΩ]의 배율기를 접속하면 측정할 수 있는 최대 전압은 약 몇 [V]인가?

가. 3[V]　　나. 60[V]　　다. 600[V]　　라. 1200[V]

19 다음 중 SCR의 심벌은?

가. 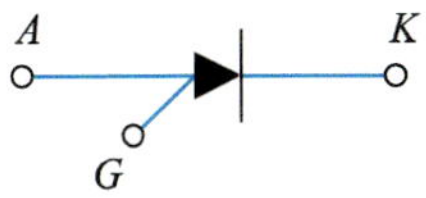

나. 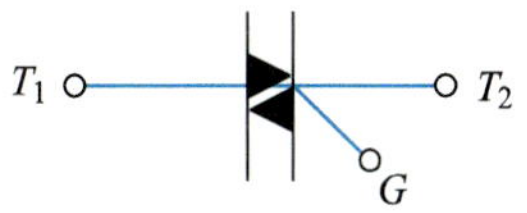

다. 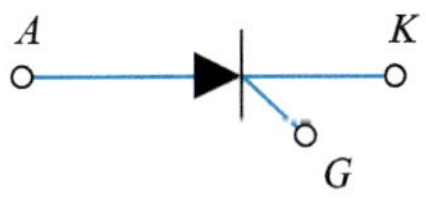

라. 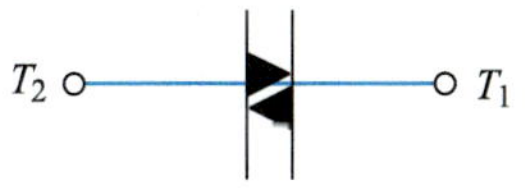

20 그림과 같은 블록선도에서 C는?

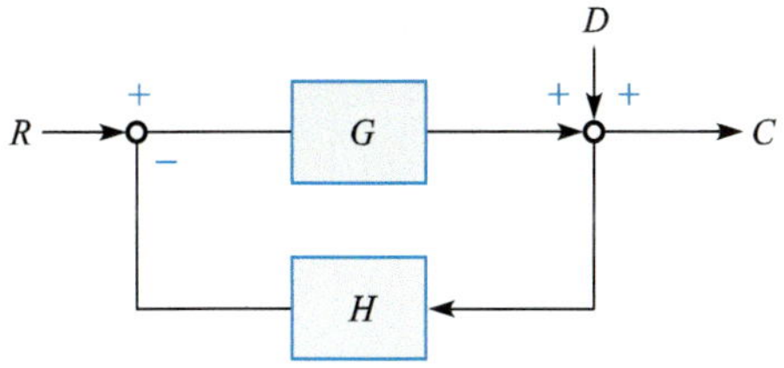

가. $\dfrac{G}{1+HG}R+\dfrac{1}{1+HG}D$

나. $\dfrac{1}{1+HG}R+\dfrac{G}{1+HG}D$

다. $\dfrac{G}{1+HG}R+\dfrac{G}{1+HG}D$

라. $\dfrac{1}{1+HG}R+\dfrac{1}{1+HG}D$

제8회차 실전문제

1 지기계기에 대한 동작원리가 옳지 않은 것은?

가. 열전대형 계기 – 정전작용
나. 유도형 계기 – 회전자장 및 이동자장
다. 전류력계형 계기 – 코일의 자계
라. 열선형 계기 – 열선의 팽창

2 그림과 같은 회로에서 I는 5[A]이고, G는 5[℧], G_L은 8[℧]일 때 G_L에서 소비되는 전력은 약 몇 [W]인가?

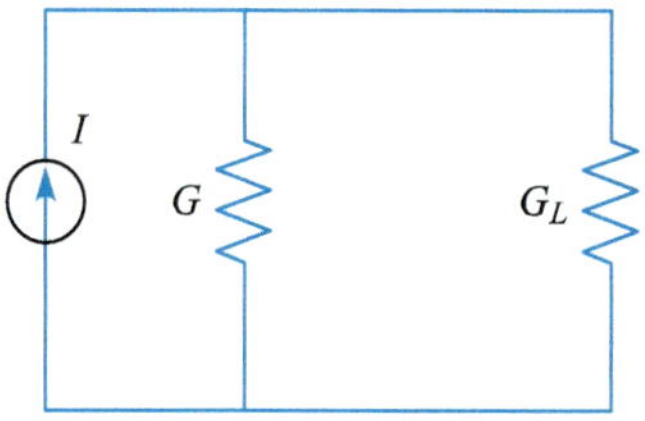

가. 1.18[W]　　나. 2.36[W]　　다. 3.54[W]　　라. 4.74[W]

3 다음 중 단상 변압기의 병렬운전 조건에 필요하지 않는 것은?

가. 용량이 같을 것　　나. [%]임피던스 강하가 같을 것
다. 극성이 같을 것　　라. 권수비가 같을 것

4 논리식 $F=\overline{A+B}$ 와 같은 것은?

가. $F=\overline{A}+\overline{B}$　　나. $F=A+B$
다. $F=\overline{A}\cdot\overline{B}$　　라. $F=A\cdot B$

5 각속도 $\omega=376.8$[rad/s]인 정현파 교류의 주파수는 몇 [Hz]인가?

가. 50[Hz]　　나. 60[Hz]　　다. 100[Hz]　　라. 120[Hz]

6 직류전압을 측정할 수 없는 계기는?

가. 가동코일형계기 나. 정전형계기 다. 유도형계기 라. 열전형계기

7 각종 소방설비의 표시등에 사용되는 발광다이오드(LED)에 대한 설명으로 옳은 것은?

가. 응답속도가 매우 빠르다.
나. PNP접합에 역방향 전류는 흘려서 발광시킨다.
다. 전구에 비해 수명이 길고 진동에 약하다.
라. 발광다이오드의 재료로는 Cu, Ag 등이 사용된다.

8 1회감은 코일에 지나가는 자속이 $\frac{1}{100}$[sec] 동안에 0.3[Wb]에서 0.5[Wb]로 승가하였나면 유도되는 기전력은 몇 [V]가 되는가?

가. 5.0[V] 나. 10[V] 다. 20[V] 라. 40[V]

9 평형 3상회로의 Δ결선된 부하를 Y결선으로 접속을 바꾸면 소비전력은 어떻게 되는가?

가. Δ결선의 3배로 됨 나. Δ결선의 $\frac{1}{3}$로 됨
다. Δ결선의 9배로 됨 라. $\Delta\Delta$결선의 $\frac{1}{9}$로 됨

10 10V의 기전력으로 50C의 전기량이 이동할 때 한 일은 몇 J인가?

가. 5 나. 50 다. 5000 라. 500

11 과전류가 흐를 때 자동적으로 회로를 끊어서 보호하는 것으로 그 자신에 아무런 손상 없이 재사용이 가능한 것은?

가. 퓨즈(Fuse) 나. 노퓨즈브레이커(NFB)
다. 계전기(Relay) 라. 나이프스위치(KS)

12 그림과 같은 피드백제어계의 종합 전달함수는?

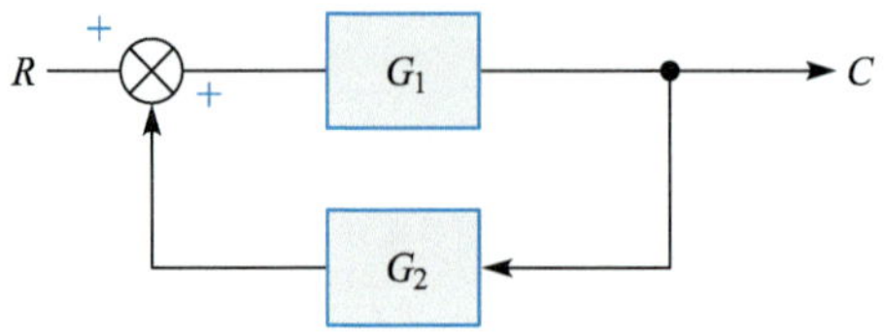

가. $\frac{1}{G_1}+\frac{1}{G_2}$　　나. $\frac{G_1}{1-G_1G_2}$　　다. $\frac{G_1}{1+G_1G_2}$　　라. $\frac{G_2}{1-G_1G_2}$

13 바리스터(varistor)의 주된 용도는?

가. 전압 증폭　　나. 온도 보상
다. 출력전류 조절　　라. 서지전압에 대한 회로 보호

14 SCR의 동작상태 중 래칭전류(Latching Current)에 대한 설명으로 옳은 것은?

가. 사이리스터의 게이트를 개방한 상태에서 전압을 상승하면 급히 증가하게 되는 순전류
나. 트리거 신호가 제거된 직후에 사이리스터를 ON상태로 유지하는데 필요로 하는 최소한의 주전류
다. 사이리스터가 ON상태를 유지하다가 OFF상태로 전환하는데 필요로 하는 최소한의 전류
라. 게이트를 개방한 상태에서 사이리스터가 도통상태를 유지하기 위한 최소의 순전류

15 그림과 같은 시퀀스회로는 어떤 회로인가?

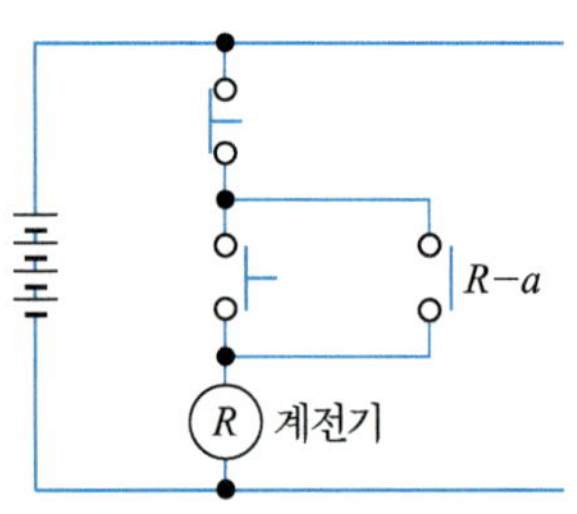

가. 자기유지회로　　나. 인터록회로　　다. 타이머회로　　라. 수동복귀회로

16 다음 중 완전 통전상태에 있는 SCR을 차단상태로 하기 위한 방법으로 알맞은 것은?

가. 게이트 전류를 차단시킨다.
나. 게이트에 역방향 바이어스를 인가한다.
다. 양극전압을 (−)로 한다.
라. 양극전압을 더 높게 한다.

17 추치제어에 대한 설명으로 가장 옳은 것은?

가. 제어량의 종류에 의하여 분류한 자동제어의 일종
나. 출력의 변동을 조정하는 동시에 목표값에 정확히 추종하도록 설계한 제어
다. 제어량이 공업 프로세스의 상태량일 경우의 제어
라. 정치제어의 일종으로 주로 유량, 위치, 주파수, 전압 등을 제어

18 R−L 직렬회로에서 시정수의 값이 클수록 과도현상의 소멸되는 시간은 어떻게 되나?

가. 짧아진다. 나. 길어진다.
다. 과도기가 없어진다. 라. 관계가 없다.

19 그림과 같은 $R-C$ 필터회로에서 리플 함유율을 가장 효과적으로 줄일 수 있는 방법은?

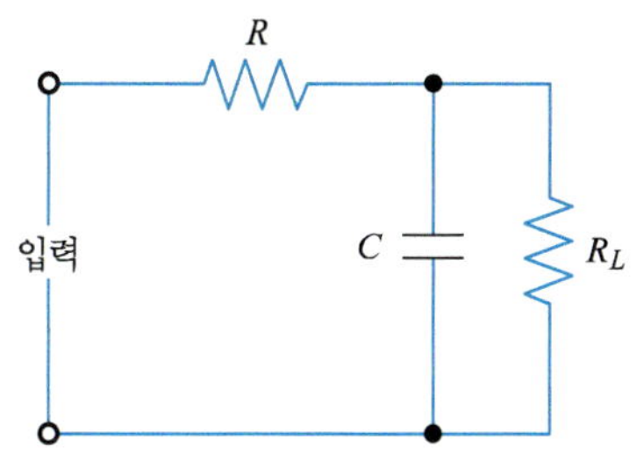

가. C를 크게 한다. 나. R을 크게 한다.
다. C와 R을 크게 한다. 라. C와 R을 적게 한다.

20 1[kWh]의 전력량은 몇 [J]인가?

가. 1[J] 나. 60[J] 다. 1000[J] 라. 3.6×10^6[J]

제9회차 실전문제

1 0[℃]일 때 저항이 10[Ω], 저항온도계수가 0.0043인 전선이 있다. 30[℃]에서 이 전선의 저항은 약 몇 [Ω]인가?

가. 0.013[Ω] 나. 0.68[Ω] 다. 1.4[Ω] 라. 11.3[Ω]

2 "전자유도에 의하여 발생하는 기전력은 자속 변화를 방해하는 방향으로 전류가 발생한다."라는 법칙은?

가. 렌쯔의 법칙 나. 노이만의 법칙
다. 페러데이의 법칙 라. 헨리의 법칙

3 제연용으로 사용되는 3상유도전동기를 $Y-\Delta$ 기동방식으로 하는 경우 기동용 회로에 사용되는 것과 거리가 먼 것은?

가. 타이머 나. 영상변류기
다. 전자접촉기 라. 열동계전기

4 $i=20\sqrt{2}\sin(\omega t+10)+5\sqrt{2}\sin(3\omega t-30)+3\sqrt{2}\sin(5\omega t+90)$[mA]인 비정현파 전류의 실효값은 약 몇 [mA]인가?

가. 20.8[mA] 나. 28.1[mA] 다. 29.5[mA] 라. 39.6[mA]

5 정전용량이 1[μF]의 콘덴서 3개가 있다. 1.5[μF]의 콘덴서 대신으로 사용하려면 어떻게 접속하면 되는가?

가. 3개를 직렬로 접속한다.
나. 3개를 병렬로 접속한다.
다. 2개는 병렬로, 1개는 이와 직렬로 접속한다.
라. 2개는 직렬로, 1개는 이와 병렬로 접속한다.

5 다음 중 절연저항 시험에서 "대지전압이 150[V] 이하인 경우 0.1[MΩ] 이상"이란 뜻으로 가장 알맞은 것은?

가. 누설전류가 1.5[mA] 이하이다. 나. 누설전류가 0.15[mA] 이하이다.
다. 누설전류가 15[mA] 이상이다. 라. 누설전류가 0.15[mA] 이상이다.

7 다음 중 3상 권선형 유도전동기의 기동법에 속하는 것은?

가. 콘도르파 기동법 나. $Y-\Delta$ 기동법
다. 2차저항 기동법 라. 리액터 기동법

8 논리식 $X+\overline{X}Y$ 를 간단히 하면?

가. $X \cdot Y$ 나. $X+Y$ 다. $\overline{X}+\overline{Y}$ 라. $\overline{X} \cdot \overline{Y}$

9 두 벡터 $A_1=3+j2$, $A_2=2+j3$가 있다. $A=A_1 \times A_2$라고 할 때 A는?

가. $13\angle 0°$ 나. $13\angle 45°$ 다. $13\angle 90°$ 라. $13\angle 135°$

10 다음 그림과 같은 회로의 전달함수는?

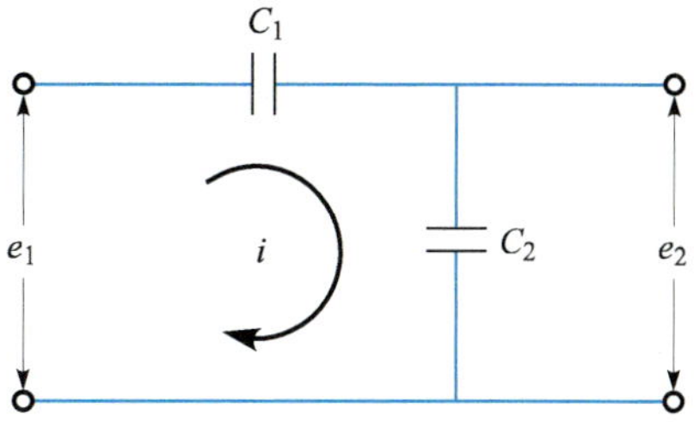

가. C_1+C_2 나. C_2 다. $\frac{C_1}{C_1+C_2}$ 라. $\frac{C_2}{C_1+C_2}$

11 역률 80[%], 유효전력 80[kW]일 때 무효전력은?

가. 10[kVar] 나. 16[kVar] 다. 60[kVar] 라. 64[kVar]

12 다음 ( )에 들어갈 내용으로 알맞은 것은?

> "어떤 제어계에 입력신호를 가한 후 응답을 볼 때 정상 상태시간을 기준하여 그 전의 응답을 (㉮)응답이라고 하고 그 후의 응답을 (㉯) 응답으로 구분한다."

가. ㉮ 시간, ㉯ 과도　　나. ㉮ 시간, ㉯ 선형
다. ㉮ 과도, ㉯ 정상　　라. ㉮ 과도, ㉯ 시간

13 기전력 1.5[V], 내부저항 0.1[Ω]인 전지 10개를 직렬로 연결하고 2[Ω]의 저항을 가진 전구에 연결할 때 전구에 흐르는 전류는 몇 [A]인가?

가. 0.5[A]　　나. 5[A]　　다. 7.5[A]　　라. 10[A]

14 그림과 같이 DIODE 게이트 회로에서 출력전압은? (단, 다이오드내의 전압강하는 무시한다)

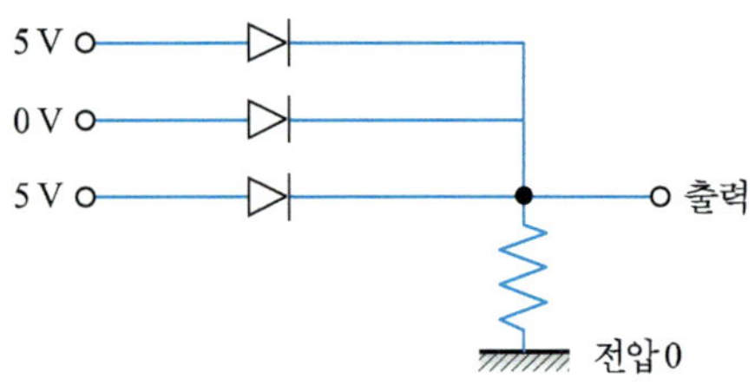

가. 0[V]　　나. 1[V]　　다. 5[V]　　라. 10[V]

15 같은 철심 위에 동일한 권수로 자기 인덕턴스 L[H]의 코일 2개를 접근해서 같은 방향으로 감고, 이것을 직렬로 접속했을 때 합성인덕턴스는? (단, $K=0.5$이다)

가. $2L$[H]　　나. $3L$[H]　　다. $4L$[H]　　라. $5L$[H]

16 어떤 코일에 직류전압 30[V]를 가하면 450[W]를 소비하고 교류전압 250[V]를 가하면 7500[W]를 소비한다고 한다. 이 코일의 리액턴스는 약 몇 [Ω]인가?

가. 1.2[Ω]　　나. 2.4[Ω]　　다. 3.6[Ω]　　라. 4.8[Ω]

17 다음 중 온도를 전압으로 변환시키는 요소로 가장 알맞은 것은?

가. 광전지　　나. 열전대　　다. 측온저항체　　라. 차동변압기

18 다음 중 계전기 접점의 불꽃을 소거할 목적으로 사용하는 것은?

가. 바리스터　　나. 서미스터　　다. 버랙터 다이오드　　라. 터널다이오드

19 다이오드를 여러 개 병렬로 접속하는 경우에 대한 설명으로 다음 중 가장 알맞은 것은?

가. 과전류로부터 보호할 수 있다.
나. 과전압으로부터 보호할 수 있다.
다. 부하측의 맥동률을 감소시킬 수 있다.
라. 정류기의 역방향 전류를 감소시킬 수 있다.

20 100[V]로 500[W]의 전력을 소비하는 전열기가 있다. 이 전열기를 80[V]로 사용하면 소비전력은?

가. 320[W]　　나. 2.4[W]　　다. 400[W]　　라. 440[W]

제10회차 실전문제

1 어떤 부하의 유효전력을 측정하였더니 1200W이고, 무효전력은 400Var이었다. 이 부하의 역률은?

가. 0.98 나. 0.95 다. 0.88 라. 0.85

2 그림과 같은 게이트의 명칭은?

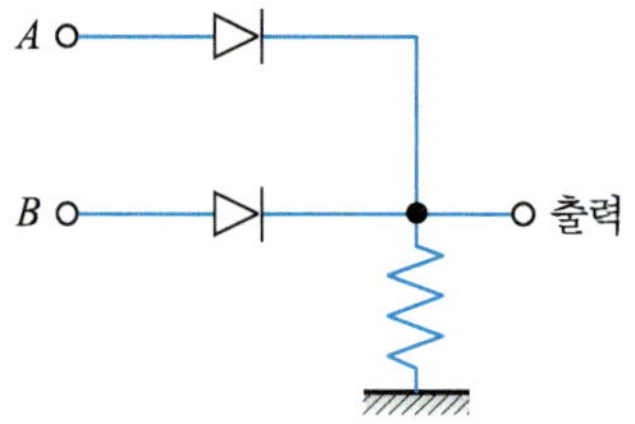

가. AND 나. OR 다. NOR 라. NAND

3 다음은 타이머 코일을 사용한 접점과 그의 타임차트(time chart)를 나타낸다. 이 접점은? (단, t는 타이머의 설정값이다)

	기호	타임차트
타이머 코일		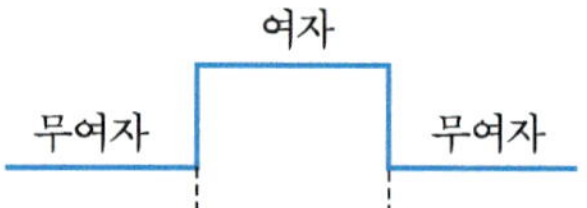
접점	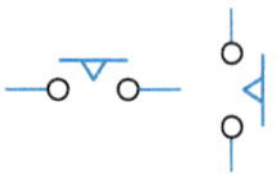	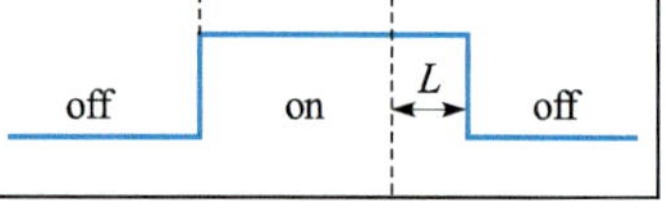

가. 한시동작 순시복귀 a접점 나. 순시동작 한시복귀 a접점
다. 한시동작 순시복귀 b접점 라. 순시동작 한시복귀 b접점

4 콘덴서와 코일에서 실제적으로 급격히 변화할 수 없는 것은?

가. 코일에서 전압, 콘덴서에서 전류 나. 코일에서 전류, 콘덴서에서 전압
다. 코일, 콘덴서 모두 전압 라. 코일, 콘덴서 모두 전류

5 축전지의 내부저항을 측정하는데 가장 적합한 것은?

가. 휘트스톤 브리지 나. 미끄럼줄 브리지
다. 코울라우시 브리지 라. 켈빈 더블 브리지

6 트랜지스터의 베이스와 컬렉터 사이의 전류 증폭률 $\beta=60$이다. 이미터와 컬렉터 사이의 전류 증폭률 α는?

가. 0.36 나. 0.95 다. 0.98 라. 1.0

7 30Ω의 저항과 $R[\Omega]$의 저항이 병렬로 접속되어 있고 30Ω에 흐르는 전류가 6A이고, $R[\Omega]$에 흐르는 전류가 2A이라면 저항 $R[\Omega]$은?

가. 5Ω 나. 15Ω 다. 90Ω 라. 180Ω

8 그림과 같은 블록선도에서 C는?

가. $C=\dfrac{G_1G_2}{1+G_1G_2}R+\dfrac{G_1}{1+G_1G_2}D$

나. $C=\dfrac{G_1G_2}{1+G_1G_2}R+\dfrac{G_1G_2}{1-G_1G_2}D$

다. $C=\dfrac{G_1G_2}{1+G_1G_2}R+\dfrac{G_1G_2}{1+G_1G_2}D$

라. $C=\dfrac{G_1G_2}{1+G_1G_2}R+\dfrac{G_2}{1+G_1G_2}D$

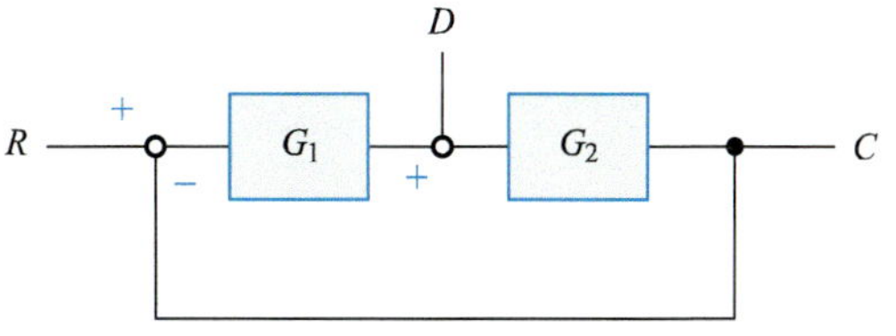

9 피드백제어에 대한 설명으로 가장 적절한 것은?

가. 이 제어회로는 개회로로 구성되어 있다.
나. 입력과 출력을 비교하는 장치가 없는 것이 단점이다.
다. 대역폭이 감소한다.
라. 오차를 자동적으로 정정하게 하는 제어방식이다.

10 온도, 압력, 농도, 유량, 액면 등과 같은 생산 공정 중의 상태량의 제어는?

가. 프로세스 제어　　나. 정치제어
다. 시퀀스제어　　라. 연속제어

11 AC 서보전동기의 전달함수는 어떻게 취급하면 되는가?

가. 미분요소와 1차요소의 직렬결합으로 취급한다.
나. 적분요소와 1차요소의 직렬결합으로 취급한다.
다. 미분요소와 2차요소의 병렬결합으로 취급한다.
라. 적분요소와 1차요소의 병렬결합으로 취급한다.

12 커패시터가 직 · 병렬로 접속된 회로에 180V의 직류전압이 인가되었을 때, 커패시턴스에 분담되는 전압 V_1, V_2, V_3는?

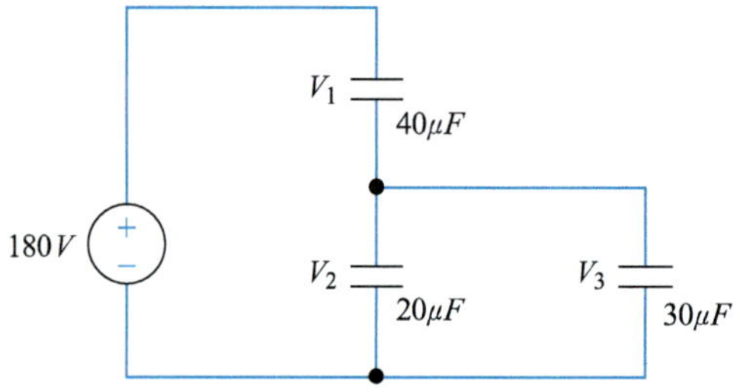

가. $V_1=40[V]$, $V_2=80[V]$, $V_3=60[V]$
나. $V_1=80[V]$, $V_2=40[V]$, $V_3=60[V]$
다. $V_1=80[V]$, $V_2=100[V]$, $V_3=100[V]$
라. $V_1=100[V]$, $V_2=80[V]$, $V_3=80[V]$

13 권선수 10회의 코일에 자속이 10초 사이에 10Wb에서 20Wb로 변화하였다면 이때 코일에 유기되는 기전력은 몇 [V]인가?

가. 0.1V　　나. 1.0V　　다. 10V　　라. 100V

14 바리스터(Varistor)의 용도는?

가. 전압충족　　나. 정전압
다. 과도전압에 대한 회로보호　　라. 전류특성을 갖는 4단자 반도체 장치에 사용

15 유도전동기의 회전력은?

가. 단자전압에 비례한다.　　나. 단자전압에 반비례한다.
다. 단자전압의 제곱에 비례한다.　　라. 단자전압의 제곱에 반비례한다..

16 $v = V_m \sin\omega t$[V]로 표현되는 교류전압을 가하면 P[W]를 소비하는 저항이 있다. 이 저항의 값[Ω]은?

가. $\frac{V_m^2}{2P}[\Omega]$　　나. $\frac{V_m^2}{P}[\Omega]$　　다. $\frac{2V_m^2}{P}[\Omega]$　　라. $\frac{4V_m^2}{P}[\Omega]$

17 대칭 3상 Y부하에서 각 상의 임피던스는 20Ω이고, 부하 전류가 8A일 때 부하의 선간전압은 약 몇 [V] 인가?

가. 160[V]　　나. 226[V]　　다. 277[V]　　라. 480[V]

18 자동 화재탐지설비의 감지기 회로의 길이가 500m이고, 종단에 8kΩ의 저항이 연결되어 있는 회로에 24V의 전압이 가해졌을 경우 도통시험 시 전류는 약 몇 [mA]인가?(단, 동선의 저항률은 1.69×10^{8} Ω·m이며, 동선의 굵기는 $1.5mm^2$(1/1.38)이고, 접촉저항 등은 없다고 본다)

가. 2.4[mA]　　나. 3.0[mA]　　다. 4.8[mA]　　라. 6.0[mA]

19 극성을 가지고 있어 교류 회로에 사용할 수 없는 것은?

가. 마이카 콘덴서　　나. 전해 콘덴서　　다. 세라믹 콘덴서　　라. 마일러 콘덴서

20 그림의 회로에 흐르는 전류 I는 몇 [A]인가?

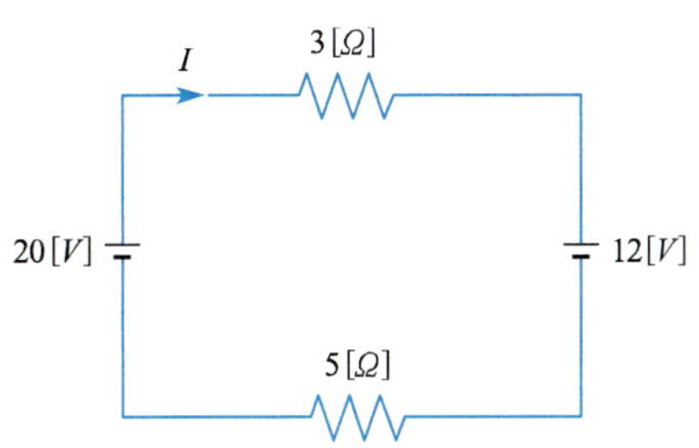

가. 1[A]　　나. 2[A]　　다. 4[A]　　라. 8[A]

제11회차 실전문제

1 2선식 전원공급배선에서 배전선의 대지 간 절연저항이 각각 3MΩ, 2MΩ이었다. 이 배전선의 합성절연저항은?

가. 1[MΩ]　　나. 1.2[MΩ]　　다. 5[MΩ]　　라. 6[MΩ]

2 그림과 같은 계전기 접점회로의 논리식은?

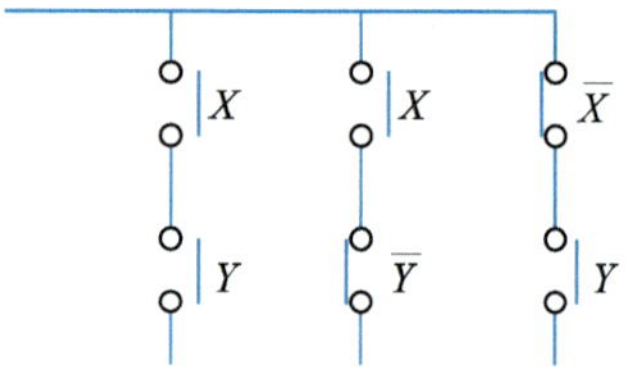

가. $XY+X\overline{Y}+\overline{X}Y$　　나. $(XY)(X\overline{Y})(\overline{X}Y)$

다. $(X+Y)(X+\overline{Y})(\overline{X}+Y)$　　라. $(X+Y)+(X+\overline{Y})+(\overline{X}+Y)$

3 계측기 접점의 불꽃 제거나 서지 전압에 대한 과입력보호용으로 사용되는 것은?

가. 바리스터　　나. 사이리스터　　다. 서미스터　　라. 트랜지스터

4 그림에서 a, b에서의 합성저항은? (단, 그림에서의 단위는 [Ω]이다)

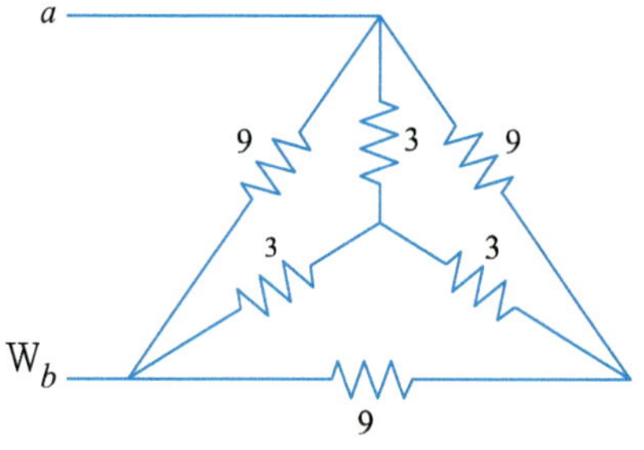

가. 3[Ω]　　나. 4[Ω]　　다. 5[Ω]　　라. 6[Ω]

5 그림과 같은 블록선도에서 C 는?

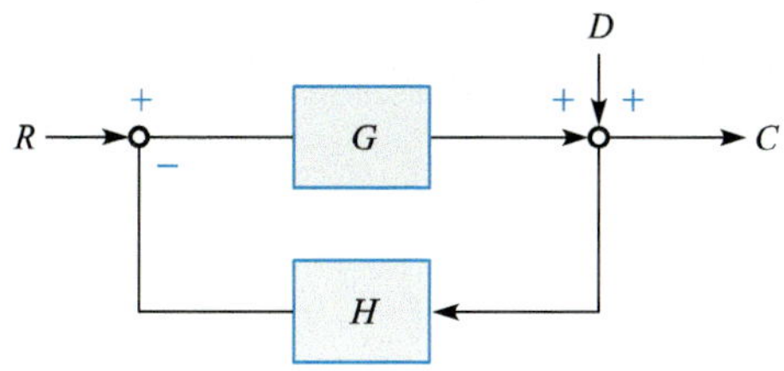

가. $\frac{G}{1+HG}R+\frac{G}{1+HG}D$　　나. $\frac{1}{1+HG}R+\frac{1}{1+HG}D$

다. $\frac{G}{1+HG}R+\frac{1}{1+HG}D$　　라. $\frac{1}{1+HG}R+\frac{G}{1+HG}D$

6 물체의 위치, 방위, 자세 등의 기계적 변위를 제어량으로 해서 목표값의 임의의 변화에 추종하도록 구성되어 있는 제어계는?

가. 자동보정　　나. 추치제어　　다. 서보제어　　라. 비율제어

7 220V, 32W 전등 2개를 매일 5시간씩 점등하고, 600W 전열기 1개를 매일 1시간씩 사용할 경우 1개월(30일)간 소비되는 전력량[kWh]은?

가. 27.6[kWh]　　나. 55.2[kWh]　　다. 110.4[kWh]　　라. 220.8[kWh]

8 $v=20\sqrt{2}\sin(wt+\frac{\pi}{3})$[V]를 복소수로 표시하면?

가. $V=10(\sqrt{3}+j1)$[V]　　나. $V=10(1+j\sqrt{3})$[V]

다. $V=20(1+j0.5)$[V]　　라. $V=10(1+j2)$[V]

9 SCR의 애노드 전류가 5A일 때 게이트 전류를 2배 증가시키면 애노드 전류는?

가. 2.5[A]　　나. 5[A]　　다. 10[A]　　라. 20[A]

10 $i = 100\sin wt$[A]의 평균값은?

가. 63.7[A]　　나. 70.7[A]　　다. 141.4[A]　　라. 173.2[A]

11 피드백 제어계의 특징으로 잘못된 것은?

가. 정확성이 증가한다.
나. 감도 폭이 감소한다.
다. 비선형성과 왜형에 대한 효과가 감소한다.
라. 계의 특성변화에 대한 입력 대 출력비의 감도가 감소한다.

12 그림과 같은 반파 정류회로에서 콘덴서 C 의 단자 전압은?

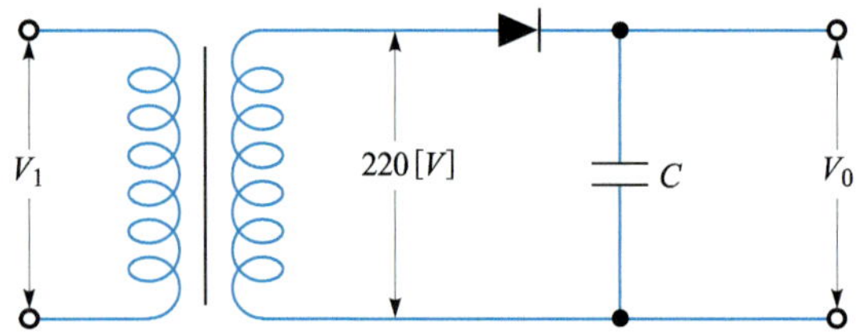

가. 156[V]　　나. 220[V]　　다. 311[V]　　라. 691[V]

13 $R=10\Omega$, $C=33\mu F$, $L=$20mH인 R-L-C 직렬회로의 공진 주파수는?

가. 19.6[Hz]　　나. 24.1[Hz]　　다. 196[Hz]　　라. 241[Hz]

14 기준입력과 주궤환 신호와의 신호로써 제어동작을 일으키는 신호는?

가. 제어변수　　나. 오차　　다. 다변수　　라. 외란

15 콘덴서 회로를 전로로부터 분리하는 경우 잔류 전하를 쉽게 방전하기 위해서 사용하는 것은?

가. 인터록 장치　　나. 방전코일　　다. 직렬리액터　　라. 전격방지설비

16 그림과 같은 논리회로의 명칭은?

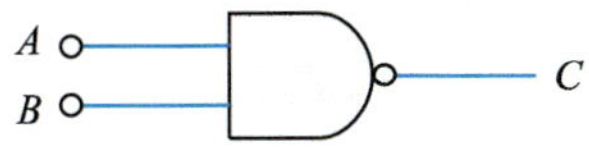

가. AND
나. NAND
다. OR
라. NOR

17 A, B 단자 간 콘덴서의 합성 정전용량은? (단, $C_1=3\mu$F, $C_2=5\mu$F, $C_3=8\mu$F이다.)

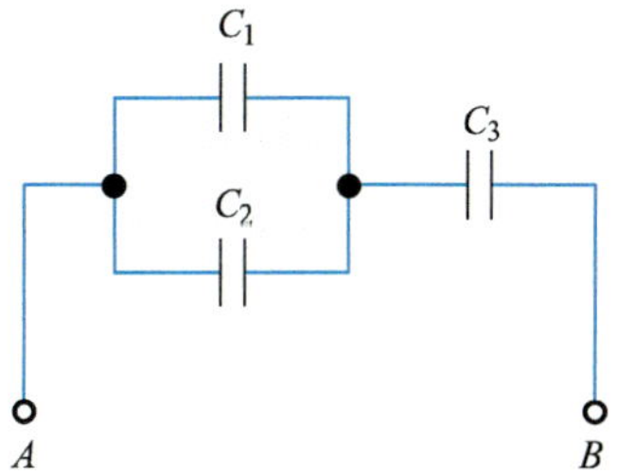

가. 1[μF]　　나. 2[μF]　　다. 3[μF]　　라. 4[μF]

18 단상교류회로에 연결되어 있는 부하의 역률을 측정하고자 한다.
이때 필요한 계측기의 구성으로 옳은 것은?

가. 전압계, 전력계, 회전계
나. 저항계, 전력계, 전류계
다. 전압계, 전류계, 전력계
라. 전류계, 전압계, 주파수계

19 어떤 전압계의 측정범위를 20배로 하려면 배율기의 저항 R_m과 전압계의 저항 r_v의 관계는?

가. $R_m=\frac{1}{19}r_v$
나. $R_m=\frac{1}{21}r_v$
다. $R_m=19r_v$
라. $R_m=21r_v$

20 길이가 100m이고, 지름이 1mm인 구리선의 상온 25℃에서의 저항은? (단, 상온 25℃에서 동선의 고유저항 $p=1.72\mu\Omega\cdot$cm이다)

가. 4.38[Ω]　　나. 2.19[Ω]　　다. 1.72[Ω]　　라. 1.09[Ω]

제12회차 실전문제

1 반도체의 특징으로 옳지 않은 것은?

가. 진성 반도체의 경우 온도가 올라갈수록 양(+)의 온도계수를 나타낸다.
나. 열전현상, 광전현상, 홀효과 등이 심하다.
다. 반도체와 금속의 접촉면이나 또는 P형, N형 반도체의 접합면에서 정류작용을 한다.
라. 전류와 전압의 관계는 비직선형이다.

2 전력용 반도체 소자를 스위칭의 방향성에 따라 분류할 경우 양방향 전류소자가 아닌 것은?

가. DIAC　　나. TRIAC　　다. RCT　　라. IGBT

3 다음 그림에서 ab 간의 합성저항은?

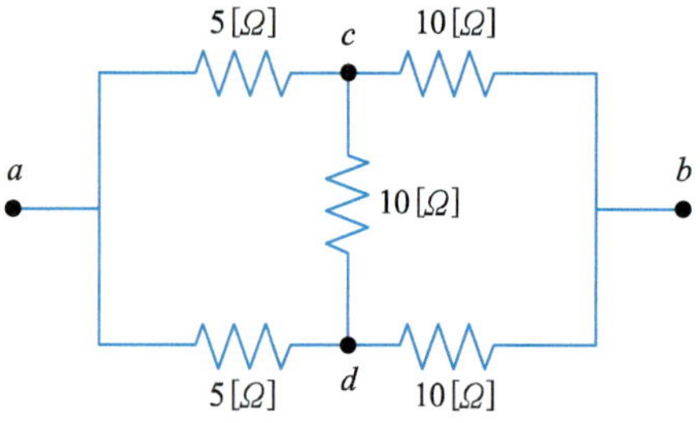

가. 5[Ω]　　나. 7.5[Ω]　　다. 15[Ω]　　라. 30[Ω]

4 계측기 접점의 불꽃 제거나 서지전압에 대한 과입력 보호용 반도체 소자는?

가. 바리스터(Varistor)　　나. 사이리스터(Thyristor)
다. 서미스터(Thermistor)　　라. 트랜지스터Transistor)

5 지시전기계기의 일반적인 구성요소가 아닌 것은?

가. 제어장치　　나. 제동장치　　다. 구동장치　　라. 가열장치

6 SCR의 양극 전류가 10A일 때 게이트 전류를 반으로 줄이면 양극 전류는?

가. 0.1[A]　　나. 5[A]　　다. 10[A]　　라. 20[A]

7 그림과 같은 회로에서 각 계기의 지시값이 ⓥ는 180V, ⓐ는 5A, W는 720W라면 이 회로의 무효전력은?

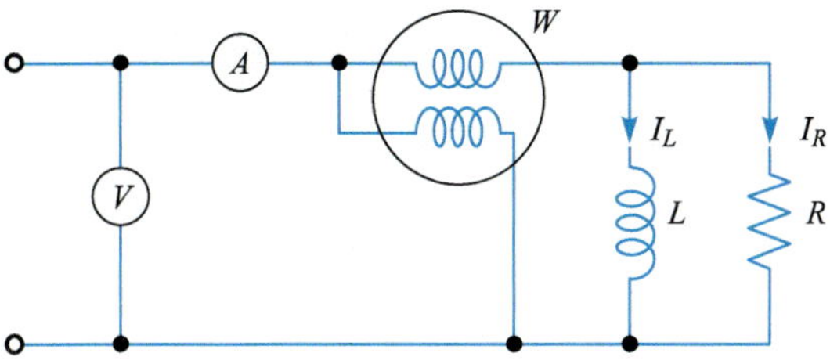

가. 480[Var]　　나. 540[Var]　　다. 960[Var]　　라. 1200[Var]

8 제어요소는 동작신호를 무엇으로 변환하는 요소인가?

가. 조작량　　나. 제어량　　다. 비교량　　라. 검출량

9 그림과 같은 회로에서 내부저항 1kΩ인 전압계로 단자 A, B 간의 전압을 측정하면 몇 [V]인가?

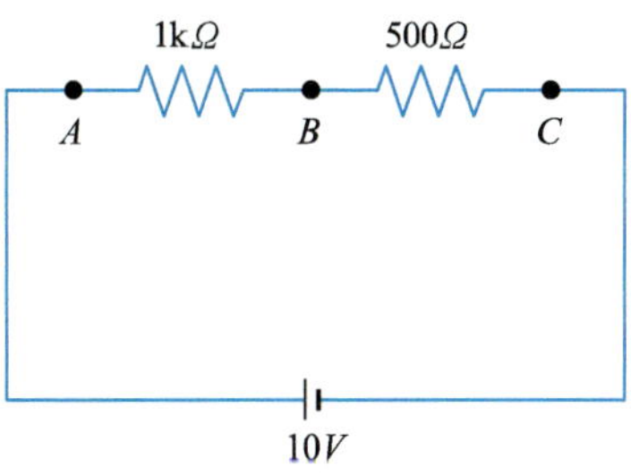

가. 1[V]　　나. 4[V]　　다. 5[V]　　라. 10[V]

10 저항 3Ω과 유도리액턴스 4Ω이 직렬로 접속된 회로의 역률은?

가. 0.6　　나. 0.8　　다. 0.9　　라. 1

11 그림에서 4Ω의 저항 양단에 걸리는 전압은?

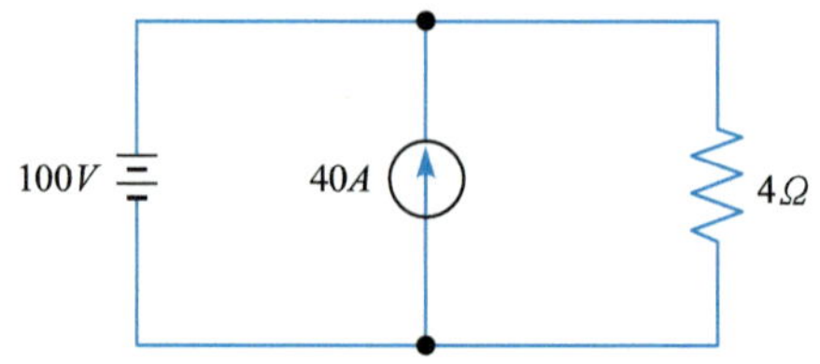

가. 40[V]　　나. 60[V]　　다. 100[V]　　라. 160[V]

12 이미터 전류를 1mA 변화시켰더니 컬렉터 전류는 0.98mA이었다. 이 트랜지스터의 증폭율 β는?

가. 0.49　　나. 0.98　　다. 1.02　　라. 49.0

13 그림과 같은 다이오드 논리회로의 명칭은?

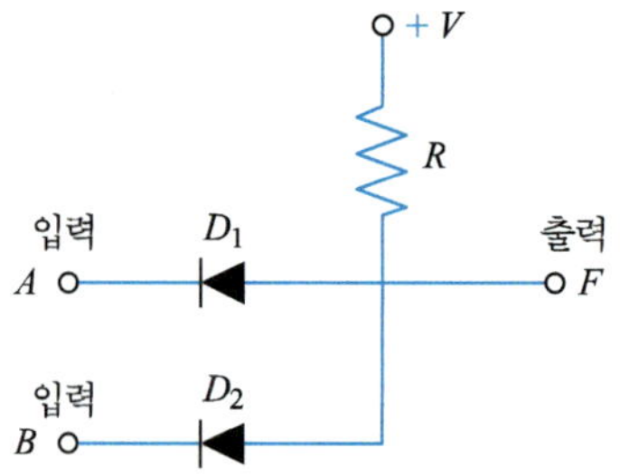

가. NOT 회로　　나. AND 회로　　다. OR 회로　　라. NAND 회로

14 그림과 같이 콘덴서 3F와 2F가 직렬로 접속된 회로에 전압 100V를 가하였을 때 3F 콘덴서의 단자전압 V_1은?

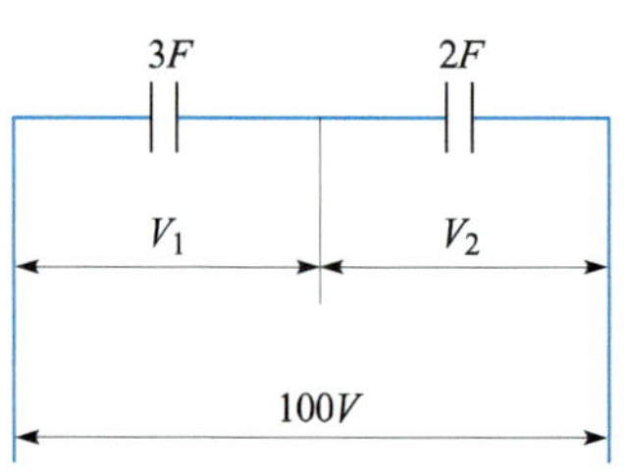

가. 30[V]　　나. 40[V]　　다. 50[V]　　라. 60[V]

15 다음과 같은 특성을 갖는 제어계는?

- 발진을 일으키고 불안정한 상태로 되어가는 경향성을 보인다.
- 정확성과 감대폭이 증가한다.
- 계의 특성변화에 대한 입력 대 출력비의 감도가 감소한다.

가. 프로세스제어　　나. 피드백제어　　다. 프로그램제어　　라. 추종제어

16 전원전압을 일정하게 유지하기 위하여 사용되는 다이오드는?

가. 보드형 다이오드　　나. 터널 다이오드　　다. 제너 다이오드　　라. 바랙터 다이오드

17 다음 그림을 보고 간단하게 나타낸 논리식은?

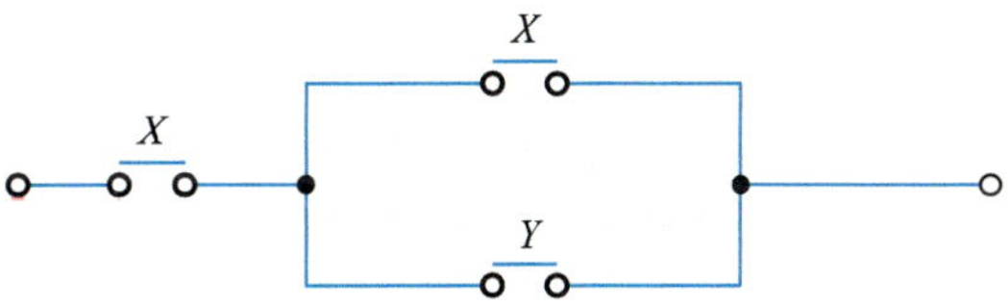

가. X　　나. Y　　다. $X+XY$　　라. XY

18 시퀀스 제어의 문자기호와 용어가 잘못 짝지어진 것은?

가. ZCT – 영상변류기나. IR – 유도전압조정지
다. IM – 유도전동기　　라. THR – 트립지연계전기

19 삼각파의 최대치가 1일 때 ㉠ 실효치와 ㉡ 평균치는?

가. ㉠ $\frac{1}{\sqrt{2}}$ ㉡ $\frac{2}{\pi}$　　나. ㉠ $\frac{1}{2}$ ㉡ $\frac{\pi}{2}$

다. ㉠ $\frac{1}{\sqrt{2}}$ ㉡ $\frac{1}{2\sqrt{2}}$　　라. ㉠ $\frac{1}{\sqrt{3}}$ ㉡ $\frac{1}{2}$

헉

20 한 개의 철심코어에 두 코일이 감겨있다. 코일 1의 자기인덕턴스 L1이 160mH, 코일 2의 자기인덕턴스 L2가 250mH이고, 두 코일의 상호인덕턴스 M이 150mH일 때 두 코일의 결합계수 K는?

가. 0.33　　나. 0.62　　다. 0.75　　라. 0.86

부록 실전문제 풀이

풀이 제1회차

1 10[Ω]에 흐르는 전류 I_1이라 하면

$$I_1 = \frac{R_2}{R_1+R_2} \cdot I = \frac{15}{10+15} \times 10 = 6[\text{A}]$$

$$I = \frac{V}{R_T} = \frac{100}{4+\left(\frac{10\times 15}{10+15}\right)} = \frac{100}{10} = 10[\text{A}]$$

정답 다

2 $C_T = 2.5+2.5 = 5[\mu\text{F}]$

또는 C_T =개수×하나의 콘덴서 값

(동일 콘덴서일 경우)

$=2\times 2.5=5[\mu\text{F}]$

$$C_T = \frac{5\times 5}{5+5} = 2.5[\mu\text{F}]$$

또는 $C_T = \dfrac{\text{하나의 콘덴서 값}}{\text{개수}}$

(동일 콘덴서일 경우)$=\dfrac{5}{2}=2.5[\mu\text{F}]$

정답 가

3 $$R_T = \frac{R\times 2R}{R+2R} = \frac{2R^2}{3R} = \frac{2}{3}R$$

$$R_T = \frac{2}{3}R \Rightarrow 4 = \frac{2}{3}R \Rightarrow R = 6[\Omega]$$

$$R_T = \frac{V}{I} = \frac{12}{3} = 4[\Omega]$$

정답 나

4
- 진성반도체(순수반도체)
  4가원소(ex. 탄소 C, 셀렌 Se, 실리콘=규소 Si, 게르마늄 Ge,아산화구리(동) CuO)
- 불순물반도체
  ① P형 반도체(억셉터) : 정공에 의하여 이루어진 불순물 반도체(3가원소, ex. B, Al, Ga)
  ② n형 반도체(도우너) : 과잉전자에 의하여 이루어진 불순물 반도체(5가원소, ex. P, As, Sb)

정답 나

5 실효값$=\dfrac{1}{\sqrt{2}}$, 최댓값=0.707 최댓값

최댓값$=\sqrt{2}$ · 실효값

정답 라

6 $Q = I\cdot t,\ I = \dfrac{Q}{t} = \dfrac{150}{1\times 60} = 2.5[\text{A}]$

정답 가

7 $P = \dfrac{V^2}{R}[\text{W}] \Rightarrow P \propto V^2$

$P_1 : V_1^2 = P_2 : V_2^2$

$500 : (1)^2 = P_2 : (0.9)^2,\ P_2 = 405[\text{W}]$

정답 가

8 • 전압계측정범위 확대
(전압계는 회로와 직렬접속)
$m = \frac{V}{V_V} = 1 + \frac{R_m}{R_V}$
• 전류계측정범위 확대
(전류계는 회로와 병렬접속)
$m = \frac{I}{I_a} = 1 + \frac{R_a}{R_s}$

정답 다

9 정전기의 발생과 방지
① 발생요인
- 접촉 또는 분리되는 물체의 대전서열이 멀수록 쉽게 발생
- 두 물체의 처음 접촉 또는 분리될 때 발생량 최대
- 두 물체의 접촉면적, 접촉압력이 클수록 발생량 증가
- 표면에 기름, 수분 등이 존재하면 발생 증가
- 분리속도가 빠를수록 발생량 증가

② 미치는 영향
- 방전 시 발생하는 에너지에 의한 화재, 폭발 수반
- 인체에 정전기 축적되면 전격을 느낌

③ 방지대책
- 땅속으로 정전기를 흘려보내는 접지 조치
- 위험물 등이 배관 내를 흐를 때 유속을 제한
- 비전도성 물질에 탄소, 금속분 등의 대전방지제를 첨가
- 공기 중의 상대습도를 70% 이상으로 유지
- 대전된 전하와 반대 극성의 이온을 공급
- 정전차폐 조치
- 제전기 사용

정답 가

10 $F = eE$ [N]
전기력에서 작용하는 힘은 흡인력이다.
F [N] : 전기력 e[c] : 전자, 전하
$E[^N/_C][^V/_m]$: 전기장의 세기

정답 라

11 $\mathcal{L}\sin\omega t = \frac{W}{S^2 + W^2}$ 이고 A는 수상이므로
$\mathcal{L}A\sin\omega t = \frac{W}{S^2 + W^2} \cdot A$

정답 가

12 • 검출 스위치는 물체의 유무나 위치, 온도, 압력 등의 상태 변화를 검출하여 자동적으로 접점이 개폐되는 스위치이다. 예를 들면 리밋스위치, 온도스위치, 압력스위치, 유량스위치, 광전스위치 등이 있다.
• 토글스위치, 푸쉬버튼 스위치, 전환스위치는 조작스위치이다.

정답 나

13 • 여자란 계전기 코일에 전류가 투입되면 자화성질을 얻게 되는 것
• 소자란 계전기 코일에 전류가 투입되지 않으면 자화성질을 잃게 되는 것

정답 다

14 바리스터(배리스터) : 인가전압의 변화에 따라서 저항값이 비직선적으로 바뀌는 소자로서 서지전압에 대한 회로보호용, 불꽃잡음 흡수회로용으로 사용된다.

정답 가

15 가정에서 쓰고 있는 전기는 교류의 실효값이다.

정답 다

16 정전에너지

$$W=\frac{1}{2}CV^2[J]$$

$$=\frac{1}{2}\times 2\times 10^{-6}\times (3000)^2=9[J]$$

정답 나

17 제어대상, 제어성질에 따라

- 프로세스제어(공정제어) : 온도, 유량, 압력, 농도, 효율, 밀도, 액위 등을 제어(ex. 화학공장, 석유공장, 제지공장 등)
- 서보제어 : 물체의 위치, 자세, 방향 등을 제어(ex. 미사일유도기구, 인공위성추적레이더, 대공포의 포신, 자동 평행기록계 등)
- 자동조정 : 물리량을 제어하는 제어(ex. 전압, 주파수, 속도 등)

정답 라

18 V 결선이므로

$P_V=\sqrt{3}P_1=\sqrt{3}\times 10=17.3[KVA]$

P_V : V 결선 출력, P_1 : 한 상의 용량

정답 나

19
- 가동코일형 계기: 평균값 지시
- 정류기형 계기: 실효값 지시

정답 나

20 변압비 $a=\frac{V_1}{V_2}=\frac{N_1}{N_2}=\frac{I_2}{I_1}$ 이므로,

$$V_1=\frac{V_2\cdot N_1}{N_2}[V]$$

정답 나

풀이 제2회차

1 저항이 직·병렬이므로

$$R_{AB}=\left(\frac{R_1\times R_2}{R_1+R_2}\right)+R_3$$
$$=\left(\frac{2\times3}{2+3}\right)+4=5.2[\Omega]$$

정답 다

2 부울대수의 흡수법칙

- $A(A+B)=A$
- $A+(A\cdot B)=A$

정답 가

3 $RG_1+RG_2=C$

$R(G_1+G_2)=C$

$\frac{C}{R}=G_1+G_2$

정답 나

4
- 강자성체
  철(Fe), 코발트(Co), 니켈(Ni) 등
- 상자성체
  알루미늄(Al), 백금(Pt), 주석(Sn) 등
- 반자성체
  금(Au), 은(Ag), 구리(Cu), 납(Pb) 등

정답 가

5 $P=\frac{V^2}{R}[\mathrm{W}]\Rightarrow P\propto V^2$

$P_1:V_1^2=P_2:V_2^2$

$1:(100)^2=P_2:(90)^2,\ P_2=0.81[\mathrm{kw}]$

정답 다

6 상이 클수록 맥동율은 적다.

정답 라

7 실리콘 정류기는 고전압 대전류용에 쓰인다.

정답 라

8 직류·교류발전기의 단자전압조정은 계자저항(계자전류)이다.

정답 라

9
- 직류계기
  가동코일형, 가동지침형, 전해형
- 교류계기
  유도형, 정류형
- 직·교류계기
  전류력계형, 가동철편형, 열전형, 정전형

정답 나

10 $i=-\frac{\pi}{4}[\mathrm{rad}]$, 즉 $i=-45°$

$V=-\frac{\pi}{6}[\mathrm{rad}]$, 즉 $V=-30°$

위상차 $\theta=\frac{1}{12}\pi[\mathrm{rad}]$, 즉 $\theta=15°$

정답 다

11 각 속도를 전기적 요소로 변환하면 전압 또는 전류가 된다.

정답 다

12 실리콘제어 정류기(SCR)

- PNPN(NPNP) 4층 구조로서 안쪽 P층에 게이트라고 불리는 제어용 전극이 있다.
- OFF 상태에서 효율이 우수하다.
- 무접점스위치 및 대전력용 정류기에 사용된다.
- 단방향성이다.
- 부성저항을 갖는다.

정답 라

13 • 진성반도체(순수반도체) : 4가원소

(ex. 탄소 C, 셀렌 Se, 실리콘=규소 Si, 게르마늄 Ge, 아산화구리(동) CuO)

• 불순물반도체

① P형 반도체(억셉터) : 정공에 의하여 이루어진 불순물 반도체(3가원소, ex. B, Al, Ga)

② n형 반도체(도우너) : 과잉전자에 의하여 이루어진 불순물 반도체(5가원소, ex. P, As, Sb)

정답 가

14 • 가동코일형계기 : 평균값 지시

• 정류기형계기 : 실효값 지시

정답 가

15 정전에너지

$$W=\frac{1}{2}CV^2[\mathrm{J}]$$

$$=\frac{1}{2}\times(3\times10^{-6})\times(4\times10^{3})^2=24[J]$$

정답 라

16 •두 평형도체 간의 전자력

F=크기+방향성

즉, $F=\underbrace{\frac{1}{r}}_{\text{크기}}\underbrace{\begin{pmatrix}\text{흡입력}\\\text{반발력}\end{pmatrix}}_{\text{방향성}}$

r[m] : 거리, 같은 방향 전류 : 흡인력, 반대방향(왕복방향) 전류 : 반발력

정답 다

17 자기에너지 $W=\frac{1}{3}LI^2[\mathrm{J}]$

정답 다

18 결합계수 $K=\frac{M}{\sqrt{L_1\cdot L_2}}$이므로,

$M=K\sqrt{L_1\cdot L_2}=1\times\sqrt{(4\times16)}$

$=8[\mathrm{mH}]$

$K=1$일 경우 이상결합, 완전결합이다.

정답 나

19

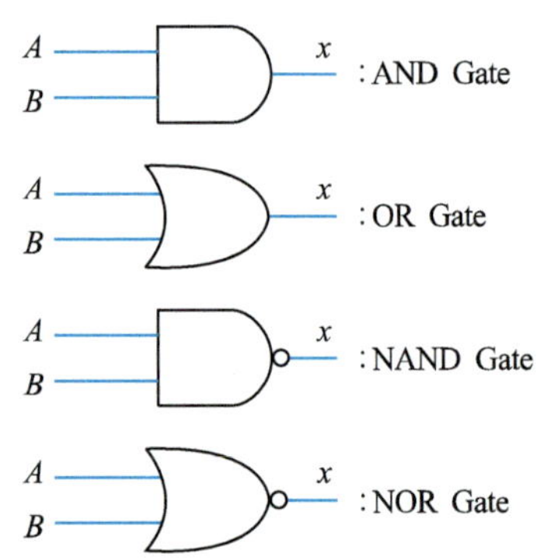

정답 가

20 V 결선이므로

$P_V=\sqrt{3}\cdot P_1=\sqrt{3}\times7=12.12[\mathrm{kVA}]$

P_V : V 결선 출력, P_1 : 한상의 용량

정답 라

풀이 제3회차

1 $I=\frac{V}{R}=\frac{24+6-12}{20}=0.9[A]$

12[V]는 반대극성이므로 −12[V]

정답 나

2 조직량 : 제어를 행하기 위하여 제어장치로부터 제어대상에 가해지는 양

정답 가

3 전기계측 3대 구성요소

① 구동장치(구동토크), ② 제동장치(제어토크), ③ 제어장치(제어토크)

정답 가

4 제너다이오드(정전압다이오드)란 역바이어스 전압이 어느 값에 달했을 때 역방향 전류가 급격히 증가하는 현상(항복현상)으로 정전압 회로용(전원전압을 안정하게 유지)으로 사용된다.

정답 나

5 $X \cdot G-Y \cdot G=Y$

$X \cdot G=Y+Y \cdot G$

$X \cdot G=Y(1+G)$

$\therefore \frac{Y}{X}=\frac{G}{1+G}$

정답 나

6 부울대수의 보원법칙

- $A+\overline{A}=1$
- $A \cdot \overline{A}=0$

정답 다

7 유도기전력

$e=-N\frac{d\phi}{dt}=-L\frac{di}{dt}$

$=-M\frac{d\phi}{dt}=-M\frac{di}{dt}[V]$

$e=-M\frac{di}{dt}$ 에서

$M=-e\frac{dt}{di}=-15\times\frac{1}{5}=-3[H]=3[H]$

정답 나

8 임피던스 $Z=\frac{5\cdot(4-j2)}{5\times(4-j2)}=\frac{20-j10}{9-j2}$

에서 공액복소수를 취하면

$\frac{(20-j10)(9+j2)}{(9-j2)\cdot(9+j2)}=\frac{200-j50}{9^2+2^2}$

$=\frac{200-j50}{85}=2.35-j0.59$

역율 $\cos\theta=\frac{R}{Z}=\frac{R}{\sqrt{R^2+X_C^2}}$

$=\frac{2.35}{\sqrt{2.35^2+0.59^2}}=0.97$

정답 라

9 정전용량, 콘덴서가 직 · 병렬이므로

$C_{2,3}=20+20=40[\mu F]$

또는 $C_{2,3}$ =개수×하나의 콘덴서 값

(동일 콘덴서일 때)

$=2\times20=40[\mu F]$

정답 다

10 $\theta = w \cdot t = 2\pi f \cdot t$이므로

$$t = \frac{\theta}{2\pi f} = \frac{\frac{\pi}{6}}{2\pi \times 60} = \frac{1}{720}[\text{sec}]$$

· $W[^{rad}/_{S}]$ ω 각속도, $W = 2\pi f[^{rad}/_{S}]$

정답 라

11 변압비 $a = \frac{V_1}{V_2} = \frac{N_1}{N_2} = \frac{I_2}{I_1}$이므로

• $\frac{V_1}{V_2} = \frac{N_1}{N_2} \Rightarrow \frac{220}{V_2} = \frac{20}{1}$

$\Rightarrow V_2 = 11[\text{V}]$

• $\frac{N_1}{N_2} = \frac{I_2}{I_1} \Rightarrow \frac{20}{1} = \frac{I_2}{15} \Rightarrow I_2 = 300$

정답 가

12 $X_L = WL = 2\pi f \cdot L[\Omega]$이므로

$$f = \frac{X_L}{2\pi \cdot L} = \frac{377}{2\pi \times 0.1} = 600[\text{Hz}]$$

· 각속도 $W = 2\pi f[^{rad}/_{S}]$

정답 라

13 정류작용 : 다이오드에서 PN접합양단에 가해지는 전압의 방향에 따라 전류를 흐르게 하거나 흐르지 못하게 하는 작용

정답 가

14 바리스터(배리스터) : 인가전압의 변화에 따라서 저항값이 비직선적으로 바뀌는 소자로서 서지전압에 대한 회로보호용, 불꽃잡음흡수회로용으로 사용된다.

정답 라

15 GTO(Gate Turn-Off thyristor): 단방향성 소자이며 주로 직류개폐기에 사용된다.

정답 가

16 $Q = I \cdot [c]$이므로, $I = \frac{Q}{t} = \frac{10}{4} = 2.5[\text{A}]$

정답 가

17 기구번호 3 : 조작개폐기
기구번호 49 : 열동계전기
기구번호 88 : 전자접촉기
기구번호 89 : 단로기

정답 다

18 $P = \frac{V^2}{R} \Rightarrow P \propto V^2$이므로

$P = (0.9)^2 = 0.81$

$\therefore 1 - 0.81 = 0.19 = 19[\%]$

정답 다

19 정전에너지

$$W = \frac{1}{2}CV^2$$

$$= \frac{1}{2} \times 5 \times 10^{-6} \times (4 \times 10^3)^2 = 40[\text{J}]$$

정답 다

20 전선 굵기 3요소

① 전압강하, ② 허용전류, ③ 기계적 강도

정답 가

풀이 제4회차

1 가변전압 가변주파수 제어: 유도전동기에 인가되는 전압과 주파수를 동시에 변환시켜 직류 전동기와 동등한 제어성능을 얻을 수 있는 방식

정답 가

2 $I_C = \beta I_B + (1+\beta) I_{CO}$

$= 60 \times 0.25 + (1+60) \times 0.1$

$= 21.1 \, [\text{mA}]$

※ β : 전류증폭률, I_{CO} : 컬렉터 차단 전류, I_B : 베이스전류

정답 나

3 다이오드 1개 단락 또는 개방 시의 출력은 반파정류이다.

정답 다

4 전기계측 3대 구성요소

① 구동장치(구동토크)

② 제동장치(제동토크)

③ 제어장치(제어토크)

정답 가

5 Y=(A+B)(A+C) =AA+AC+BA+BC

=A+AC+BA+BC

=A(1+C+B)+BC

=A · 1+BC

=A+BC

정답 라

6 $R = \rho \cdot \dfrac{\ell}{A} = \rho \cdot \dfrac{\ell}{\pi r^2} = \rho \cdot \dfrac{4\ell}{\pi D^2} [\Omega]$

ρ : 고유저항, A : 단면적, r : 반지름, D : 지름

$R = \rho \dfrac{\ell}{A}$ 이므로 $R' = 4R \Rightarrow 4$(배)

정답 나

7 축전지 직렬: 전류용량 불변, 전압은 n배 〈n : 축전지 개수〉

병렬 : 전압은 불변, 전류용량 m배 〈m : 축전지 개수〉

정답 다

8 바리스터(배리스터) :인가전압의 변화에 따라서 저항값이 비직선적으로 바뀌는 소자로서 서지전압에 대한 회로보호용, 불꽃잡음흡수회로용으로 사용된다.

정답 가

9 변압비 $a = \dfrac{V_1}{V_2} = \dfrac{N_1}{N_2} = \dfrac{I_2}{I_1}$ 이므로

$\dfrac{V_1}{V_2} = \dfrac{N_1}{N_2} \Rightarrow \dfrac{100}{V_2} = \dfrac{100}{24}$

$\Rightarrow V_2 = 24 [\text{V}]$

정답 가

10 NORGate 논리식 $\overline{A+B} = X$

$\overline{1+0} = \overline{1} = 0$

정답 다

11 정전유도(Electrostatic Induction)란 대전체에 중성인 절연체를 가까이 하면 대전체와 다른 극성의 전하가 절연체 내부에서 대전체 쪽으로 모이는 현상, 그러므로 정전유도에 의하여 작용하는 힘은 흡인력이다.

정답 가

12 서미스터(더미스터)

- 열을 감지하는 소자이다.
- 온도 상승에 따라서 저항값이 감소하는 부(−)의 온도 계수를 갖는다.
- 코발트, 니켈, 망간, 철, 구리, 티탄 등의 산화물의 혼합소자이다.
- 온도계, 온도의 자동제어, 전력계 시한장치 및 라디오의 온도보상용(온도보정용)으로 사용된다.

정답 다

13 정치제어 : 목표값이 시간에 관계없이 항상 일정한 값을 가지는 제어
ex) 프로세스제어, 자동조정

정답 가

14 THR − 열동계전기

정답 라

15
- 전압계 : 부하와 병렬연결
- 전류계 : 부하와 직렬연결

정답 가

16 비율차동계전기, 차동전류계전기, 브흐-홀쯔계전기: 변압기의 내부고장을 보호하는 용도로 사용되는 계전기

정답 다

17 $R=\frac{V}{I}$,

전류를 20[%] 증가시킬 때 저항 R'

$R'=\frac{V}{I}=\frac{V}{1.2I}=\frac{1}{1.2}\cdot\frac{V}{I}=0.83R$

$R'=0.83R$

정답 다

18 저항(R)만이 부하는 무효전력(Pr)이 0이다.

정답 나

19 $R_T=R_t[1+\propto(T-t)][\Omega]$

$=0.25[1+0.0043(75-15)]=0.31$

$=0.31[\Omega]$

$R_T[\Omega]$: 온도상승 후 저항

$R_t[\Omega]$: 온도상승 전 저항

$\propto$: 저항온도계수

$T[c]$: 상승 후 온도

$t[c]$: 상승 전 온도

정답 다

20 서보기구 : 물체의 위치, 방위, 자세 등의 기계적 변위를 제어량으로 하는 것으로 임의의 변화를 추정하는 것이 목표
ex) 미사일유도기구, 인공위성추적레이더, 대공포의 포신, 비행기 및 선박의 방향 등

정답 가

풀이 제5회차

1 $Q=C\cdot V[c]$ 이므로

$$V=\frac{Q}{C}=\frac{50}{5}=10[\text{V}]$$

$$C_T=\left(\frac{4\times4}{4+4}\right)+3=5[\mu\text{F}]$$

정답 나

2 무한장 직선도체 자기장세기

$$H=\frac{I}{2\pi r}[\text{N/wb}][\text{AT/m}][\text{A/m}]$$

$$H=\frac{100}{2\pi\times0.5}=31.8[\text{AT/m}]$$

r[m] : 거리

정답 가

3 배율 $m=\dfrac{V}{V_V}=1+\dfrac{R_m}{R_V}$ 이므로

$$\frac{V}{1}=1+\frac{1\times10^3}{20}\Rightarrow V=51[\text{V}]$$

V_V[V] : 최대눈금전압,

V[V] : 확대전압

$R_V[\Omega]$: 전압계 내부저항,

R_m[V] : 배율기저항

정답 나

4

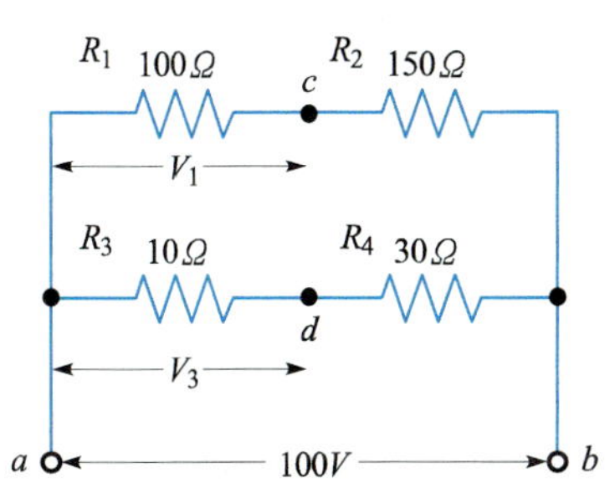

V_1 : a, c 간의 전압[V]

V_3 : a, d 간의 전압[V]

$$V_1=\frac{R_1}{R_1+R_2}\cdot V=\frac{100}{100+150}\times100=40[\text{V}]$$

$$V_3=\frac{R_3}{R_3+R_4}\cdot V=\frac{10}{10+30}\times100=25[\text{V}]$$

∴ c, d 사이의 전위차

$V=V_1-V_3=40-25=15[\text{V}]$

정답 나

5 원형코일 중심 자기장세기

$$H=\frac{NI}{2r}[\text{N/wb}][\text{AT/m}][\text{A/m}]$$

$$H=\frac{200\times2}{2\times5\times10^{-2}}=4000\ [\text{AT/m}]$$

· N[회]: 코일의 권선수

· r[m] : 반지름

정답 라

6 키르히코프 제1법칙: 전류법칙에 의하여 유입된 전류의 합은 유출된 전류의 합과 같다.

$\dot{I}_1=\dot{I}_b-\dot{I}_a$, $\dot{I}_2=\dot{I}_c-\dot{I}_b$, $\dot{I}_3=\dot{I}_a-\dot{I}_c+\dot{I}_g$

이므로

$\dot{I}_1+\dot{I}_2+\dot{I}_3=\dot{I}_b-\dot{I}_a+\dot{I}_c-\dot{I}_b+\dot{I}_a-\dot{I}_c+\dot{I}_g=\dot{I}_g$

$\dot{I}_g=\dot{I}_1+\dot{I}_2+\dot{I}_3$

정답 라

7 실효전압 $V=\frac{1}{\sqrt{2}}V_m=0.707V_m$

평균전압 $V_{av}=\frac{2}{\Pi}V_m=0.637V_m$

$V_{av}=\frac{2}{\Pi}\cdot\sqrt{2}\cdot V,$

$V=\frac{\Pi\cdot V_{av}}{2\sqrt{2}}=\frac{\Pi\times 100}{2\sqrt{2}}=111.1[V]$

정답 나

8 역율 $\cos\theta=\frac{R}{Z}=\frac{60}{100}=0.6$

정답 나

9 열동계전기(서머릴레이) 설치목적: 과전류(과부하)로부터 전동기 보호

정답 가

10 자기저항 $R=\frac{\ell}{\mu A}[AT/wb]$

· $\ell[m]$: 길이,· $\mu[H/m]$: 투자율,· $A[m^2]$: 단면적

정답 라

11 서보기구: 물체의 위치, 방위, 자세 등의 기계적 변위를 제어량으로 하는 것으로 임의의 변화를 추정하는 것이 목표
ex) 미사일 유도기구, 인공위성 추적레이더, 대공포의 포신, 비행기 및 선박의 방향 등

정답 가

12 전력량 $W=P\cdot t[J]$이므로

$P=\frac{W}{t}=\frac{876000}{3\times 60}\times 10^{-3}=4.9[kw]$

정답 가

13 PID(비례적분 미분제어)
사이클링과 오프셋이 제거되고 응답속도가 빠르며 안전성이 있다.

정답 다

14 • V 결선 출력비: 57.7[%]
• V 결선 이용율: 86.6[%]

정답 가

15 정전압다이오드(제너다이오드): 정전압 회로용(전원전압을 안정하게 유지)으로 사용된다.

정답 나

16 공진주파수(발진주파수)

$f_0=\frac{1}{2\pi\sqrt{LC}}[HZ]$

$=\frac{1}{2\pi\sqrt{(200\times 10^{-6}\times 200\times 10^{-12})}}\times 10^{-3}$

$\fallingdotseq 800[kHZ]$

정답 다

17 프로세스제어(공정제어) : 제어량이 온도, 유량, 압력, 농도, 액위, 밀도 등 생산공정 중의 상태량의 제어
ex) 화학공장, 제지공장, 석유공장 등

정답 가

18 태양전지(Solar battery)

· 광기전력의 효과에 의해 태양의 빛에너지를 전기에너지로 변환하는 반도체 소자

ex) 인공위성의 전원, 무인등대나 중계소의 전원 등

정답 다

19 기계적 접점

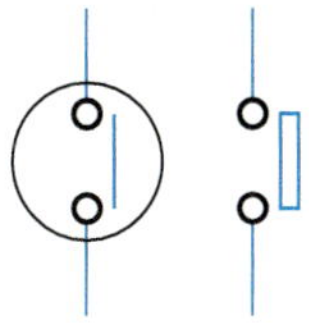

정답 나

20 ON-OFF동작: 불연속동작의 대표적인 것으로 제어량의 목표값에서 어떠한 양만큼 벗어나면 미리 정해진 일정한 조작량이 대상에 가해지는 단속적인 제어동작이다.

정답 라

풀이 제6회차

1 $Q = I \cdot t[c] = 10 \times 5 \times 60 = 3000[c]$

정답 나

2 전선 접속 시 주의사항

① 접속부는 노출시키지 말 것
② 접속 부분의 절연성능은 타부분과 동등 이상이 되도록 할 것
③ 접속점의 전기저항이 증가하지 않도록 할 것
④ 전신의 세기는 20% 이상 감소시키지 말 것

정답 가

3 $C(s) = R(s) \cdot G(s)$

정답 나

4 쿨롱법칙 $F = K\dfrac{m_1 \cdot m_2}{\mu s r^2}[\mathrm{N}]$이므로

두 자극 사이에 작용하는 힘은 두 자극(자하)세기 곱에 비례하고, 거리 자승에 반비례한다.

정답 가

5

- 단상유도전동기
  분상기동, 반발기동, 콘덴서기동, 셰이딩코일형기동
- 농형유도전동기
  직입기동(전전압기동), 리액터기동, 스타-델타(Y-Δ)기동, 기동보상기, 기동저항기

정답 라

6

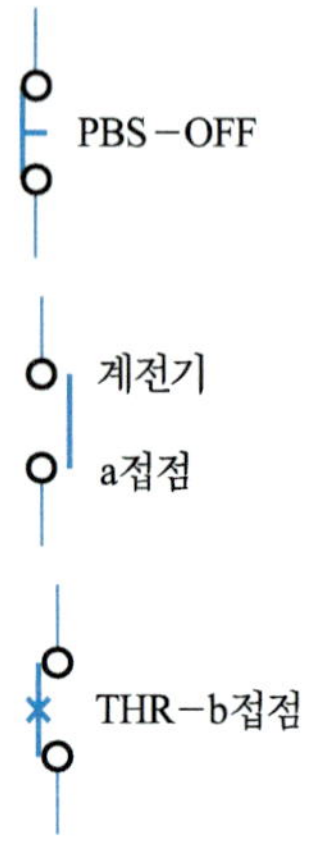

정답 가

7 컬렉터 접지의 특징

① 고전류 이득을 얻을 수 있다.
② 입력, 출력의 전압 및 전류는 위상이 같다.

정답 가

8 중첩의 원리: 2개 이상의 전원을 포함한 회로에서 어떤 점의 전위 또는 전류는 각 전원이 단독으로 존재한다고 했을 때, 그 점의 전위 또는 전류의 합과 같다.

① 전압원 단락

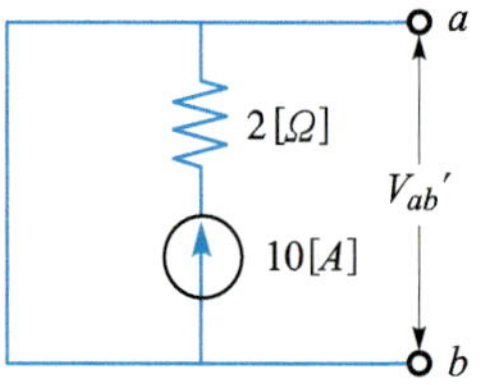

$V_{ab'} = 0[\mathrm{V}]$

② 전류원 개방

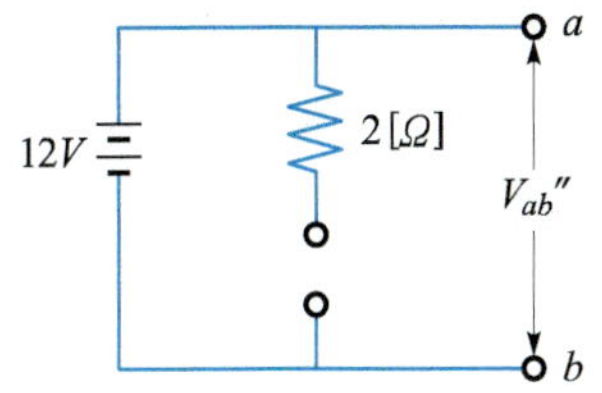

$$V_{ab''} = 12[\text{V}]$$

$$\therefore V_{ab} = V_{ab'} + V_{ab''} = 0 + 12 = 12[\text{V}]$$

정답 나

9 $\theta = w \cdot t = 2\pi r \cdot t$이므로

$$t = \frac{\theta}{2\pi f} = \frac{\frac{\pi}{6}}{2\pi \times 60} = \frac{1}{720}[\text{sec}]$$

· $W[\text{rad/s}]$: 각속도, $W = 2\pi f[\text{rad/s}]$

정답 라

10 집적(집약, IC)회로의 특징

① 소형이며 비용이 적게 들고 경제적이다.

② 세트조립이 간단하며 고장율이 적다.

③ 신뢰도는 증가하며, 대량생산이 가능하다.

정답 다

11 서미스터(더미스터)

· 열을 감지하는 소자이다.

· 온도 상승에 따라서 저항값이 감소하는 부(-)의 온도계수를 갖는다.

· 코발트, 니켈, 망간, 철, 구리, 티탄 등의 산화물의 혼합 소자이다.

· 온도계, 온도의 자동제어, 전력계 시한장치 및 라디오의 온도보상용(온도보정용)으로 사용된다.

정답 라

12 무효전력 $P_r = I^2 \cdot X_L[V_{ar}]$이므로

$$X_L = \frac{P_r}{I^2} = \frac{\sqrt{Pa^2 - P^2}}{I^2}$$

$$= \frac{\sqrt{(2000)^2 - (1732)^2}}{(20)^2} = \frac{1000}{(20)^2}$$

$$= 2.5[\Omega]$$

· $P_a = V \cdot I = 100 \times 20 = 200[\text{VA}]$

· $P = VI\cos\theta$

$= 100 \times 20 \times \cos 30° = 1732[\text{w}]$

$P_a[\text{VA}]$: 피상전력, $P[\text{w}]$: 유효전력

$P_r[V_{ar}]$: 무효전력

$X_L[\Omega]$: 유도리액딘스

$X_C[\Omega]$: 용량리액턴스

정답 나

13 배율 $m = \frac{I}{I_a} = 1 + \frac{R_a}{R_s}$이므로,

$$\frac{6}{150 \times 10^{-3}} = 1 + \frac{117}{R_s} \Rightarrow R_s = 3[\Omega]$$

$I_a[\text{mA}]$: 최대눈금전류

$I[\text{A}]$: 확대전류

$R_s[\Omega]$: 분류기저항

$R_a[\Omega]$: 선류계 내부서항

정답 나

14 무효전력 $P_r = VI\sin\theta = I^2 \cdot X$

$= \sqrt{Pa^2 - P^2}[V_{ar}]$이므로

· $P_a = V \cdot I = 50 \times 3 = 150[\text{VA}]$

· $\cos\theta = \frac{P}{P_a}$

$\Rightarrow P = P_a - \cos\theta = 150 \times 0.6 = 90[w]$

$P_a[\text{VA}]$: 피상전력, $P[\text{W}]$: 유효전력,

$P_r[V_{ar}]$: 무효전력, $\cos\theta$: 역율

정답 다

15 용량리액턴스 $X_c = \frac{1}{wc} = \frac{1}{2\pi fc}[\Omega]$

이므로

$$C = \frac{1}{2\pi f \cdot X_c}$$

$$= \frac{1}{2\pi \times 60 \times 3} \times 10^6 = 884[\mu F]$$

정답 다

16 전력량 $W = P \cdot t = VI \cdot t[J]$이므로

$W = V \cdot I \cdot t = 100 \times 2 \times 10 \times 10^{-3} = 2[KWh]$

정답 나

17

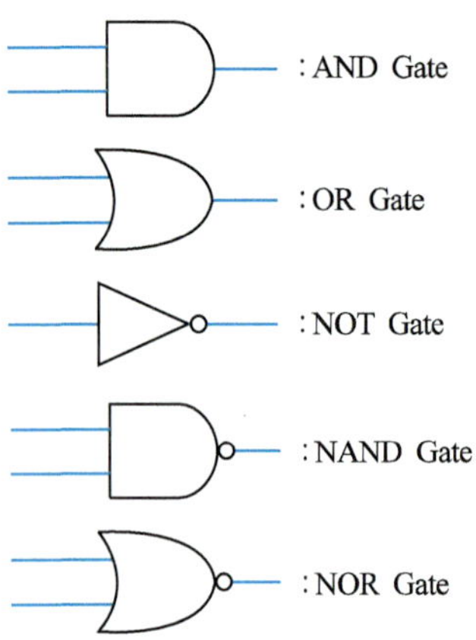

정답 라

18 프로세스제어(공정제어): 제어량이 온도, 유량, 압력, 농도, 액위, 밀도 등 생산공정 중의 상태량의 제어

ex) 화학공장, 제지공장, 석유공장 등

정답 라

19 •온도 → 임피던스 : 측온저항(열선, 서미스터, 백금, 니켈), 감지선형

•온도 → 전압 : 열전대(백금-백금로듐, 철-콘스탄탄, 구리-콘스탄탄, 크로멜-알루멜)

정답 가

20 Δ(델타)결선 : $V_\ell = V_P$, $I_\ell = \sqrt{3} I_P$

Y(스타)결선 : $I_\ell = I_P$, $V_\ell = \sqrt{3} V_P$

$V_\ell[V]$: 선간전압, $V_P[V]$: 상전압

$I_\ell[A]$: 선전류, $I_P[A]$: 상전류

정답 라

풀이 제7회차

1 ∙ 발광다이오드

전기에너지 → 빛에너지

∙ 포토다이오드

빛에너지 → 전기에너지

정답 라

2 $I=\frac{V}{X_c}=\frac{V}{\frac{1}{WC}}=WCV=2\pi fcv[\text{A}]$

$C=\frac{I}{2\pi f\cdot V}$

$=\frac{3}{2\pi\times 60\times 220}\times 10^6=36.1[\mu\text{F}]$

∙ 용량리액턴스 $X_c=\frac{1}{W_C}[\Omega]$

∙ 각속도 $W=2\pi f[\text{rad/s}]$

정답 다

3 ∙ 과전압 보호장치

다이오드를 직렬로 추가

∙ 과전류 보호장치

다이오드를 병렬로 추가

정답 나

4 전류의 흐름 방향은 전자의 이동방향과 반대이다.

∙ 전류의 흐름: + → −

∙ 전자의 흐름: − → +

정답 나

5 맥동(리플)주파수 f

∙ 단상반파: f ∙ 단상전파: $2f$ ∙ 3상반파: $3f$ ∙ 3상전파: $6f$

맥동(리플)주파수$=6f[\text{Hz}]=6\times 60=360[\text{Hz}]$

정답 라

6 정전유도에 의해 작용하는 힘은 흡인력이다.

정답 가

7 논리식

$A+(\overline{A}\cdot B)=(A+\overline{A})\cdot(A+B)$

$=1\cdot(A+B)=A+B$

∙ 직렬: 곱하기 ∙ 병렬: 더하기

정답 라

8 실리콘제어 정류소자(SCR)의 성질(특징)

① PNPN(NPNP) 4층 구조로 안쪽P층에 게이트라 불리는 제어용 전극이 붙어있다.

② 부성저항을 갖는다.

③ 무접점 스위치 및 대전력 제어용에 사용된다.

④ 게이트 전류에 의하여 방 전개 시 전압을 제어할 수 있다.

⑤ 최고 허용온도 140~200[℃]이다.

정답 나

9 측정방법

① 직접측정 : 피측정량과 같은 종류의 기준량을 직접 비교하여 그 양을 측정하는 방법
ex) 길이를 자로 재는 경우, 전압계로 전압을 측정하는 경우

② 간접측정 : 피측정량과 일정한 관계가 있는 다른 양을 측정하여 계산으로 구하는 경우
ex) 직류전력을 측정할 때, 전압과 전류를 각각 측정하여 이들의 곱으로 구하는 경우

③ 절대측정 : 많은 물리적인 양은 길이, 질량, 시간 등 3개의 기본량에 의하여 이루어져 있으므로, 측정하려고 하는 양을 길이, 질량, 시간의 측정으로서 결정하는 경우는 이에 해당한다.

④ 비교측정: 미지량을 이것과 같은 종류의 기지량과 비교하여 측정하는 방법

- 편위법: 지시계기의 지침의 편위로 측정량을 구하는 방식으로서 직편법이라고도 한다(감도가 좋지 않으나 간단하고 신속하게 측정할 수 있는 이점이 있어 가장 많이 사용된다). ex) 전압계, 전류계, 다이얼게이지
- 영위법: 측정량과 별도로 크기를 조정할 수 있는 표준량을 준비하고, 이것을 표준량과 평행시켜 표준량의 크기로부터 측정량을 구하는 방식이다. ex) 휘트스톤 브릿지, 전위차계, 양팔저울
- 보상법: 영위법의 영역에 속하는 것으로서 측정량에서 기지의 일정한 양을 뺀 나머지 양에 대해 측정하는 방식이다.
- 치환법: 높은 확도를 필요로 할 때 측정량과 표준량을 치환하여 비교하는 방식으로 치환전과 치환 후를 비교해봄으로써 높은 확도가 얻어진다. ex) 버니어캘리퍼스

정답 라

10 검출부

: 제어량의 값이 어떤 값인가의 상태여부에 따라 신호를 발생하는 부분, 즉 제어량을 검출하여 주피드백 신호를 만드는 부분

- 검출부 : 열전온도계

정답 나

11 접지계전기 : 영상변류기(Z. C. T)를 이용한 지락전류검출하는 계전기

정답 나

12 콘덴서용량

$$Q[KVA] = P[KW]\left(\frac{\sqrt{1-\cos^2\theta_1}}{\cos\theta_1} - \frac{\sqrt{1-\cos^2\theta_2}}{\cos\theta_2}\right)$$

$$= 120\left(\frac{\sqrt{1-0.65^2}}{0.65} - \frac{\sqrt{1-1^2}}{1}\right)$$

$$= 140\ [\text{KVA}]$$

P[kw] : 용량, $\cos\theta_1$: 개선 전 역율, $\cos\theta_2$: 개선 후 역율

정답 나

13 V=sin60°, I=cos−70°+90°=sin20°

그러므로 θ=sin60°−sin20°=40°

정답 나

14 원형코일 중심자계세기

$H=\frac{\mu I}{2r}$[N/wb][AT/m][A/m]이므로

$I=\frac{H\cdot 2r}{N}=\frac{1\times 2\times 1}{1}=2[A]$

N[회]: 코일권선수, r[m]: 반지름

정답 나

15 전동기 용량

$P_{[KW]}=\frac{r\cdot Q\cdot H}{102.n}\cdot K$

$=\frac{1000\times 2.4\times 54}{102\times 0.6\times 60}\times 1.1=39[kw]$

- 전동기 용량 P[kw]−102
  P[HP]−76
  P[ps]−75 대입
- 물의 비중량 $r[kg/m^3]$:1000
- 유량 $Q[m^3/s]$
- 전양정 H[m]
- 효율 $\eta[\%]$
- 전달계수, 여유계수 K

정답 다

16
- 단상유도전동기
  분상기동형전동기, 반발기동형전동기, 콘덴서기동형전동기, 셰이딩코일형전동기
- 3상유도전동기
  농형유도전동기, 권선형유도전동기

정답 가

17 접지목적 : 감전방지

정답 라

18 배율 $m=\frac{V}{V_V}=1+\frac{R_m}{R_V}$이므로

$\frac{V}{50\times 10^{-3}}=1+\frac{1.2\times 10^6}{100}$

$\Rightarrow V=600[V]$

V_V[V]: 최대눈금전압, V[V]:확대전압

R_V[Ω]: 전압계 내부저항,

R_m[Ω]:배율기저항

정답 다

19 가 : PVT

나 : TRIAC

다 : SCR

라 : DIAC

정답 다

20
- $C=R\cdot G-CGH\Rightarrow C+CGH=RG$

  $C(1+G\cdot H)=R\cdot G$

  $\Rightarrow C=\frac{G}{1+GH}\cdot R$
- $C=D-CGH\Rightarrow C+CGH=D$

  $C(1+GH)=D\Rightarrow C=\frac{D}{1+GH}$

$\therefore\frac{G}{1+GH}\cdot R+\frac{1}{1+GH}\cdot D$

정답 가

풀이 제8회차

1 열전대형계기-열기전력작용

정답 가

2 $P_{GL}=I_{GL}^2\cdot R=I_{GL}^2\cdot\frac{1}{G}$

$=(3.076)^2\times\frac{1}{8}=1.18[\text{w}]$

$I_{GL}=\frac{G_L}{G+G_L}\cdot I=\frac{8}{5+8}\times 5=3.076[\text{A}]$

- $R\propto\frac{1}{G}$
- $G[\mho][\text{S}]$: 컨덕턴스

정답 가

3 단상변압기의 병렬운전조건

① 극성이 같은 것
② 1차, 2차의 정격전압 및 권수비가 같은 것
③ %저항강하 및 리액턴스의 비가 같은 것(또는 %임피던스 강하가 같고, 저항과 리액턴스의 비가 같을 것)

정답 가

4 부울대수의 드모르간법칙

- $F=\overline{A+B}=\overline{A}\cdot\overline{B}$
- $F=\overline{A\cdot B}=\overline{A}+\overline{B}$

정답 다

5 각속도 $W=2\pi f[\text{rad/s}]$이므로

$f=\frac{w}{2\pi}=\frac{376.8}{2\pi}=60[\text{Hz}]$

정답 나

6
- 직류계기 : 가동코일형, 가동지침형, 전해형
- 교류계기 : 유도형, 정류형
- 직ㆍ교류계기 : 전류력계형, 가동철편형, 열전형, 정전형

정답 다

7 발광 다이오드(LED)

- 인가전압 1~1.6[V], 전류는 5~50[mA]를 사용
- 발열이 적고, 응답속도는 100[ns] 정도로 매우 빠르다.
- 전류에 대한 광출력의 직선성이 좋다.
- 각종 조명기구에 사용한다.
- 수명이 길고 효율이 좋다.
- 소비전력이 적다.
- 진동에 강하다.
- PN접합다이오드에 순방향전압을 가했을 때 발광하는 소자(발광재료는 GaAs, GaP와 같은 금속화합물)

정답 가

8 유도기전력

$e=-N\frac{d\phi}{dt}=-L\frac{di}{dt}=-M\frac{d\phi}{dt}$

$=-M\frac{di}{dt}[\text{V}]$이므로

$e=-N\frac{d\phi}{dt}=-1\times\frac{(0.5-0.3)}{\frac{1}{100}}=-20[\text{V}]$

$=20[\text{V}]$

정답 다

9 $P_\Delta = 3P_Y$이므로 $P_Y = \frac{1}{3}P_\Delta$

· $\Delta = 3Y$, $Y = \frac{1}{3}\Delta$

정답 나

10 $V = \frac{W}{Q}$ 이므로

$W = V \cdot Q = 10 \times 50 = 500[J]$

、Q[C]: 전하 、W[J]: 전기가 행한 일

정답 라

11 배선용차단기(MCCB=MCB=NFB) 특징

、과전류, 단락전류의 차단성능이 우수하다.

、수명이 길며 기기의 신뢰도가 크다.

、퓨즈가 필요치 않으며 소형이다.

、수동으로 복귀가 간단하다.

、재사용이 가능하다.

정답 나

12 $C = R \cdot G_1 + C \cdot G_1 \cdot G_2$

$C - C \cdot G_1 \cdot G_2 = R \cdot G_1$

$C[1 - G_1 \cdot G_2] = R \cdot G_1$

$\therefore \frac{C}{R} = \frac{G_1}{1 - G_1 \cdot G_2}$

정답 나

13 바리스터(배리스터) : 인가접압의 변화에 따라서 저항값이 비직선적으로 바뀌는 소자로서 서지전압에 대한 회로보호용, 불꽃잡음흡수회로용으로 사용된다.

정답 라

14 래칭전류(Latching Current) : 트리거 신호가 제거된 직후에 사이리스터를 ON 상태로 유지하는데 필요로 하는 최소한의 주전류

정답 나

15 、자기유지회로 : 기동버튼 옆에 a접점

、병렬우선회로(인터록회로) : 상대방에 b접점

정답 가

16 전압의 극성을 바꾸어 주면 SCR차단 상태가 된다.

정답 다

17 추치제어 : 출력의 변동을 조정하는 동시에 목표값에 정확히 추종하도록 설계한 제어

、종류 – 추종제어, 비율제어, 프로그램제어

정답 나

18 R–L 직렬회로에서 시정수 값이 클수록 과도현상은 길어진다.

정답 나

19 R–C 필터회로에서 리플 함유율을 가장 효과적으로 줄이기 위해서는 C와 R을 크게 하면 된다.

정답 다

20 $1[kwh] = 1 \times 10^3[wh] = 1 \times 10^3 \times 3600[ws]$

$= 3.6 \times 10^6$ [J]

、$1[ws] = 1[J]$

정답 라

풀이 제9회차

1 $R_T = R_t[1+\propto(T-t)][\Omega]$

$= 10[1+0.0043(30:0)] = 11.3$

$R_T[\Omega]$: 온도 상승 후 저항

$R_t[\Omega]$: 온도 상승 전 저항

$\propto$: 저항온도계수

T[℃] : 상승 후 온도

t[℃] : 상승 전 온도

정답 라

2 렌쯔의 법칙: 전자유도현상에 의해 생긴 기전력은 코일을 통한 자속의 변화를 방해하는 전류를 반발하려는 방향으로 발생한다(유도기전력의 방향성).

정답 가

3 영상변류기(Z. C. T)는 누전경보기의 구성으로 누설전류를 검출하는 기기이다.

정답 나

4 비정현파 전류의 실효값

$$I = \sqrt{\left(\frac{I_{m1}}{\sqrt{2}}\right)^2 + \left(\frac{I_{m2}}{\sqrt{2}}\right)^2 + \left(\frac{I_{m3}}{\sqrt{2}}\right)^2}$$

$$= \sqrt{\left(\frac{20\sqrt{2}}{\sqrt{2}}\right)^2 + \left(\frac{5\sqrt{2}}{\sqrt{2}}\right)^2 + \left(\frac{3\sqrt{2}}{\sqrt{2}}\right)^2}$$

$= 20.8$[mA]

- I_{m1}, I_{m2}, I_{m3} : 각 고주파전류의 최댓값[A]

정답 가

5 1[μF]콘덴서 2개는 직렬로, 1개는 이와 병렬로 접속하면 1.5[μF]의 콘덴서를 대신 사용할 수 있다.

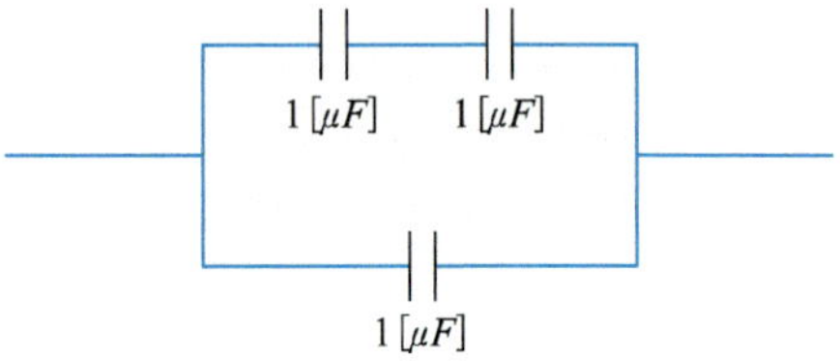

$$C_T = \frac{1\times1}{1+1} + 1 = 1.5[\mu\mathrm{F}]$$

정답 라

6 $I = \dfrac{V}{R} = \dfrac{150}{0.1\times10^6}$

$= 0.0015[A]\times10^3 = 1.5$[mA]

정답 가

7
- 3상 농형유도전동기: Y-⊿기동법, 리액터기동법, 콘도르파기동법, 1차저항기동법 등
- 3상권선형유도전동기: 2차저항기동법

정답 다

8 $X+(\overline{X}\cdot Y)$

$=(X+\overline{X})\cdot(X+Y)$

$=1\cdot(X+Y) = X+Y$

정답 나

9 · $A = A_1 \times A_2$

$= \sqrt{13} \angle 34° \times \sqrt{13} \angle 56°$

$= 13 \angle 90°$

· $A_1 = 3 + j2 = \sqrt{3^2 + 2^2} \angle \tan^{-1}\left(\frac{2}{3}\right)$

$= \sqrt{13} \angle 34°$

· $A_2 = 2 + j3 = \sqrt{2^2 + 3^2} \angle \tan^{-1}\left(\frac{3}{2}\right)$

$= \sqrt{13} \angle 56°$

정답 다

10 전달함수

$$e_{(s)} = \frac{e_{2(s)}}{e_{1(s)}} = \frac{\frac{I}{C_{s(s)}}}{\left(\frac{1}{C_{1(s)}} + \frac{1}{C_{2(s)}}\right) \cdot I_{(S)}}$$

$$= \frac{\frac{1}{C_{2(s)}} \cdot I_{(s)}}{\frac{C_1 + C_2}{C_1 \cdot C_2} \cdot I_{(s)}} = \frac{C_1}{C_1 + C_2}$$

정답 다

11 무효전력

$\mathrm{Pr} = VIsin\theta = I^2 \cdot X = \sqrt{Pa^2 - P^2}[\mathrm{var}]$

$P_r = \sqrt{P_a^2 - P^2} = \sqrt{(100)^2 - (80)^2}$

$= 60[\mathrm{kvar}]$

역율 $\cos\theta = \frac{P}{P_a}$

$\Rightarrow P_a = \frac{P}{\cos\theta} = \frac{80}{0.8} = 100\ [\mathrm{KVA}]$

P_a[VA]: 피상전력, P[w]: 유효전력,

P_r[Var]: 무효전력

정답 다

12 어떤 제어계에 입력신호를 가한 후 응답을 볼 때 정상 상태시간을 기준하여

- 그 전의 응답: 과도응답이라 한다.
- 그 후의 응답: 정상응답

정답 다

13 · 축전지 직렬

$\mathrm{I} = \frac{nE}{nr + R}[\mathrm{A}]$

$= \frac{10 \times 1.5}{(10 \times 0.1) + 2} = 5[\mathrm{A}]$

· 축전지 병렬 $\mathrm{I} = \frac{E}{\frac{r}{m} + R}[\mathrm{A}]$

· 축전지 직 · 병렬 $\mathrm{I} = \frac{nE}{\frac{nr}{m} + R}[\mathrm{A}]$

E[V]: 기전력, $r[\Omega]$: 내부저항, $R[\Omega]$: 외부저항, n[개]:전지 개수, m[개]:전지 개수

정답 나

14 ORGate이므로 입력신호 중 어느 하나라도 1이면 출력신호 X가 5가 된다.

정답 다

15 · 합성인덕턴스 $L_T = L_1 + L_2 + 2M$ 이므로

$L_1 + L_2 + (2 \times 0.5L) = 3L[\mathrm{H}]$

· 결합계수 $K = \frac{M}{\sqrt{L_1 \cdot L_2}}$

$\Rightarrow 0.5 = \frac{M}{\sqrt{L_2}}$

$\Rightarrow M = 0.5L[\mathrm{H}]$

· 같은 방향: 가동접속 $+2M$

· 반대 방향: 차동접속 $-2M$

정답 나

16 $P=I^2 \cdot R$이므로

$$P=\left(\frac{V}{Z}\right)^2 \cdot R=\left(\frac{V}{\sqrt{R^2+X_L^2}}\right)^2 \cdot R$$

$$P=\frac{V^2}{R^2+X_L^2} \cdot R$$

$$\Rightarrow X_L=\sqrt{\frac{V^2}{P}R-R^2}$$

$$=\sqrt{\left(\frac{250^2}{7500}\right)\times 2-2^2}=3.6[\Omega]$$

- $Z[\Omega]$: 임피던스
  $X[\Omega]$: 유도리액턴스
  임피던스 $Z=\sqrt{R^2+X_L^2}[\Omega]$

정답 다

17 온도 → 전압: 열전대(백금-백금로듐, 철-콘스탄탄, 구리-콘스탄탄, 크로멜-알루멜)

정답 나

18 바리스터(배리스터): 인가전압의 변화에 따라서 저항값이 비직선적으로 바뀌는 소자로서 서지전압에 대한 회로보호용, 불꽃잡음흡수회로용으로 사용된다.

정답 가

19
- 과전압 보호장치: 다이오드를 직렬로 추가
- 과전류 보호장치: 다이오드를 병렬로 추가

정답 가

20 $P=\frac{V^2}{R}[W] \Rightarrow P \propto V^2$

$P_1 : V_1^2=P_2 : V_2^2$

$500 : (100)^2=P_2 : (80)^2,\ P_2=320[W]$

정답 가

풀이 제10회차

1 역율

$$\cos\theta = \frac{P}{P_a} = \frac{P}{\sqrt{P^2+P_r^2}}$$

$$= \frac{1200}{\sqrt{(1200)^2+(400)^2}} = 0.95$$

정답 나

2 다이오드 입력 − : ANDGate

다이오드 입력 + : ORGate

다이오드 심벌 : 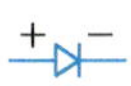

정답 나

3 、한시동작 순시복귀형

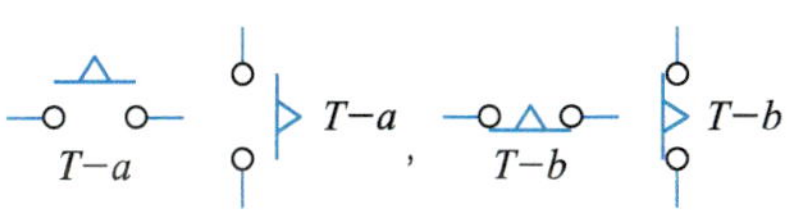

; a 접점 ; b 접점

、순시동작 한시복귀형

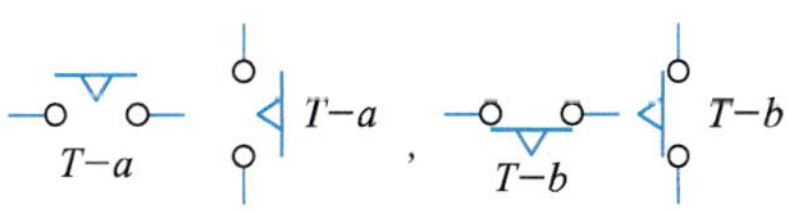

; a 접점 ; b 접점

정답 나

4 코일에서 전류, 콘덴서에서 전압은 급격히 변화할 수 없다.

정답 나

5 저항의 측정

① 저저항(1[Ω] 미만): 전압강하법, 전위차법, 캘빈더블브릿지법

② 중저항(1[Ω] 이상 106[Ω] 미만): 휘트스톤브릿지법

③ 고저항(106[Ω] 이상): 절연저항계(메거), 검류계법

④ 전지의 내부저항 및 전해액측정: 코울라시브릿지법

⑤ 접지저항측정: 코울라시브릿지법, 비헤르트브릿지법, 접자저항계법

정답 다

6 $\propto = \frac{\beta}{1+\beta}$ $\beta = \frac{\propto}{1-\propto}$ 이므로

$$\propto = \frac{\beta}{1+\beta} = \frac{60}{1+60} = 0.98$$

정답 다

7

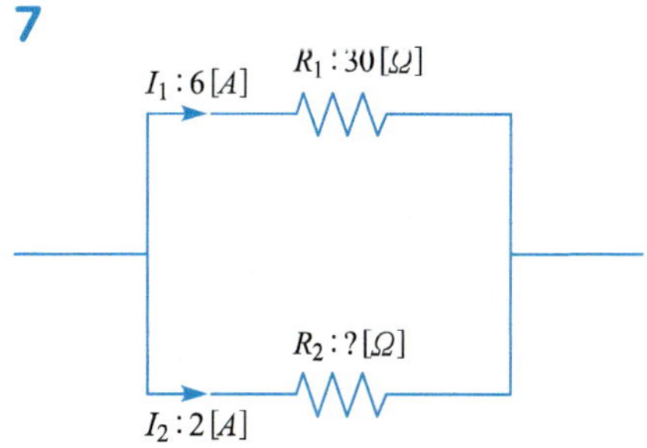

$$I_2 = \frac{R_1}{R_1+R_2} \cdot I\,[\mathrm{A}]$$ 이므로

$$2 = \frac{30}{30+R_2} \times 8$$

$$R_2 = 90[\Omega]$$

정답 다

8 $C = RG_1G_2 - CG_1G_2$

$C + CG_1G_2 = RG_1G_2$

$C(1 + G_1 \cdot G_2) = RG_1G_2$

$\therefore\ C = \dfrac{G_1 \cdot G_2}{1 + G_1G_2} \cdot R$

$C = D \cdot G_2 - CG_1 \cdot G_2$

$C + CG_1G_2 = DG_2$

$C(1 + G_1 \cdot G_2) = RG_1G_2$

$\therefore\ C = \dfrac{G_2}{1 + G_1 \cdot G_2} \cdot D$

$\therefore C = \dfrac{G_1 \cdot G_2}{1 + G_1G_2} \cdot R + \dfrac{G_2}{1 + G_1G_2} \cdot D$

정답 라

9 피드백제어＝되먹임제어＝폐루프제어

목적: 입력 측과 출력 측의 오차를 줄이기 위해서

장점: 정확도 증가

단점: 장치가 복잡, 설치비용고가

정답 라

10 ˎ 프로세스제어(공정제어) : 온도, 유량, 압력, 농도, 효율, 밀도, 액위 등을 제어

(ex. 화학공장, 석유공장, 제지공장 등)

정답 가

11 AC서보전동기의 전달 함수는 적분요소와 1차요소의 직렬결합으로 취급한다.

정답 나

12

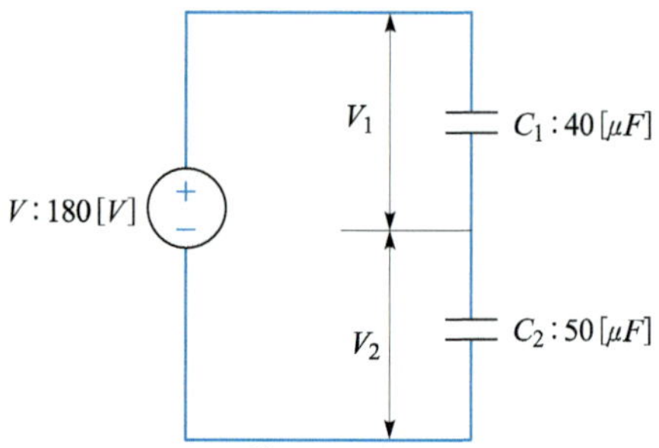

$V_1 = \dfrac{C_2}{C_1 + C_2} \cdot V$

$= \dfrac{50}{40 + 50} \times 180 = 100[\text{V}]$

$V_2 = \dfrac{C_1}{C_1 + C_2} \cdot V$

$= \dfrac{40}{40 + 50} \times 180 = 80[\text{V}]$

V_1 : 100[V], V_2 : 80[V], V_3 : 80[V]

ˎ V_2, V_3는 병렬이므로 전압 일정

정답 라

13 유도기전

$e = -N\dfrac{d\Phi}{dt} = -L\dfrac{di}{dt}$

$= -M\dfrac{d\Phi}{dt} = -M\dfrac{di}{dt}[\text{V}]$

$e = -N\dfrac{d\Phi}{dt}$

$= -10 \times \dfrac{(20 - 10)}{10} = -10[\text{V}]$

$= 10[\text{V}]$

정답 다

14 바리스터(배리스터) : 인가전압의 변화에 따라서 저항값이 비직선적으로 바뀌는 소자로서 서지전압(과도전압)에 대한 회로보호용, 불꽃잡음흡수회로용으로 사용된다.

정답 다

15 유도전동기의 회전력(토오크)

$$\tau = \frac{P}{1.026N_s} = \frac{\frac{V^2}{R}}{1.026N_s} = \frac{V^2}{1.026N_sR}$$

$\therefore \tau \propto V^2$

정답 다

16 $P = \frac{V^2}{R}$

$$\Rightarrow R = \frac{V^2}{P} = \frac{\left(\frac{1}{\sqrt{2}}V_m\right)^2}{P} = \frac{V_m^2}{2P}[\Omega]$$

· 실효전압 $V = \frac{1}{\sqrt{2}}V_m = 0.707V_m$

정답 가

17 $V_\ell = \sqrt{3}\,V_P = \sqrt{3} \times 160 = 277[\mathrm{V}]$

$V_P = I_P \cdot Z_P = 8 \times 20 = 160[\mathrm{V}]$

Y결선 $I_\ell = I_P$

I_ℓ [A]:선전류, I_P [A]:상전류

$V_\ell = \sqrt{3}\,V_P$

V_ℓ [V]:선간전압, V_P [V]:상전압

정답 다

18 $I[\mathrm{mA}] = \frac{V}{R}$

$$= \frac{\text{전압}}{\text{종단저항} + \text{선로저항}} \times 10^3$$

$$= \frac{24}{(8 \times 10^3) + 3.76} \times 10^3 = 3[\mathrm{mA}]$$

· 선로저항 $R = \rho = \frac{\ell}{A} = \rho\frac{\ell}{\pi r^2} =$

$= \rho\frac{4\ell}{\pi D^2}[\Omega]$이므로

$R = \rho\frac{\ell}{A}$

$= 1.69 \times 10^{-8} \times \frac{500}{(1.5 \times 10^{-3})^2}$

$= 3.76[\Omega]$

$\rho[\Omega \cdot \mathrm{m}]$:고유저항, $\ell[\mathrm{m}]$:선로길이

$A[\mathrm{m}^2]$: 전선단면적(굵기), $r[\mathrm{m}]$:전선반지름, $D[\mathrm{m}]$:전선지름

정답 나

19 전해콘덴서

· 극성을 가지고 있으므로 교류회로에 사용불가.

정답 나

20 $\mathrm{I} = \frac{V}{R} = \frac{20 - 12}{3 + 5} = 1[\mathrm{A}]$

· 전압의 극성이 반대이므로, 12[V]는 −12[V]

정답 가

풀이 제11회차

1 병렬이므로 합성절연저항

$$R_T=\frac{R_1\cdot R_2}{R_1+R_2}=\frac{3\times 2}{3+2}=1.2[\Omega]$$

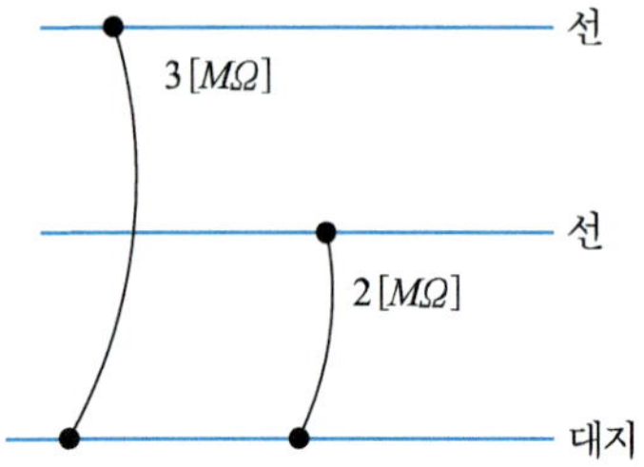

정답 나

2 $(x\cdot y)+(x\cdot \bar{y})+(\bar{X}\cdot y)$

、직렬: 곱하기, 、병렬: 더하기

정답 가

3 바리스터(배리스터) : 인가전압의 변화에 따라서 저항값이 비직선적으로 바뀌는 소자로서 서지전압(과도전압)에 대한 회로보호용, 불꽃잡음흡수회로용으로 사용된다.

4

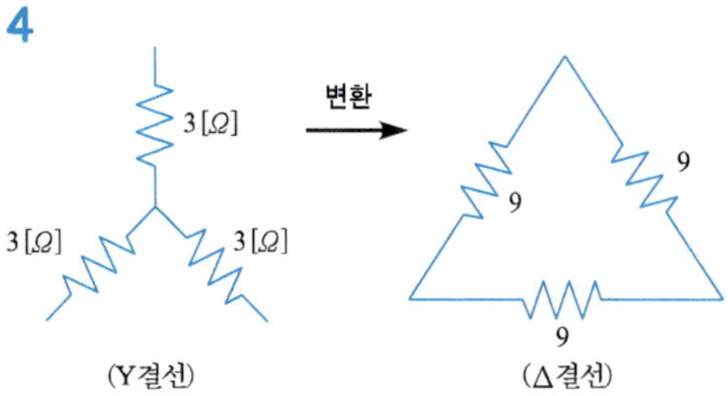

로 바꾸면 각 상의 저항은 3배이므로

$$R_{ad}=\frac{4.5\times(4.5+4.5)}{4.5+(4.5+4.5)}=\frac{4.5\times 9}{4.5+9}=3$$

$[\Omega]$

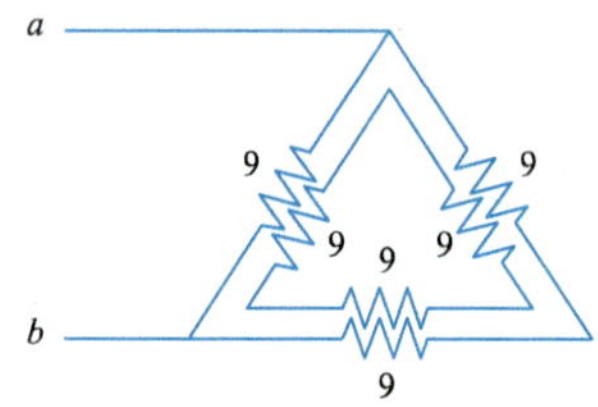

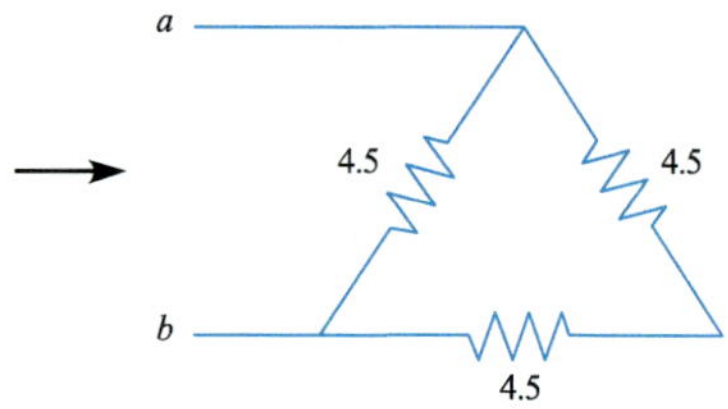

정답 가

5 、$C=R\cdot G-CGH \Rightarrow C+CGH=RG$

$C(1+G\cdot H)=R\cdot G$

$$\Rightarrow C=\frac{G}{1+GH}R$$

、$C=D-CGH \Rightarrow C+CGH=D$

$$C(1+GH)=D \Rightarrow C=\frac{D}{1+GH}$$

$$\therefore \frac{G}{1+GH}\cdot R+\frac{D}{1+GH}\cdot D$$

정답 다

6 서보기구 : 물체의 위치, 방위, 자세 등의 기계적 변위를 제어량으로 하는 것으로 임의의 변화를 추정하는 것이 목표

ex) 미사일유도기구, 인공위성추적레이더, 대공포의 포신, 비행기 및 선박의 방향 등

정답 다

7 전력량 $W = P \cdot t$이므로

$W = [(P_1 \cdot t_1) + (P_2 \cdot t_2)] \times 30$일

$= [(32 \times 2 \times 5) + (600 \times 1 \times 1)] \times 30$

$= 27600[wh] = 27.6[kwh]$

정답 가

8 삼각함수형식 $v = V(\cos\theta + j\sin\theta)$ [V] 이므로

$v = 20\left(\cos\frac{\pi}{3} + j\sin\frac{\pi}{3}\right)$

$= 20(\cos 60^\circ + j\sin 60^\circ)$

$= 20\left(\frac{1}{2} + j\frac{\sqrt{3}}{2}\right) = 10(1 + j\sqrt{3})[V]$

· v[v]: 순시전압, V[v]: 실효전압

정답 나

9 게이트 전류와 관계없이 양극전류(애노드전류)는 변화하지 않는다.

정답 나

10 평균전류 $I_{av} = \frac{2}{\pi} I_m = 0.637 I_m$이므로

$I_{av} = 0.637 I_m = 0.637 \times 100 = 63.7[A]$

정답 가

11 페루프제어(Closeloop control system) = 되먹임제어 = 피드백제어의 특징

· 정확성과 감대폭이 증가한다.
· 계의 특성 변화에 대한 입력대 출력비의 감도 감소한다.
· 비선형성과 왜형에 대한 효과가 감소한다.
· 발진을 일으키고 불안정한 상태로 되어가는 경향성을 보인다.

*목적: 입력측과 출력측의 오차를 줄이기 위해서.

정답 나

12 $V_c = \sqrt{2}\, V_0 = \sqrt{2} \times 220 = 3111[V]$

V_c[v]: 콘덴서전압, V_0[v]: 출력전압

정답 다

13 공진주파스

$f_0 = \frac{1}{2\pi\sqrt{Lc}}$ [HZ]

$= \frac{1}{2\pi\sqrt{20 \times 10^{-3} \times 33 \times 10^{-6}}}$

$= 196$[HZ]

정답 다

14 오차(error) : 기준입력과 주궤환 신호와의 신호로써 제어동작을 일으키는 신호, 즉 제어기의 입력신호

정답 나

15 방전코일 설치목적: 잔류전하 방전하기 위해서

정답 나

16

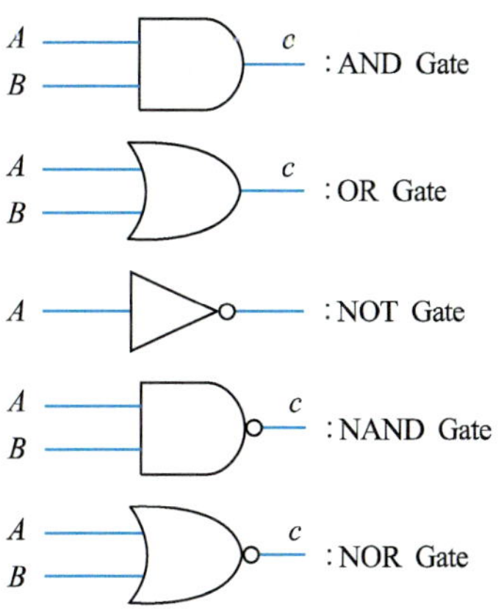

정답 나

17 $C_T = C_1 + C_2 = 3+5 = 8[\mu F]$

$C_T = \frac{8\times 8}{8+8} = 4[\mu F]$

또는 $\frac{\text{하나의 콘덴서값}}{\text{갯수}}$

(동일콘덴서일 경우)$= \frac{8}{2} = 4[\mu F]$

정답 라

18 $P = VI\cos\theta\ [w] \Rightarrow$ 역율 $\cos\theta = \frac{P}{VI}$

V : 전압계 I : 전류계 P : 전력계

정답 다

19 배율 $m = \frac{V}{V_V} = 1 + \frac{R_m}{r_V}$ 이므로

$m = 1 + \frac{R_m}{r_V} \Rightarrow 20 = 1 + \frac{R_m}{r_V}$

$\Rightarrow R_m = 19r_V$

V_V [v] : 최대눈금전압

V[v] : 확대전압

$r_V[\Omega]$: 전압계내부저항

$R_m[\Omega]$: 배율기 저항

정답 다

20 $R = \rho\frac{\ell}{A} = \rho \cdot \frac{\ell}{\pi r^2} = \rho \cdot \frac{4\ell}{\pi D^2}[\Omega]$ 이므로

$R = \rho \cdot \frac{4\ell}{\pi D^2}$

$= 1.72\times 10^{-8} \times \frac{4\times 100}{\pi\times(1\times 10^{-3})^2}$

$= 2.19[\Omega]$

· 고유저항 $\rho[\Omega \cdot m]$, $1.72[\mu \cdot \Omega \cdot cm]$

$= 1.72\times 10^{-8}[\Omega \cdot m]$

· 선로의 길이 $\ell[m]$

· 전선의 단면적(굵기) $A[m^2]$

· 전선의 반지름 $r[m]$

· 전선의 지름 $D[m]$, $1[mm] = 10^{-3}$ [m]

정답 나

풀이 제12회차

1 、열전현상, 광전현상, 홀효과 등이 심하다.

、전압과 전류는 비직선형이다.

정답 가

2 IGBT은 단방향 전류 소자이다.

정답 라

3 휘트스톤브릿지이므로

$$R_{ab}=\frac{15\times 15}{15+15}=7.5[\Omega]$$

정답 나

4 바리스터(배리스터): 인가전압의 변화에 따라서 저항값이 비직선적으로 바뀌는 소자로서 서지전압(과도전압)에 대한 회로보호용, 불꽃잡음흡수회로용으로 사용된다.

정답 가

5 전기계측 3대 구성요소

① 구동장치(구동토크), ② 제동장치(제동토크), ③ 제어장치(제어토크)

정답 라

6 게이트 전류와 관계없이 양극전류(애노드전류)는 변화하지 않는다.

정답 다

7 무효전력 $P_r=\sqrt{P_a^2-P^2}$ 이므로

$$P_r=\sqrt{P_a^2-P^2}$$

$$=\sqrt{900^2-720^2}=540[\text{Var}]$$

、피상전력

$$P_a=V\cdot I=180\times 5=900\ [\text{VA}]$$

、유효전력 $P=720[\text{W}]$

정답 나

8 제어신호(제어요소) : 조절부와 조작부로 구성된 것으로 동작신호를 인가하면 조작량으로 생성시키는 요소

정답 가

9

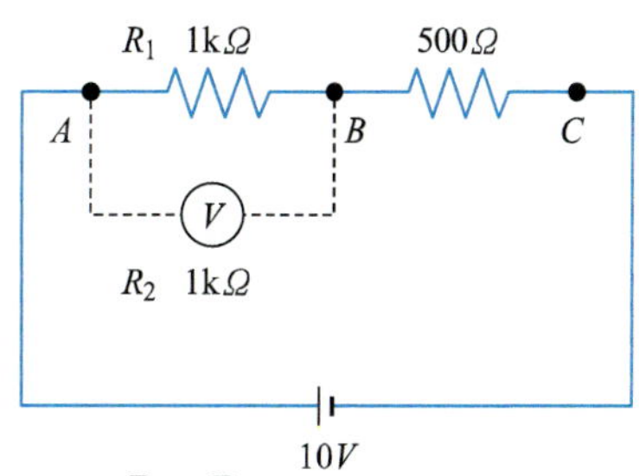

$$R_{12}=\frac{R_1\cdot R_2}{R_1+R_2}$$

$$=\frac{(1\times 10^3)\times(1\times 10^3)}{(1\times 10^3)+(1\times 10^3)}=500[\Omega]$$

$$V_{AB}=\frac{500}{500+500}\times 10=5[\text{V}]$$

정답 다

10 역율 $\cos\theta = \frac{R}{Z} = \frac{R}{\sqrt{R^2+X_L^2}}$

$$= \frac{3}{\sqrt{3^2+4^2}} = \frac{3}{5} = 0.6$$

- $Z[\Omega]$: 임피던스
- $X_L[\Omega]$: 유도리액턴스

정답 가

11 중첩의 원리: 2개 이상의 전원을 포함한 회로에서 어떤 점의 전위 또는 전류는 각 전원이 단독으로 존재한다고 했을 때, 그 점의 전위 또는 전류의 합과 같다.

⇒ 전압원 단락, 전류원 개방

① 전압원 단락

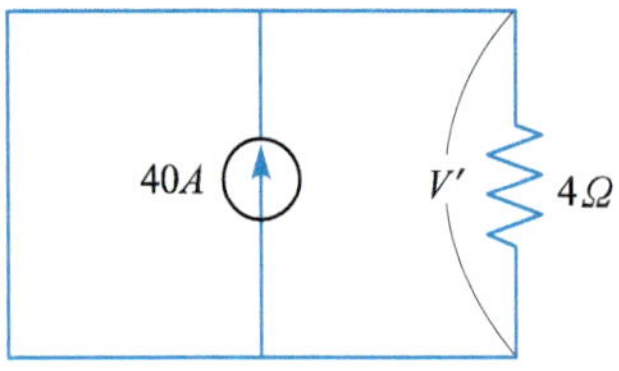

$V' = 0[V]$

② 전류원 개방

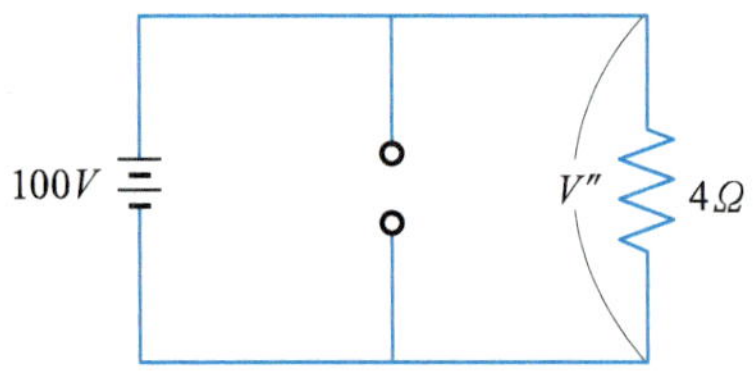

$V'' = 100[V]$

$\therefore\ V = V' + V'' = 0 + 100 = 100[V]$

단락된 쪽으로 모든 전류가 흐르기 때문에 $V' = 0[V]$ $V'' = 100[V]$

정답 다

12 · $\beta = \frac{I_C}{I_B} = \frac{I_C}{I_E - I_C}$ 이므로

$$\beta = \frac{I_C}{I_E - I_C} = \frac{0.98}{1 - 0.98} = 49$$

β : 이미터접지 전류 증폭정수

I_C : 컬렉터 전류

I_B : 베이스 전류

I_E : 이미터 전류

정답 라

13 다이오드 심벌 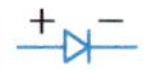

- 다이오드 입력− : ANDGate
- 다이오드 입력+ : ORGate

정답 나

14 $V_1 = \frac{C_2}{C_1 + C_2} \cdot V = \frac{2}{3+2} \times 100$

$$= 40[V]$$

정답 나

15 폐루프제어(Closeloop contro system)

= 되먹임제어 = 피드백제어의 특징

- 정확성과 감대폭이 증가한다.
- 계의 특성 변화에 대한 입력대 출력비의 감도 감소한다.
- 비선형성과 왜형에 대한 효과가 감소한다.
- 발진을 일으키고 불안정한 상태로 되어가는 경향성을 보인다.

*목적: 입력측과 출력측의 오차를 줄이기 위해서.

정답 나

16 제너다이오드(정전압다이오드)란 역바이어스 전압이 어느 값에 달했을 때 역방향 전류가 급격히 증가하는 현상(항복현상)으로 정전압 회로용(전원전압을 안정하게 유지)으로 사용된다.

정답 다

17 $X \cdot (X+Y) = X$

、부울대수의 흡수법칙 、직렬: 곱하기, 병렬: 더하기

$X \cdot (X+Y) = X$

$X + (X \cdot Y) = X$

정답 가

18 THR: 열동계전기

정답 라

19 삼각파, 톱니파의

、실효값$== \frac{1}{\sqrt{3}}$ 최댓값

、평균값$= \frac{1}{2}$ 최댓값

정답 라

20 결합계수

$$K = \frac{M}{\sqrt{L_1 \cdot L_2}} = \frac{150}{\sqrt{160 \times 250}} = 0.75$$

정답 다

찾아보기

ㅅ

ㅇ

ㅈ

저자 소개

김현우 명지대학교 전기공학과 대학원 졸업(공학박사)
소방공사협회 자문위원
현) 경민대학교 소방행정과 교수

소방전기일반공학 **정가 18,000원**

저자 : 김현우

발행인 : 임정대
발행처 : 도서출판 화수목

발행 : 2019년 8월 14일
2021년 8월 12일 2쇄
2023년 3월 10일 3쇄

등록 : 제2014-000166호
주소 : 서울시 마포구 신촌로 2길 5-15
전화 : 02-338-9119
팩스 : 02-335-2201

ISBN 979-11-89933-05-0 (93530)

저자와의 협의 하에 인지를 생략합니다.
파본이나 잘못된 책은 교환하여 드립니다.